ANALYSIS 3

Integralsätze, Lebesgue-Integral
und Anwendungen

Lecture Notes Mathematik

ANALYSIS 3

Integralsätze, Lebesgue-Integral und Anwendungen

Rolf Rannacher

Institut für Angewandte Mathematik
Universität Heidelberg

HEIDELBERG
UNIVERSITY PUBLISHING

Über den Autor

Rolf Rannacher, Prof. i. R. für Numerische Mathematik an der Universität Heidelberg; Studium der Mathematik an der Universität Frankfurt am Main – Promotion 1974; Habilitation 1978 in Bonn; 1979/1980 Vis. Assoc. Prof. an der University of Michigan (Ann Arbor, USA), dann Professor in Erlangen und Saarbrücken – in Heidelberg seit 1988; Spezialgebiet „Numerik partieller Differentialgleichungen“, insbesondere „Methode der finiten Elemente“ mit Anwendungen in Natur- und Ingenieurwissenschaften; hierzu über 160 publizierte wissenschaftliche Arbeiten.

Bibliografische Information der Deutschen Nationalbibliothek
Die Deutsche Nationalbibliothek verzeichnet diese Publikation in der Deutschen Nationalbibliografie. Detaillierte bibliografische Daten sind im Internet unter http://dnb.ddb.de abrufbar.

Die Online-Version dieser Publikation ist auf den Verlagswebseiten von HEIDELBERG UNIVERSITY PUBLISHING http://heiup.uni-heidelberg.de dauerhaft frei verfügbar (open access).
urn: urn:nbn:de:bsz:16-heiup-book-391-5
doi: https://doi.org/10.17885/heiup.391

ISSN 2566-4816 (PDF)
ISSN 2512-4455 (Print)

ISBN 978-3-946054-90-0 (PDF)
ISBN 978-3-946054-91-7 (Softcover)

Inhaltsverzeichnis

Literaturverzeichnis

[1] R. Rannacher: *Analysis 1: Differential- und Integralrechnung für Funktionen einer reellen Veränderlichen*, Lecture Notes Mathematik, Heidelberg University Publishing, Heidelberg, 2017, https://doi.org/10.17885/heiup.317.431

[2] R. Rannacher: *Analysis 2: Differential- und Integralrechnung für Funktionen mehrerer reeller Veränderlichen*, Lecture Notes Mathematik, Heidelberg University Publis-hing, Heidelberg, 2017, https://doi.org/10.17885/heiup.381.542

[3] R. Rannacher: *Numerik 0: Einführung in die Numerische Mathematik*, Lecture Notes Mathematik, Heidelberg: Heidelberg University Publishing, Heidelberg, 2017, https://doi.org/10.17885/heiup.206.281

[4] R. Rannacher: *Numerik 1: Numerik Gewöhnlicher Differentialgleichungen*, Lecture Notes Mathematik, Heidelberg University Publishing, Heidelberg, 2017, https://doi.org/10.17885/heiup.258.342

[5] R. Rannacher: *Numerik 2: Numerik Partieller Differentialgleichungen*, Lecture Notes Mathematik, Heidelberg University Publishing, Heidelberg, 2017, https://doi.org/10.17885/heiup.281.370

[6] R. Rannacher: *Numerik 3: Probleme der Kontinuumsmechanik und ihre numerische Behandlung*, Lecture Notes Mathematik, Heidelberg University Publishing, Heidelberg, 2017, https://doi.org/10.17885/heiup.312.424

---

[7] O. Forster: *Analysis 1/2/3*, Vieweg: Braunschweig-Wiesbaden, 2001–.

[8] K. Königsberger: *Analysis 1/2*, Springer, Berlin-Heidelberg, 2001–.

[9] H. Amann und J. Escher: *Analysis I/II/III*, Birkhüser, Basel, 2001–.

[10] W. Walter: *Analysis I/II*, Teubner-Verlag, Stuttgart, 1990–.

[11] H. Heuser: *Lehrbuch der Analysis I/II*, Grundwissen Mathematik Bd. 3, Springer: Berlin Heidelberg: 1991–.

[12] H. v. Mangoldt und K. Knopp: *Einführung in die Höhere Mathematik*, Band 1/2/3/4, S. Hirzel: Stuttgart 1971–.

[13] H. Grauert und I. Lieb: *Differential -und Integralrechnung 3* , Springer, Berlin-Heidelberg, 1977–.

[14] J. Dieudonné: *Grundzüge der modernen Analysis*, Vieweg: Braunschweig, 1971–.

[15] G. Hellwig: *Partielle Differentialgleichungen*, B.G. Teubner: Stuttgart, 1960–.

[16] J. Wloka: *Partielle Differentialgleichungen, Sobolewräume und Randwertaufgaben*, B.G. Teubner: Stuttgart, 1982–.

0 Vorwort

Dieser dritte Teil der Textreihe zur Analysis führt die im ersten und zweiten Teil entwickelte Differential- und Integralrechnung für Funktionen einer und mehrerer reeller Variablen weiter in Richung Kurven- und Flächenintegrale sowie die Integralsätze von Gauß und Stokes. Weiter werden der Lebesguesche Integralbegriff sowie die darauf basierenden Funktionenräume eingeführt und die bisher gewonnenen Konzepte und Methoden auf einfache Variationsaufgaben sowie partielle Differentialgleichungen angewendet.

In Kapitel 1 werden zunächst Integrale über Kurven und Flächen eingeführt und dann die Integralsätze von Gauß und Stokes für das mehrdimensionale Riemann-Integral formuliert. Diese sind Verallgemeinerungen des eindimensionalen Fundamentalsatzes der Differential- und Integralrechnung für mehrere Dimensionen:

$$\int_G \nabla \cdot v \, d\mathrm{x} = \int_{\partial G} v \cdot \mathrm{n} \, do, \qquad \int_F \nabla \times v \, do = \int_{\partial F} v \cdot \mathrm{ds}.$$

Damit ist der Aufbau der klassischen Analysis im Wesentlichen abgeschlossen.

Als praktische Anwendung führt dann Kapitel 2 in die Theorie der Variationsaufgaben („Variationsrechnung“) ein. Gesucht ist hier z. B. eine Funktion $u(t)$, welche in einer geeigneten Klasse von Funktionen dem Integral

$$F(u) = \int_a^b L(t, u(t), u'(t)) \, dt$$

einen mimimalen Wert verleiht. Als notwendige Minimalitätsbedingung ergeben sich die sog. „Eulerschen Differentialgleichungen“. Die Anwendung auf Variationsaufgaben in mehreren Dimensionen, hier als Beispiel das sog. „Dirichletsche Prinzip“, führt auf Schwierigkeiten, die in den Unzulänglichkeiten des Riemannschen Integralbegriffs begründet sind.

In Kapitel 3 nehmen wir die Entwicklung der Analysis wieder auf. Das *Lebesguesche* Integral im $\mathbb{R}^1$ und im $\mathbb{R}^n$ wird als Verallgemeinerung des *Riemannschen* Integrals eingeführt. Damit lassen sich einige der Unzulänglichkeiten des Riemann-Integrals beheben, insbesondere die Unvollständigkeit des Vektorraumes der Riemann-integrierbaren Funktionen bzgl. der Konvergenz im quadratischen Mittel.

Als Anwendungen des Lebesgue-Integrals werden in Kapitel 4 der Lebesguesche Funktionenraum $L^p(\Omega)$ und die Sobolew-Räum $H^1(\Omega)$ und $H_0^1(\Omega)$ eingeführt und in diesem Rahmen zunächst die Theorie der „Fourier-Integrale“ als natürliche Verallgemeinerung der Fourier-Entwicklung aus dem ersten Teil der Skriptenreihe und dann das sog. „Dirichletsche Prinzip“ aus der Variationsrechnung bewiesen.

Schließlich wird in Kapitel 5 ein Abriss der Theorie von partiellen Differentialgleichungen gegeben. Eine auch nur annähernd vollständige Behandlung dieses Themas übersteigt die Möglichkeiten eines einführenden Textes. Wegen ihrer Bedeutung in den Anwendungen werden wenigstens die einfachsten Prototypen partieller Differentialgleichungen, wie a) Poisson-Gleichung, b) Wärmeleitungsgleichung und c) Wellengleichung diskutiert:

$$a) \quad \frac{\partial^2 u}{\partial x^2} + \frac{\partial^2 u}{\partial y^2} = 0, \qquad b) \quad \frac{\partial u}{\partial t} - \frac{\partial^2 u}{\partial x^2} = 0, \qquad c) \quad \frac{\partial^2 u}{\partial t^2} - \frac{\partial^2 u}{\partial x^2} = 0.$$

1 Integralsätze

In diesem Kapitel führen wir das Riemann-Integral für Funktionen auf Kurven und Flächen ein. Dies liefert die Grundlage zur Formulierung der fundamentalen Integralsätze von Gauß und Stokes. Für stetig differenzierbare Funktionen $f : [a, b] \to \mathbb{R}$ einer Variablen gilt der Fundamentalsatz der Differential- und Integralrechnung:

$$\int_a^b f'(x)\, dx = f(b) - f(a).$$

Wir wollen uns mit Verallgemeinerungen dieser Aussage auf Integrale in mehreren Dimensionen beschäftigen. Als Ergebnis erhalten wir Beziehungen der Form

$$\int_\Gamma \nabla f(x) \cdot \mathrm{ds} = f(x^b) - f(x^a)$$

mit einem Integral über die Kurve $\Gamma \subset \mathbb{R}^n$ mit Anfangspunkt x^a, Endpunkt x^b und gerichtetem Linienelement ds, sowie

$$\int_G \nabla f(x) \cdot \mathrm{e}\, dx = \int_{\partial G} f(x)\mathrm{n} \cdot \mathrm{e}\, do$$

mit einem Integral über den Rand ∂G des Integrationsbereichs G und einem Richtungsvektor $\mathrm{e} \in \mathbb{R}^n$. Dabei ist $\mathrm{n} = (\mathrm{n}_1, \dots, \mathrm{n}_n)$ der Einheitsvektor in Richtung der nach außen weisenden Normalen entlang des Randes.

Als Integrationsbereiche werden im Folgenden in der Regel sog. „Gebiete“, d. h. offene und zusammenhängende Mengen, auftreten (s. Abschnitt 2.1 des Bandes Analysis 2).

Als Vorbereitung für diese Untersuchung müssen wir zunächst einmal das Riemann-Integral über Kurven und Flächen einführen. Da solche Integrale, insbesondere die „Kurvenintegrale“ auch von eigenem Interesse sind, werden wir letztere in etwas allgemeinerer Form als Intergrale über Kurven im $\mathbb{R}^n$ behandeln.

1.1 Integrale über Kurven und Flächen

In Kapitel 6 des Bandes Analysis 1 hatten wir bereits den Begriff der „Länge“ einer ebenen Kurve eingeführt. Wir wollen dies im Folgenden auf Kurven und Flächen im $\mathbb{R}^n$ erweitern.

1.1.1 Kurven im $\mathbb{R}^n$

Wir haben eine anschauliche Vorstellung davon, was eine „Kurve“ im $\mathbb{R}^n$ ist, etwa in der Ebene der Graph einer Funktion $f : [a, b] \to \mathbb{R}$. Auch der Rand eines Gebiets des $\mathbb{R}^2$, z. B. die Einheitskreislinie, ist eine Kurve. Diese ist aber nicht als Graph darstellbar, sondern als Zusammensetzung von Graphen. Bei der Definition, was eine allgemeine Kurve sein soll, hilft die kinematische Vorstellung eines physikalischen Partikels, das in einem Zeitintervall $[a, b]$ einen Weg $\{x(t), t \in [a, b]\}$ in $\mathbb{R}^n$ durchläuft. Dabei kann es passieren, dass die Bahnkurve gewisse Punkte mehrfach durchläuft, z.B. die ebenen Bahnkurven

$$x(t) = (t^2 - 1, t^3 - t), \quad t \in \mathbb{R}, \qquad x(t) = (\cos(2t), \sin(2t)), \quad t \in [0, 2\pi];$$

die erste hat einen sog. „Doppelpunkt" $x(1) = x(-1)$ (siehe Abbildung 1.1), und bei der zweiten durchläuft der Punkt den Einheitskreis zweimal. Wir müssen also unterscheiden zwischen dem „Weg", den ein Partikel in dem Zeitintervall durchläuft und der entstehenden „Kurve" als Punktmenge in $\mathbb{R}^n$. Ein solcher *Weg* hat eine natürliche „Orientierung", gegeben durch die zeitliche Bewegung des Partikels.

Definition 1.1: *i) Unter einem „Weg" verstehen wir eine stetige Abbildung $\varphi : [a, b] \to \mathbb{R}^n$ auf einem abgeschlossenen (nicht degenerierten) Intervall $I = [a, b] \subset \mathbb{R}$. (Die Fälle $I = (-\infty, b], I = [a, \infty)$ und $I = (-\infty, \infty)$ sind gelegentlich zugelassen.)*

ii) Die Bildmenge

$$\Gamma_\varphi = \{\varphi(t) \in \mathbb{R}^n, \, t \in [a, b]\} \subset \mathbb{R}^n,$$

eines Weges $\varphi : [a, b] \to \mathbb{R}^n$ wird als „Kurve" in $\mathbb{R}^n$ bezeichnet, mit „Parameterdarstellung" φ. Im Falle $I = [a, b]$ nennen wir $\varphi(a)$ und $\varphi(b)$ den „Anfangspunkt" sowie den „Endpunkt" der Kurve. Im Falle $\varphi(a) = \varphi(b)$ heißt diese „geschlossen" . Ist $\varphi(t_1) = \varphi(t_2)$ für zwei Parameterwerte $t_1 \neq t_2$, so hat die Kurve dort einen „Doppelpunkt".

Wir werden im Folgenden von einer Kurve als einem geometrischen Objekt bzw. Punktmenge in $\mathbb{R}^n$ sprechen, die durch einen Weg $\varphi : [a, b] \to \mathbb{R}^n$ parametrisiert ist. Dabei können unterschiedliche Parametrisierungen durchaus dieselbe Kurve erzeugen; z. B. gehört zu den Wegen

$$\begin{aligned} \varphi(t) &= (\cos(t), \sin(t)), & t &\in [0, 2\pi], \\ \varphi(t) &= (\cos(t), -\sin(t)), & t &\in [0, 2\pi], \\ \varphi(t) &= (\cos(2t), \sin(2t)), & t &\in [0, \pi] \end{aligned}$$

als Kurve jeweils die Einheitskreislinie, nur auf unterschiedliche Weise durchlaufen. Häufig hat man für eine geometrische Kurve keine vollständige Parameterdarstellung gegeben, sondern nur für Teilstücke, aus denen die Kurve zusammengesetzt ist. Durch Aneinanderfügung von endlich vielen Kurvenstücken $\Gamma_1, \dots, \Gamma_r$ erhält man eine „Kurve"; diese heißt „geschlossen", wenn der Endpunkt von Γ_r gleich dem Anfangspunkt von Γ_1 ist (siehe Abb. 1.3).

Beispiel 1.1: Wir geben weitere einfache Beispiele von Wegen und Kurven:

1. Für eine stetige Funktion $f : [a, b] \to \mathbb{R}$ kann die Abbildung $\varphi(t) := (t, f(t)), t \in [a, b]$, als Weg in $\mathbb{R}^2$ aufgefasst werden; die zugehörige Kurve ist der Graph der Funktion f.

2. Der Abbildung $\varphi : \mathbb{R} \to \mathbb{R}^2$ mit $\varphi(t) = (a_1 + v_1 t, a_2 + v_2 t) = a + vt$ beschreibt eine Gerade in der Ebene durch den Punkt $a = (a_1, a_2)$ in Richtung des Vektors $v = (v_1, v_2)$.

3. Die Abbildung $\varphi : \mathbb{R} \to \mathbb{R}^3$ mit $\varphi(t) = (r\cos t, r\sin t, ct)$ beschreibt eine sog. „Schraubenlinie“ in $\mathbb{R}^3$ (s. Abb. 1.1).

4. Neben den bisher aufgeführten „normalen“ Kurven gibt es auch sehr pathologische, sog. „degenerierte“ Kurven sowie „flächenfüllende Kurven“. Die stetige Parametrisierung $\varphi(t) \equiv \varphi_0 = konst.$, $t \in [a,b]$, ergibt eine einpunktige Menge $\{\varphi_0\} \in \mathbb{R}^3$, die wir nicht als „Kurve“ im eigentlichen Sinne ansehen wollen. Ein Beispiel für den letzteren Kurventyp, eine sog. „Peano-Kurve“, wird im Folgenden gegeben.

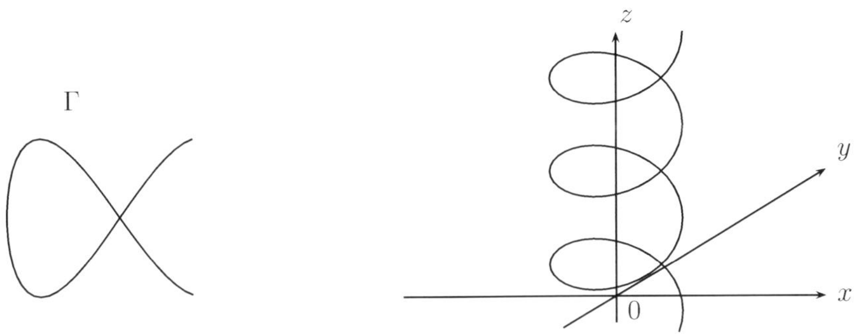

Abbildung 1.1: *Kurve mit Doppelpunkt (links) und Schraubenlinie in $\mathbb{R}^3$ (rechts).*

Beispiel 1.2 (Peano-Kurve): Wir geben ein Beispiel für eine ebene Kurve, welche das ganze Einheitsquadrat ausfüllt. Solche Kurven wurden erstmals von Peano[1] (1890) konstruiert und werden daher „Peano-Kurven“ genannt. Die Entdeckung solcher pathologischen Kurven (mit stetiger Parametrisierung) im 19. Jahrhundert erschütterte das Vertrauen in die bis dahin viel auf geometrischer Anschauung basierte Argumentation in der Analysis. Außerdem zeigte dies, dass das Konzept der „Stetigkeit“ allein zu schwach zur sinnvollen Charakterisierung geometrischer Objekte wie Kurven, Flächen und Körpern ist. Die 2-periodische Funktion $g : \mathbb{R} \to \mathbb{R}$ sei definiert durch (Man mache sich eine Skizze dieser Funktion.)

$$g(t) := \begin{cases} 0, & 0 \le t < \frac{1}{3} \\ 3t-1, & \frac{1}{3} \le t < \frac{2}{3} \\ 1, & \frac{2}{3} \le t < \frac{4}{3} \\ 5-3t, & \frac{4}{3} \le t < \frac{5}{3} \\ 0, & \frac{5}{3} \le t < 2. \end{cases}$$

Die Funktion g ist stetig und beschränkt, $0 \le g(t) \le 1$, $t \in \mathbb{R}$.

Damit definieren wir die Abbildung $\varphi : [0,1] \to \mathbb{R}^2$ durch

$$\varphi(t) := \Big(\sum_{k=1}^{\infty} 2^{-k} g(4^{2k-1}t), \sum_{k=1}^{\infty} 2^{-k} g(4^{2k}t) \Big).$$

[1]Guiseppe Peano (1858–1932): Italienischer Mathematiker; Prof. in Turin; Beiträge zur Analysis, gewöhnlichen Differentialgleichungen, einer der Väter der Mathematischen Logik

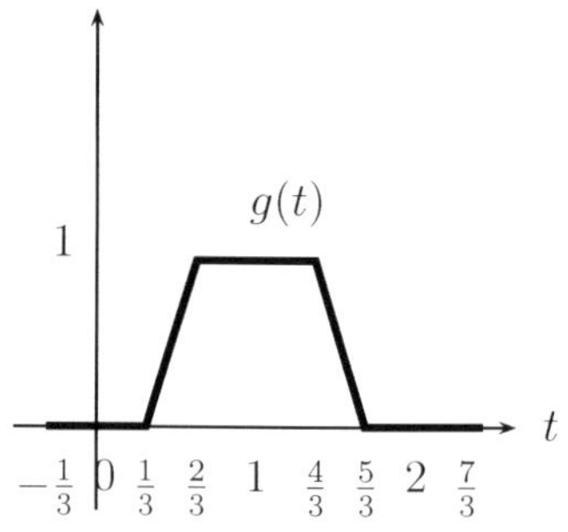

Abbildung 1.2: *Basiselement der Peano-Kurve.*

Die Reihen konvergieren absolut und gleichmäßig, so dass die Limesfunktion φ stetig ist. Die zugehörige Kurve wird „Peano-Kurve" genannt. Diese hat die überraschende Eigenschaft, das Einheitsquadrat auszufüllen, d. h. φ bildet das Intervall $[0,1]$ stetig *auf* das Einheitsquadrat $[0,1]\times[0,1]$ ab. Dies sieht man wie folgt: Wegen $0\le g\le 1$ ist

$$0\le\sum_{k=1}^{\infty}2^{-k}g(4^{2k}t)\le\sum_{k=1}^{\infty}2^{-k}=1,$$

d. h. $\varphi:[0,1]\to[0,1]\times[0,1]$. Wir wollen zeigen, dass φ surjektiv ist. Dazu beachten wir, dass jede reelle Zahl $a\in[0,1]$ eine sog. „dyadische Entwicklung" besitzt:

$$a=\sum_{k=1}^{\infty}\delta_k 2^{-k},\qquad \delta_k\in\{0,1\}.$$

Also gibt es zu jedem Punkt $(x,y)\in[0,1]\times[0,1]$ eine $(0,1)$-Folge $(\delta_k)_{k\in\mathbb{N}_0}$ derart, dass

$$(x,y)=\Big(\sum_{k=1}^{\infty}\delta_{2k-2}2^{-k},\sum_{k=1}^{\infty}\delta_{2k-1}2^{-k}\Big).$$

Dieser $(0,1)$-Folge ordnen wir die folgende Zahl zu:

$$t:=\sum_{j=0}^{\infty}\frac{\delta_j}{4^{j+1}}\in[0,1].$$

Für jedes feste $k\in\mathbb{N}_0$ ist dann

$$4^{k+1}t=\sum_{j=0}^{k-1}4^{k-j}\delta_j+\delta_k+\sum_{j=k+1}^{\infty}\frac{\delta_j}{4^{j-k}}.$$

Die erste Summe ist ein Vielfaches von 2, und für die letzte gilt

$$\sum_{j=k+1}^{\infty}\frac{\delta_j}{4^{j-k}}\le\sum_{j=1}^{\infty}\frac{1}{4^j}=\frac{1}{1-\frac{1}{4}}-1=\frac{1}{3}.$$

Also ist $g(4^{k+1}t) = \delta_k$ gemäss der Konstruktion von g. Dies ergibt wie gewünscht

$$\varphi(t) = \Big(\sum_{k=1}^{\infty} 2^{-k} g(4^{2k-1}t), \sum_{k=1}^{\infty} 2^{-k} g(4^{2k}t)\Big) = \Big(\sum_{k=1}^{\infty} 2^{-k}\delta_{2k-2}, \sum_{k=1}^{\infty} 2^{-k}\delta_{2k-1}\Big) = (x,y).$$

Wir sehen, dass die bloße Annahme der Stetigkeit der Parametrisierung einer Kurve auch sehr pathologische Objekte zulässt. Wir werden den Begriff der „Kurve“ also etwas schärfer fassen müssen, um solche „Monster“ auszuschließen.

Definition 1.2: *Sei $\Gamma \subset \mathbb{R}^n$ eine Kurve mit Parametrisierung $\varphi : [a,b] \to \mathbb{R}^n$. Ist φ injektiv, so nennen wir die Kurve eine „Jordan-Kurve“ und die Parametrisierung einen „Jordan-Weg“. Ist $\varphi : [a,b) \to \mathbb{R}^n$ injektiv mit $\varphi(a) = \varphi(b)$ als einzigem Doppelpunkt, so sprechen wir von einer „geschlossenen Jordan-Kurve“.*

Es scheint anschaulich klar, dass zu einer geschlossenen ebenen Jordan-Kurve immer ein wohldefiniertes von dieser umschlossenes Gebiet existiert. Dies ist die Aussage des sog. „Jordanschen Kurvensatzes“. Im Hinblick auf das Beispiel der pathologischen Peano-Kurve ist es nicht verwunderlich, dass der Beweis dieser Aussage sehr schwierig ist und hier nicht gegeben werden kann.

Satz 1.1 (Jordanscher Kurvensatz): *Jede geschlossene ebene Jordan-Kurve $\Gamma \subset \mathbb{R}^2$ zerlegt $\mathbb{R}^2$ in zwei Gebiete, die von ihr berandet werden:*

$$\mathbb{R}^2 \setminus \Gamma = G_1 \cup G_2, \quad G_1 \cap G_2 = \emptyset, \quad \partial G_1 = \partial G_2 = \Gamma.$$

Genau eines dieser beiden Gebiete ist beschränkt; dieses wird als das „Innengebiet“ von Γ bezeichnet.

Definition 1.3: *Eine Kurve heißt „stetig differenzierbar“, wenn für sie eine stetig differenzierbar Parametrisierung $\varphi : I \to \mathbb{R}^n$ (kurz eine „C^1-Parametrisierung“) existiert. Eine C^1-Parametrisierung mit der Eigenschaft $\varphi'(t) \neq 0$ für alle $t \in [a,b]$ wird als „regulär“ (oder „glatt“) bezeichnet. „Singuläre“ Parameterwerte $t \in [a,b]$ bzw. die zugehörigen Punkte $\varphi(t) \in \mathbb{R}^n$ sind solche mit $\varphi'(t) = 0$. Eine Kurve heißt „stückweise differenzierbar“, wenn sie aus endlich vielen differenzierbaren Kurvenstücken besteht.*

Beispiel 1.3: Die sog. „Neilesche[2] Parabel“ hat die Parametrisierung $\varphi(t) = (t^2, t^3)$, $t \in (-\infty, \infty)$. Die zugehörige Kurve ist (siehe Abb. 1.3)

$$\Gamma = \{(x,y) \in \mathbb{R}^2 : x \geq 0,\ y = \pm x^{3/2}\}.$$

Wegen $\varphi'(t) = (2t, 3t^2)$ liegt für $t = 0$ in der Spitze der Kurve ein singulärer Punkt.

[2]William Neile (1637–1670): Englischer Mathematiker; Mitglied der Royal Society und des Ratgebergremiums König Charles II; Beiträge zur Rektifizierung algebraischer Kurven und Theorie der Bewegung.

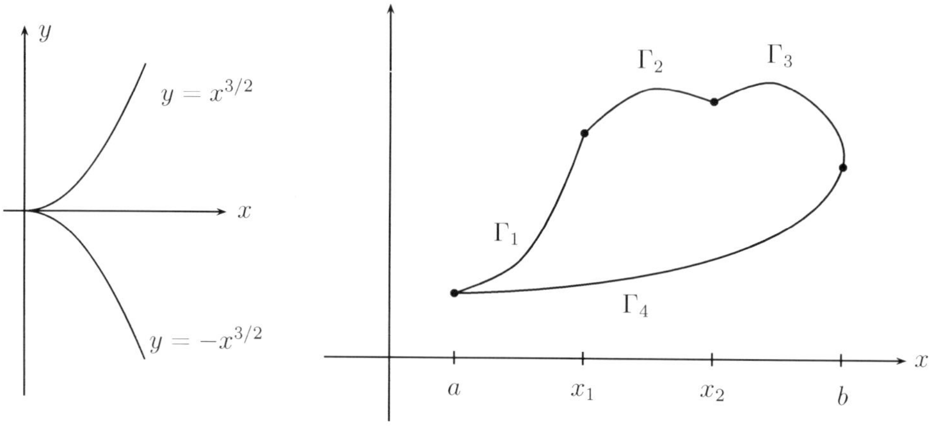

Abbildung 1.3: *Neilesche Parabel (links) und stückweise differenzierbar Kurve (rechts).*

Eine injektive Parametrisierung $\varphi : [a,b] \to \mathbb{R}^n$ der Kurve Γ prägt dieser eine „Orientierung“ auf, d. h. eine Reihenfolge, in der ihre Punkte für wachsenden Parameter t erreicht werden. Das folgende Lemma zeigt, dass alle regulären, injektiven Parametrisierungen einer Kurve isomorph sind.

Lemma 1.1: *Seien $\varphi : I = [a,b] \to \mathbb{R}^n$ und $\varphi^* : I^* = [a^*, b^*] \to \mathbb{R}^n$ zwei reguläre, injektive Parametrisierungen derselben Kurve $\Gamma \subset \mathbb{R}^n$. Dann gibt es genau eine bijektive Abbildung $h : I^* \to I$ derart, dass gilt:*

$$\varphi^* = \varphi \circ h. \tag{1.1.1}$$

Sind die Parametrisierungen φ und φ^* (stückweise) stetig differenzierbar, so auch h, und es ist $h' \neq 0$, wo die Ableitung existiert. Also ist h monoton steigend oder monoton fallend; im letzteren Fall durchlaufen die Punkte $\varphi^*(t)$, $t \in I^*$, und die Punkte $\varphi(t)$, $t \in I$, die Kurve zueinander im entgegengesetzten Sinn, d. h. die zugehörigen Wege haben entgegengesetzte Orientierungen.

Beweis: i) Die Umkehrabbildung φ^{-1} existiert und ist stetig. Folglich ist auch die Abbildung $h := \varphi^{-1} \circ \varphi^* : I^* \to I$ stetig und bijektiv. Ferner ist $\varphi \circ h = \varphi \circ \varphi^{-1} \circ \varphi^* = \varphi^*$. Gilt nun $\varphi^* = \varphi \circ h^*$ mit eine zweiten bijektiven Abbildung $h^* : I^* \to I$, so ist $h = \varphi^{-1} \circ \varphi^* = \varphi^{-1} \circ \varphi \circ h^* = h^*$, d. h. h ist eindeutig bestimmt. Die stetige und bijektive Abbildung $h : I^* \to I$ ist notwendig streng monoton.

ii) Es bleibt die Differenzierbarkeit von h zu zeigen. Sei $t_0^* \in I^*$ und $t_0 := h(t_0^*) \in I$. Wegen $\varphi'(t_0) \neq 0$ muss für eine Komponente $\varphi_j(t_0) \neq 0$ sein. Sei etwa $\varphi_j(t_0) > 0$. Dann ist auch $\varphi_j(t) > 0$ in einer ganzen Intervallumgebung $I_0 \subset I$ von t_0. Dazu gehört ein Intervall $I_0^* := h^{-1}(I_0) \subset I^*$. In I_0 ist φ_j streng monoton wachsend, und die

Umkehrfunktion φ_j^{-1} ist im Intervall $\varphi_j(I_0)$ ebenfalls (stückweise) stetig differenzierbar. Wegen $\varphi_j^* = \varphi_j \circ h$ ist $h = \varphi_j^{-1} \circ \varphi_j^*$ in I_0^*. Also ist h in I_0^* (stückweise) stetig differenzierbar. Aus $\varphi^* = \varphi \circ h$ folgt dann $\varphi^{*\prime} = \varphi'(h)h'$ und, wegen $\varphi^{*\prime} \neq 0$, schließlich $h' \neq 0$. Q.E.D.

Kurvenlänge

Zur Definition der „Länge" einer Kurve als Punktmenge des $\mathbb{R}^n$ beschränken wir uns auf die Teilklasse der „Jordan-Kurven" mit Parametrisierungen $\varphi : I \to \mathbb{R}^n$ auf kompakten Intervallen $I = [a, b]$. Der Zusatz „Jordan" wird daher meist weglassen. Wir wollen die „Länge" einer solchen Kurve Γ in $\mathbb{R}^n$ bestimmen. Dabei verfahren wir analog wie in Abschnitt 6.2.3 des Bandes Analysis 1, wo der Spezialfall *ebener* Kurven behandelt wurde. Sei Z eine Zerlegung des Parameterintervalls $[a, b]$ in Teilpunkte $a = t_0 < t_1 < \cdots < t_m = b$, mit Feinheit $|Z| = \max_{k=1,\dots,m}(t_k - t_{k-1})$. Die Menge solcher Zerlegungen wird wieder mit $\mathcal{Z}(a, b)$ bezeichnet. Wir approximieren das Kurvenstück durch einen Polygonzug $p_Z(\Gamma)$ (aneinander gefügte lineare Kurvenstücke) zu den Stützpunkten $\varphi(t_k)$, $k = 0, \dots, m$. Die Länge $|p_Z(\Gamma)|$ des Polygonzugs ist die Summe der Längen seiner einzelnen linearen Teilstücke, welche wiederum als die euklidischen Abstände ihrer Endpunkte definiert sind, d.h.:

$$|p_Z(\Gamma)| := \sum_{k=1}^{m} \|\varphi(t_k) - \varphi(t_{k-1})\|.$$

Die Länge des Polygonzugs nimmt bei Hinzunahme eines weiteren Punktes $t \in (t_{k-1}, t_k)$ wegen $|t_k - t_{k-1}| \leq |t_k - t| + |t - t_{k-1}|$ nicht ab. Hieraus folgt wie beim Riemannschen Integral, dass im Falle

$$L := \sup_{Z \in \mathcal{Z}(a,b)} |p_Z(\Gamma)| < \infty$$

für jede Zerlegungsfolge $(Z_k)_{k \in \mathbb{N}} \subset \mathcal{Z}(a, b)$, mit $|Z_k| \to 0$ $(k \to \infty)$ die zugehörigen Polygonzuglängen gegen L konvergieren.

Definition 1.4: *Ein Kurvenstück Γ heißt „rektifizierbar" mit der „Länge" $|\Gamma|$, wenn die Längen aller Polygonzüge $p_Z(\Gamma)$ gleichmäßig beschränkt sind mit*

$$|\Gamma| := \sup_{Z \in \mathcal{Z}(a,b)} |p_Z(\Gamma)| = \lim_{Z \in \mathcal{Z}(a,b),\, |Z| \to 0} |p_Z(\Gamma)|.$$

Satz 1.2 (Kurvenlänge): *Ist die Parameterdarstellung $\varphi : [a, b] \to \mathbb{R}^n$ des Kurvenstücks Γ stetig differenzierbar, so ist es rektifizierbar, und seine Länge ist gegeben durch*

$$|\Gamma| = \int_a^b \|\varphi'(t)\|\, dt. \tag{1.1.2}$$

Diese Definition der Kurvenlänge ist unabhängig von der (stetig differenzierbaren) Parametrisierung des Kurvenstücks Γ.

Beweis: i) Mit φ' ist auch $\|\varphi'\|$ stetig und folglich Riemann-integrierbar über $[a,b]$. Das Integral in (1.1.2) existiert daher als Limes Riemannscher Summen. Sei $Z \in \mathcal{Z}(a,b)$ eine Zerlegung und $p_Z(\Gamma)$ der zugehörige Polygonzug. Für die Länge $|p_Z(\Gamma)|$ erhalten wir mit Hilfe des Mittelwertsatzes:

$$\begin{aligned}|p_Z(\Gamma)| &= \sum_{k=1}^m \|\varphi(t_k) - \varphi(t_{k-1})\| \\ &= \sum_{k=1}^m (t_k - t_{k-1})\sqrt{\Big(\frac{\varphi_1(t_k) - \varphi_1(t_{k-1})}{t_k - t_{k-1}}\Big)^2 + \cdots + \Big(\frac{\varphi_n(t_k) - \varphi_n(t_{k-1})}{t_k - t_{k-1}}\Big)^2} \\ &= \sum_{k=1}^m (t_k - t_{k-1})\sqrt{\varphi_1'(\tau_{k,1})^2 + \cdots + \varphi_n'(\tau_{k,n})^2},\end{aligned}$$

mit gewissen Zwischenstellen $\tau_{k,i} \in [t_{k-1}, t_k]$. Dies sieht fast aus wie eine Riemannsche Summe für das Integral in (1.1.2), ist es aber nicht, da i. Allg. die $\tau_{k,i}$ verschieden sind. Wegen der gleichmäßigen Stetigkeit von φ' auf $[a,b]$ existiert nun zu beliebig gewähltem $\varepsilon > 0$ ein $h_\varepsilon \in \mathbb{R}_+$, so dass für jede Zerlegung $Z \in \mathcal{Z}(a,b)$ mit Feinheit $h \le h_\varepsilon$ gilt:

$$\max_{k=1,\dots,m} |\varphi_i'(\tau_{k,1}) - \varphi_i'(\tau_{k,i})| < \varepsilon, \quad i = 1, \dots, n.$$

O.B.d.A. können wir annehmen, dass für $h \le h_\varepsilon$ auch gilt:

$$\Big| \int_a^b \|\varphi'(t)\|\,dt - \sum_{k=1}^m (t_k - t_{k-1})\|\varphi'(\tau_{k,1})\| \Big| < \varepsilon.$$

Dies zusammengenommen impliziert dann auch

$$\begin{aligned}\Big| \int_a^b \|\varphi'(t)\|\,dt - \sum_{k=1}^m (t_k - t_{k-1})\sqrt{\varphi_1'(\tau_{k,1})^2 + \cdots + \varphi_n'(\tau_{k,n})^2} \Big| \\ \le \Big| \int_a^b \|\varphi'(t)\|\,dt - \sum_{k=1}^m (t_k - t_{k-1})\|\varphi'(\tau_{k,1})\| \Big| \\ + \Big| \sum_{k=1}^m (t_k - t_{k-1})\Big(\|\varphi'(\tau_{k,1})\| - \sqrt{\varphi_1'(\tau_{k,1})^2 + \cdots + \varphi_n'(\tau_{k,n})^2}\Big) \Big| \\ < \varepsilon + \sum_{k=1}^m (t_k - t_{k-1}) \sum_{i=1}^n |\varphi'(\tau_{k,1}) - \varphi'(\tau_{k,i})| \le \varepsilon + |b-a|n\varepsilon.\end{aligned}$$

Wegen der Beliebigkeit von ε folgt die Konvergenz

$$|p_Z(\Gamma)| \to \int_a^b \|\varphi'(t)\|\,dt \quad (h \to 0),$$

was zu zeigen war.

ii) Sei $\psi : [c,d] \to \mathbb{R}^n$ eine zweite injektive, stetig differenzierbare Parametrisierung des Kurvenstücks Γ. Dann ist nach Lemma 1.1 die Abbildung

$$h := \psi^{-1} \circ \varphi : [a,b] \to [c,d], \quad h(a) = c,\ h(b) = d,$$

bijektiv und stetig differenzierbar. Nach dem Transformationssatz für eindimensionale Riemann-Integrale gilt dann:

$$\begin{aligned}\int_a^b \|\varphi'(t)\|\,dt &= \int_a^b \|(\psi\circ h)'(t)\|\,dt = \int_a^b \|\psi'(h(t))h'(t)\|\,dt \\ &= \int_a^b \|\psi'(h(t))\|\,|h'(t)|\,dt = \int_c^d \|\psi'(s)\|\,ds.\end{aligned}$$

Die Länge des Kurvenstücks Γ ist also unabhängig von der Parametrisierung. Q.E.D.

Ist die Kurve Γ aus endlich vielen Kurvenstücken Γ_j, $j=1,\dots,N$ zusammengesetzt, welche eine gemeinsame stückweise stetig differenzierbare Parametrisierung $\varphi:[a,b]\to\mathbb{R}^n$ haben, d. h.:

$$a=t_0<t_1<\cdots<t_{n-1}<t_N=b, \qquad \Gamma_k=\{\varphi(t), t\in[t_{k-1},t_k]\},$$

so bleibt die Integraldarstellung (1.1.2) in folgendem Sinne gültig:

$$|\Gamma| = \sum_{j=1}^N |\Gamma_j| = \sum_{j=1}^N \int_{t_{j-1}}^{t_j} \|\varphi'(t)\|\,dt. \tag{1.1.3}$$

Beispiel 1.4 (Nicht rektifizierbare Jordan-Kurve): Die durch

$$\varphi(t)=(t,t^2\cos(\pi/t^2)),\quad t\in(0,1],\quad \varphi(0):=0,$$

definierte Abbildung $\varphi:[0,1]\to\mathbb{R}^2$ beschreibt eine ebene Jordan-Kurve Γ. Diese ist der Graph der Funktion $y=x^2\cos(\pi/x^2)$ (s. Abb. 1.4).

Die Abbildung φ ist offenbar stetig und wegen

$$\varphi'(t)=(1,2t\cos(\pi/t^2)+2\pi\sin(\pi/t^2)/t)$$

auch in $(0,1]$ differenzierbar aber mit nicht beschränkter Ableitung. Wir betrachten die Zerlegung

$$Z_m=\{t_0=0,\ t_1=1/\sqrt{m},\ t_2=1/\sqrt{m-1},\ \dots,\ t_{m-1}=1/\sqrt{2}, t_m=1\}$$

von $[0,1]$ mit den Funktionswerten

$$\varphi(t_k)=(1/\sqrt{k},1/k\cos(\pi k))=(1/\sqrt{k},(-1)^k/k),\quad k=1,\dots,m.$$

Für den zugehörigen Polygonzug gilt:

$$\begin{aligned}|p_{Z_m}(\Gamma)| &= \sum_{k=1}^m \|\varphi(t_k)-\varphi(t_{k-1})\| \\ &= \sum_{k=2}^m \Big(\Big(\frac{1}{\sqrt{k}}-\frac{1}{\sqrt{k-1}}\Big)^2+\Big(\frac{(-1)^k}{k}-\frac{(-1)^{k-1}}{(k-1)}\Big)^2\Big)^{1/2} \\ &\ge \sum_{k=1}^m \frac{1}{k},\end{aligned}$$

und somit $\lim_{m\to\infty}|p_Z(\Gamma)|=\infty$. Die Kurve Γ ist also nicht rektifizierbar.

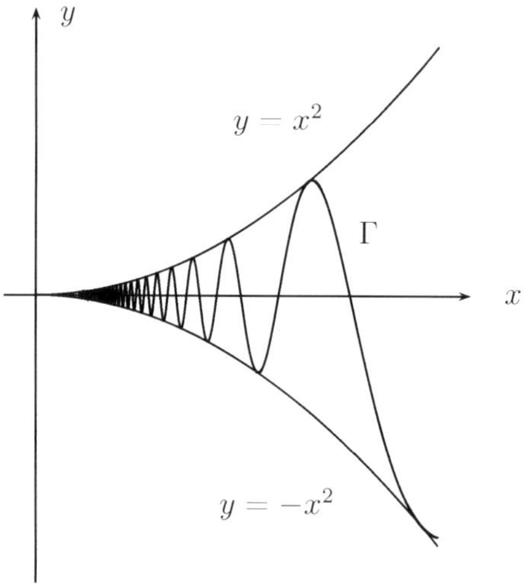

Abbildung 1.4: *Eine nicht rektifizierbare Jordan-Kurve.*

Bemerkung 1.1: Bei der Definition der „Länge" eines Polygonzugs wurde als Maß für die Länge von deren Teilstrecken der euklidische Abstand $|\Gamma_k| := \|\varphi(t_k) - \varphi(t_{k-1}\|$ der jeweiligen Endpunkte verwendet. Die Wahl dieser Norm ist „natürlich", da sie im Gegensatz zu anderen Normen, wie z. B. der Maximumnorm oder der l_p-Normen für $p \neq 2$, invariant gegenüber Verschiebungen, Drehungen und Spiegelungen (d. h. unitären Transformationen) des verwendeten Koordinatensystems ist:

$$Q \in \mathbb{R}^{n\times n}: \quad Q^TQ = I \quad \Rightarrow \quad \|Qx\|_2^2 = (Qx, Qx)_2 = (Q^TQx, x)_2 = \|x\|_2^2, \quad x \in \mathbb{R}^n.$$

Dies ist eine unabdingbare Bedingung an einen sinnvollen „Längenbegriff" für Kurven.

Es stellt sich die Frage nach einer Charakterisierung der Rektifizierbarkeit von Jordan-Kurven. Dazu wird der folgende Begriff der „Variation" einer Funktion eingeführt.

Definition 1.5 (Beschränkte Variation): *Für eine Funktion* $f : I = [a,b] \to \mathbb{R}$ *und Zerlegung* $Z \in \mathcal{Z}(a,b)$ *von* $[a,b]$ *definieren wir die „Variation"*

$$V_a^b(f;Z) := \sum_{k=1}^{m} |f(t_k) - f(t_{k-1})|$$

und die „totale Variation"

$$V_a^b(f) := \sup_{Z\in\mathcal{Z}(a,b)} V_a^b(f;Z).$$

Im Falle $V_a^b(f) < \infty$ *wird* f *von „beschränkter Variation" genannt. Die Menge der Funktionen von beschränkter Variation auf* I *wird mit* $BV(I)$ *bezeichnet.*

Lemma 1.2: *Wir listen einige Eigenschaften von Funktionen* $f : I = [a, b] \to \mathbb{R}$ *mit beschränkter Variation:*

i) Eine monotone Funktion ist in $BV(I)$, *und es gilt*

$$V_a^b(f) = |f(b) - f(a)|. \tag{1.1.4}$$

ii) Eine Lipschitz-stetige Funktion ist in $BV(I)$, *und mit ihrer L-Konstante* L *gilt:*

$$V_a^b(f) \le L(b - a). \tag{1.1.5}$$

iii) Eine stetig differenzierbare Funktion ist in $BV(I)$, *und es gilt:*

$$V_a^b(f) = \int_a^b |f'(t)|\, dt. \tag{1.1.6}$$

iv) Stückweise monotone oder stückweise stetig differenzierbare Funktionen sowie endliche Summen und Produkte solcher Funktionen sind in $BV(I)$.

v) Für $f \in BV(I)$ *gilt auf jeder nicht überlappende Zerlegung* $I = [a, b] = [a, c] \cup [c, b]$:

$$V_a^b(f) = V_a^c(f) + V_c^b(f).$$

Beweis: i) Für eine monoton wachsende Funktion $f : [a, b] \to \mathbb{R}$ ist

$$V_a^b(f; Z) = \sum_{k=1}^m |f(t_k) - f(t_{k-1})| = \sum_{k=1}^m (f(t_k) - f(t_{k-1})) = f(b) - f(a),$$

woraus durch Supremumsbildung $V_a^b(f) = f(b) - f(a)$ folgt. Für eine monoton fallende Funktion wird analog argumentiert.

ii) Für eine Lipschitz-stetige Funktion $f : [a, b] \to \mathbb{R}$ ist

$$V_a^b(f; Z) = \sum_{k=1}^m |f(t_k) - f(t_{k-1})| \le L \sum_{k=1}^m |t_k - t_{k-1}| = L(b - a),$$

woraus wieder durch Supremumsbildung $V_a^b(f) \le L(b - a)$ folgt.

Die Beweise der Aussagen (iii) – (v) werden als Übungsaufgabe gestellt. Q.E.D.

Bemerkung 1.2: Aus der obigen Definition ergibt sich, dass die Menge der auf einem Intervall $I = [a, b]$ definierten Funktionen mit beschränkter Variation einen Vektorraum (über dem Körper $\mathbb{R}$) bildet. Auf diesem wird durch

$$\|f\|_{BV} := |f(a)| + V_a^b(f)$$

eine Norm definiert. Der so entstehende normierte Raum $BV(I)$ ist dann *vollständig*, d. h. ein Banach-Raum. Der Beweis dieser Aussagen wird als Übungsaufgabe gestellt.

Lemma 1.3: *Eine Funktion* $f : [a, b] \to \mathbb{R}$ *ist genau dann von beschränkter Variation in* $[a, b]$, *wenn sie als Differenz* $f = g - h$ *zweier monoton wachsender Funktionen* $g, h : [a, b] \to \mathbb{R}$ *darstellbar ist.*

Beweis: Dass die Differenz zweier monoton wachsender Funktionen in $BV(I)$ ist, folgt aus Lemma 1.2 (iv). Sei nun $f \in BV(I)$. Für $t \in [a, b]$ ist dann

$$g(t) := V_a^t(f)$$

die totale Variation auf dem Intervall $[a, t]$. Diese Funktion ist offensichtlich auf $[a, b]$ definiert und monoton wachsend. Weiter ist für $a \le c < d \le b$:

$$f(d) - f(c) \le V_c^d(f) = V_a^d(f) - V_a^c(f) = g(d) - g(c),$$

bzw. $(g - f)(c) \le (g - f)(d)$. Die Funktion $h := g - f$ ist also monoton wachsend, und $f = g - h$ ist die behauptete Darstellung. Q.E.D.

Satz 1.3: *Eine Kurve* Γ *mit Parametrisierung* $\varphi : [a, b] \to \mathbb{R}^n$ *ist genau dann rektifizierbar, wenn alle Koordinatenfunktionen* φ_i, $i = 1, \dots, n$, *von beschränkter Variation sind.*

Beweis: Sei $Z = \{a = t_0 < t_1 < \cdots < t_m = b\}$ eine beliebige Zerlegung von $[a, b]$. Für den zugehörigen Polygonzug gilt aufgrund der Beziehung $|x_i| \le \|x\| \le \sum_{i=1}^n |x_i|$:

$$\begin{aligned}\max_{i=1,\dots,n} V_a^b(\varphi_i; Z) &= \max_{i=1,\dots,n} \sum_{k=1}^m |\varphi_i(t_k) - \varphi_i(t_{k-1})| \le \sum_{k=1}^m \|\varphi(t_k) - \varphi(t_{k-1})\| \\ &= |p_Z(\varphi)| \le \sum_{k=1}^m \sum_{i=1}^n |\varphi_i(t_k) - \varphi_i(t_{k-1})| = \sum_{i=1}^n V_a^b(\varphi_i; Z).\end{aligned}$$

Hieraus folgt durch Betrachtung des Grenzübergangs $|Z| \to 0$, die behauptete Charakterisierung. Q.E.D.

Tangente an eine Kurve

Im Folgenden wollen wir einige geometrische Eigenschaften von Kurven studieren. Da wir uns dabei der Parametrisierung $\varphi : [a, b] \to \mathbb{R}^n$ der Kurve bedienen, müssen wir darauf achten, inwieweit die gefundenen Eigenschaften eventuell von der gewählten Parametrisierung abhängen.

Definition 1.6 (Tangente): *Sei* Γ *eine stetig differenzierbare Jordan-Kurve mit Parametrisierung* $\varphi : [a, b] \to \mathbb{R}^n$. *Für* $t_0 \in [a, b]$ *wird der Vektor* $\varphi'(t_0)$ *„Tangentenvektor" an die Kurve* Γ *im Punkt* $\varphi(t_0)$ *und die Gerade durch* $\varphi(t_0)$ *in Richtung* $\varphi'(t_0)$ *„Tangente" genannt. Falls* $\varphi'(t_0) \ne 0$ *ist, ist der „Tangenten-Einheitsvektor" gegeben durch*

$$\tau(t_0) := \|\varphi'(t_0)\|^{-1} \varphi'(t_0).$$

Der Tangentenvektor an eine stetig differenzierbare Jordan-Kurve lässt sich als als Limes von Sekantenvektoren auffassen (s. Abb. 1.5):

$$\varphi'(t_0) = \lim_{h\neq 0, h\to 0} \frac{\varphi(t_0+h)-\varphi(t_0)}{h}. \tag{1.1.7}$$

Eine Parameterdarstellung der Tangente lautet:

$$x(t) = \varphi(t_0) + t\varphi'(t_0), \quad t \in \mathbb{R}. \tag{1.1.8}$$

Ist nun $\varphi^* : [a^*, b^*] \to \mathbb{R}^n$ eine zweite Parametrisierung der Kurve Γ, so gibt es nach Lemma 1.1 einen Diffeomorphismus $h : [a^*, b^*] \to [a, b]$ derart, dass $\varphi^*(t^*) = \varphi(h(t^*))$, $t^* \in [a^*, b^*]$. Nach der Kettenregel gilt dann $\varphi^{*\prime}(t_0^*) = \varphi'(h(t_0^*))h'(t_0^*)$, d.h. die durch die beiden Parametrisierungen φ und φ^* der Kurve Γ im Punkt $\varphi(t_0) = \varphi^*(t_0^*)$ erzeugten Tangenten stimmen überein.

Definition 1.7 (Normalenebene): *Sei Γ eine stetig differenzierbare Jordan-Kurve mit Parametrisierung $\varphi : [a, b] \to \mathbb{R}^n$. Die zum Tangentenvektor $\varphi'(t_0)$ orthogonale Hyperebene durch den Punkt $\varphi(t_0)$ heißt „Normalenebene“, und jeder im Punkt $\varphi(t_0)$ angeheftete Vektor in dieser Ebene heißt „Normalenvektor“ zur Kurve Γ.*

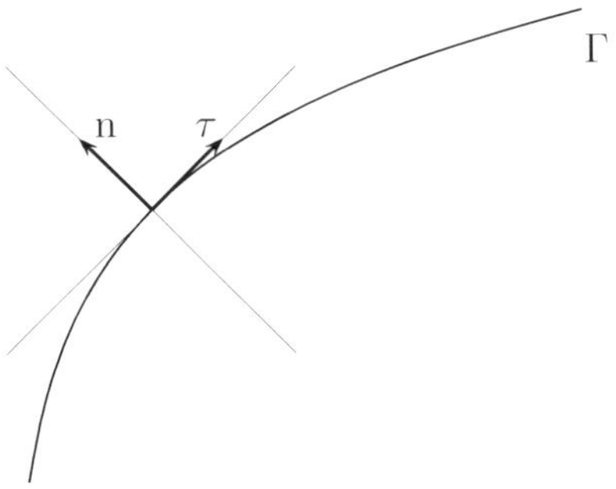

Abbildung 1.5: *Tangenten- und Normalenvektor an eine Kurve.*

Parametrisierung mit der Bogenlänge

Sei Γ eine rektifizierbare Kurve mit regulärer Parametrisierung $\varphi : [a, b] \to \mathbb{R}^n$. Für $t \in [a, b]$ bezeichnen wir mit $\Gamma_{[a,t]}$ die Teilkurve mit der Parametrisierung $\varphi_{|[a,t]}$. Die sog. „Bogenlängenfunktion“

$$s(t) := |\Gamma_{[a,t]}| = \int_a^t \|\varphi'(\tau)\|\, d\tau, \quad t \in [a, b],$$

ist stetig und wegen $\|\varphi'(t)\| > 0$ streng monoton wachsend. Die Integraldarstellung gilt auch, wenn die Parametrisierung φ nur stückweise stetig differenzierbare ist. In diesem Sinne ist dann auch $s(t)$ stückweise stetig differenzierbar mit der (stückweisen) Ableitung

$$s'(t) = \|\varphi'(t)\| > 0, \quad t \in [a, b].$$

Also existiert die Umkehrung $t(s)$ mit denselben Eigenschaften. Die Parametrisierung

$$\psi(s) := \varphi(t(s)), \quad s \in [0, |\Gamma|],$$

beschreibt ebenfalls die Kurve Γ; sie wird als die Parametrisierung von Γ mit der Bogenlänge bezeichnet.

Lemma 1.4 (Bogenlänge): *Für die Parametrisierung* $\quad : [0, |\Gamma|] \to \mathbb{R}^n$ *einer Kurve mit der Bodenlänge gilt*

$$\|\psi'(s)\| = 1. \tag{1.1.9}$$

Beweis: Es gilt

$$'(s) = \varphi'(t)\frac{d}{ds}t(s) = \varphi'(t)\Big(\frac{d}{dt}s(t)\Big)^{-1} = \varphi'(t)\|\varphi'(t)\|^{-1}$$

und folglich $\|\psi'(s)\| = 1$. Q.E.D.

Die zur Parametrisierung mit der Bogenlänge gehörende Bogenlängenfunktion ist

$$|\Gamma_{[a,s]}| = \int_0^s \|\psi'(\tau)\|\, d\tau = s,$$

was nach Konstruktion zu erwarten war. Die Parametrisierung einer Kurve mit der Bogenlänge ist die natürlichste unter vielen anderen Parametrisierungsmöglichkeiten; sie bietet manchmal theoretische Vorteile, ist aber praktisch kaum nutzbar. Der Parameter s hat eine nur von der Kurve und der ihr aufgeprägten Orientierung abhängige Bedeutung, und die Darstellung $\psi(s)$ ist wegen des Ausschlusses von Doppelpunkten eindeutig bestimmt (bei geschlossenen Kurven bis auf den Anfangspunkt).

Beispiel 1.5: In der von zwei zueinander orthogonalen Einheitsvektoren $\eta, \xi \in \mathbb{R}^n$ aufgespannten Ebene wird der Kreis $K_r(0) \subset \mathbb{R}^n$ mit Mittelpunkt im Ursprung und Radius $r > 0$ betrachtet. Dieser besitzt die Parametrisierung

$$\varphi(t) = r(\eta \cos t + \xi \sin t), \quad t \in [0, 2\pi].$$

Durch Übergang zur Bogenlänge ergibt sich die Darstellung

$$\psi(s) = r\Big(\eta \cos\frac{s}{r} + \xi \sin\frac{s}{r}\Big), \quad s \in [0, 2\pi r].$$

Krümmung einer Kurve

Verläuft eine Kurve in der Umgebung eines ihrer Punkte nicht geradlinig, so spricht man von eine „gekrümmten“ Kurve. Um ein Maß für die Krümmung einer Kurve in jedem ihrer Punkte zu gewinnen, gehen wir von ihrer natürlichen Parametrisierung mit der Bogenlänge aus. Die Definition soll mit der Vorstellung verträglich sein, dass eine Gerade die Krümmung Null und ein Kreis eine konstante Krümmung hat, und dass bei Kreisen mit zunehmendem Radius die Krümmung abnimmt.

Definition 1.8 (Krümmung): *Für eine Kurve* $\Gamma \subset \mathbb{R}^n$ *mit zweimal stetig differenzierbarer Parametrisierung* $\psi : [0,|\Gamma|] \to \mathbb{R}^n$ *mit der Bogenlänge ist die „Krümmung“ definiert durch*

$$\kappa(s) := \|\psi''(s)\|, \quad s \in [0,|\Gamma|]. \tag{1.1.10}$$

Beispiel 1.6: Die Kreiskurve in der (x,y)-Ebene um den Nullpunkt mit Radius r hat die Länge $2\pi r$. Ihre Parametrisierung mit der Bodenlänge lautet also

$$x(s) = r\cos(s/r), \quad y(s) = r\sin(s/r), \quad s \in [0,2\pi r].$$

Die zugehörige Formel für die Krümmung ist

$$\kappa(s) = \sqrt{x''(s)^2 + y''(s)^2} = \frac{1}{r}.$$

Die Krümmung der Kreiskurve ist also konstant $\kappa \equiv 1/r$ und wächst mit abnehmendem Radius.

Differentiation der Beziehung $1 = \psi'(s)\cdot\psi'(s)$ ergibt $\psi''(s)\cdot\psi'(s) = 0$, d. h.: Der Vektor $\psi''(s)$ steht senkrecht zum Tangentenvektor $\psi'(s)$. Im Fall $\psi''(s) \neq 0$ heißt der Einheitsvektor

$$\mathrm{n}(s) := \|\psi''(s)\|^{-1}\psi''(s)$$

„Hauptnormalvektor“ zur Kurve Γ im Punkt $\psi(t)$. Die Größen

$$r(s) := \frac{1}{\|\psi''(s)\|}, \qquad m(s) := \psi(s) + \frac{\psi''(s)}{\|\psi''(s)\|^2}$$

werden „Krümmungsradius“ sowie „Krümmungsmittelpunkt“ genannt. Diese Bezeichnung ist dadurch motiviert, dass der sog. „Krümmungskreis“ $K(s)$, d. h. der Kreis in der von Tangenten- und Hauptnormalenvektor $\tau(s)$ bzw. $\mathrm{n}(s)$ aufgespannten Ebene mit Mittelpunkt $m(s)$ und Radius $r(s)$, die Kurve Γ im Punkt $\psi(s)$ berührt und dort dieselbe Tangente und Krümmung besitzt. Um dies zu sehen, sei ein Wert s_0 fixiert und $r_0 := r(s_0)$, $m_0 := m(s_0)$, $\tau_0 := \tau(s_0)$, $\mathrm{n}_0 := \mathrm{n}(s_0)$ gesetzt. Die Parameterdarstellung des zugehörigen Krümmungskreises mit der Bogenlänge lautet nach Beispiel 1.5:

$$\omega(s) = m_0 + r_0\Big(- \mathrm{n}_0 \cos\frac{s-s_0}{r_0} + \tau_0 \sin\frac{s-s_0}{r_0}\Big), \quad s \in [0,2\pi r_0].$$

Für $s = s_0$ ist $\omega(s_0) = m_0 - r_0 \mathrm{n}_0 = \psi(s_0)$, d. h.: Der Krümmungskreis berührt die Kurve im Punkt $\psi(s_0)$. Weiter gilt

$$\omega'(s_0) = \mathrm{n}_0 \sin\frac{s-s_0}{r_0} + \tau_0 \cos\frac{s-s_0}{r_0} = \tau_0 = \psi'(s_0),$$
$$\omega''(s_0) = \frac{\mathrm{n}_0}{r_0}\cos\frac{s-s_0}{r_0} - \frac{\tau_0}{r_0}\sin\frac{s-s_0}{r_0} = \frac{\mathrm{n}_0}{r_0} = \mathrm{n}_0\|\psi''(s_0)\|,$$

d. h.: Krümmungskreis und Kurve haben in $\psi(s_0)$ die gleiche Tangente und Krümmung.

1.1.2 Kurvenintegrale

Sei Γ eine rektifizierbare Jordan-Kurve in $\mathbb{R}^n$ mit einer C^1-Parametrisierung $\varphi : [a,b] \to \mathbb{R}^n$ und Bogenlängenfunktion $s(t)$. Für eine Funktion $f : \Gamma \to \mathbb{R}$ wird das Integral

$$\int_\Gamma f(x(s))\,ds := \int_a^b f(\varphi(t))\|\varphi'(t)\|\,dt, \tag{1.1.11}$$

sofern es existiert, das „Kurvenintegral“ von f über Γ genannt. Man nennt $ds = \|\varphi'(t)\|dt$ das „Streckenelement“ entlang der Kurve Γ.

Satz 1.4 (Kurvenintegral): *Ist f entlang Γ stückweise stetig, so existiert das Kurvenintegral (1.1.11) und hat für alle C^1-Parametrisierungen von Γ denselben Wert.*

Beweis: i) Ist $\varphi : [a,b] \to \mathbb{R}^n$ eine C^1-Parametrisierung der Kurve Γ und f stückweise stetig, so ist die Funktion $F(t) := f(\varphi(t))\|\varphi'(t)\|$ auf dem Intervall $[a,b]$ stückweise stetig und damit R-integrierbar. Das Kurvenintegral (1.1.11) existiert also.

ii) Sei $\psi : [0,|\Gamma|] \to \mathbb{R}^n$ die Parametrisierung der Kurve Γ mit der Bodenlänge. Nach Lemma 1.1 gibt es eine Bijektion $h : [0,|\Gamma|] \to [a,b]$, derart, dass $\varphi(t) = \psi(h(t))$. Ferner gilt $\varphi'(t) = \psi'(h(t))h'(t)$ und folglich wegen $\|\psi'(s)\| = 1$:

$$\|\varphi'(t)\| = \|\psi'(h(t))\|\,|h'(t)| = |h'(t)|.$$

Der Transformationssatz für eindimensionale R-Integrale ergibt dann

$$\int_0^{|\Gamma|} f(x(s))\,ds = \int_a^b f(\varphi(t))|h'(t)|\,dt = \int_a^b f(\varphi(t))\|\varphi'(t)\|\,dt,$$

was zu zeigen war. Q.E.D.

Das Kurvenintegral lässt sich auch im Sinne eines Riemann-Integrals als Limes zugehöriger Riemannscher Summen erklären. Seien

$$Z = \{a = t_0 < t_1 < \cdots < t_m = b\}$$

Zerlegungen des Intervalls $[a,b]$ mit Feinheit $|Z| := \max_{k=1,\dots,m} |t_m - t_{m-1}|$. Dann gilt mit beliebige Punkte $\tau_k \in [t_{k-1}, t_k]$:

$$\int_\Gamma f(x)\,ds = \lim_{|Z|\to 0} \sum_{k=1}^m f(\tau_k)\|\varphi(t_k) - \varphi(t_{k-1})\|.$$

Für das Kurvenintegral gelten dieselben Regeln wie für das Riemann-Integral über Intervalle, wobei die Beweise analog sind. Die drei wichtigsten Eigenschaften sind:

1. *Linearität:* Integrierbare Funktionen $f, g : \Gamma \to \mathbb{R}$ und $\alpha, \beta \in \mathbb{R}$:

$$\int_\Gamma \big(\alpha f(x) + \beta g(x)\big)\,ds = \alpha \int_\Gamma f(x)\,ds + \beta \int_\Gamma g(x)\,ds. \tag{1.1.12}$$

2. *Additivität:* $\Gamma = \Gamma_1 \cup \Gamma_2$ Zerlegung in rektifizierbare Teilkurven:

$$\int_\Gamma f(x)\,ds = \int_{\Gamma_1} f(x)\,ds + \int_{\Gamma_2} f(x)\,ds, \tag{1.1.13}$$

   d. h.: f ist über Γ integrierbar genau dann, wenn es über Γ_1 und Γ_2 integrierbar ist.

3. *Beschränktheit:* $f : \Gamma \to \mathbb{R}$ integrierbar:

$$\Big|\int_\Gamma f(x)\,ds\Big| \le |\Gamma| \sup_{x\in\Gamma} |f(x)|. \tag{1.1.14}$$

Beispiel 1.7: Wir geben einige einfache Beispiel von Kurvenintegralen:

1. Das Kurvenintegral über die konstante Funktion $f \equiv 1$ ergibt nach Satz 1.2:

$$\int_\Gamma ds = \int_a^b \|\varphi'(t)\|\,dt = |\Gamma|.$$

2. Ist die Kurve mit einer Masse der Dichte $\rho(x)$ belegt, so ergibt sich als Gesamtmasse

$$\mu(\Gamma) = \int_\Gamma \rho(x)\,ds = \int_a^b \rho(x(t))\|\varphi'(t)\|\,dt.$$

Der Schwerpunkt dieser massebelegten Kurve ist im Punkt

$$S = \frac{1}{\mu(\Gamma)} \int_\Gamma x\rho(x)\,ds = \frac{1}{\mu(\Gamma)} \int_a^b x(t)\rho(x(t))\|\varphi'(t)\|\,dt.$$

3. Das Parabelstück

$$\Gamma = \{(x,y) \in \mathbb{R}^2 :\ y = x^2,\ 0 \le x \le 1\}$$

hat die Parametrisierung $\varphi(t) := (t, t^2)$, $0 \le t \le 1$. Das Kurvenintegral einer Funktion $f : \Gamma \to \mathbb{R}$ ist gegeben durch

$$\int_\Gamma f(x)\, ds = \int_0^1 f(x(t))\sqrt{1+4t^2}\, dt.$$

Für $f \equiv 1$ ergibt sich

$$\begin{aligned} |\Gamma| &= \int_0^1 \sqrt{1+4t^2}\, dt = \frac{1}{2}\int_0^2 \sqrt{1+u^2}\, du \\ &= \frac{1}{4}\Big[u\sqrt{1+u^2} + \log\Big(u+\sqrt{1+u^2}\Big)\Big]_0^2 = \frac{1}{4}\big(2\sqrt{5} + \log(2+\sqrt{5})\big) = 1{,}46894\ldots \end{aligned}$$

Wir wollen den Schwerpunkt des mit der Massedichte $\rho \equiv 1$ belegten Kurvenstücks bestimmen:

$$S = \frac{1}{|\Gamma|}\int_\Gamma x\, ds = \frac{1}{|\Gamma|}\int_\Gamma x(t)\|\varphi'(t)\|\, ds = \frac{1}{|\Gamma|}\int_0^1 (t, t^2)\sqrt{1+4t^2}\, dt$$

Die x- und die y-Komponenten von S ergibt sich zu

$$\begin{aligned} S_x &= \frac{1}{|\Gamma|}\int_0^1 t\sqrt{1+4t^2}\, dt = \frac{1}{4|\Gamma|}\int_0^2 u\sqrt{1+u^2}\, du = \frac{1}{12|\Gamma|}\Big[(1+u^2)^{3/2}\Big]_0^2 \\ &= \frac{5^{3/2}-1}{12|\Gamma|} = \frac{0{,}84836\ldots}{|\Gamma|} \\ S_y &= \frac{1}{|\Gamma|}\int_0^1 t^2\sqrt{1+4t^2}\, dt = \frac{1}{8|\Gamma|}\int_0^2 u^2\sqrt{1+u^2}\, du \\ &= \frac{1}{64|\Gamma|}\Big[u(2u^2+1)\sqrt{1+u^2} - \log\big(u+\sqrt{1+u^2}\big)\Big]_0^2 \\ &= \frac{1}{|\Gamma|}\big(18\sqrt{5} + \log(2+\sqrt{5})\big) = \frac{0{,}65145\ldots}{|\Gamma|} \end{aligned}$$

und somit $S = (0{,}57363\ldots, 0{,}44048\ldots)$.

Als nächstes betrachten wir sog. „Wegintegrale“ von Vektorfeldern, wie sie etwa in der Physik auftreten, z. B. Kraftfelder, elektrische Felder, Geschwindigkeitsfelder, u.s.w.

Definition 1.9 (Wegintegral): *Sei $\varphi : [a, b] \to \mathbb{R}^n$ ein differenzierbarer Jordan-Weg und $\Gamma \subset \mathbb{R}^n$ das durch diesen parametrisierte (und orientierte) Jordan-Kurvenstück. Für ein stetiges Vektorfeld $v = (v_1, \ldots, v_n) : \mathbb{R}^n \to \mathbb{R}^n$ heißt*

$$\int_\Gamma v(x) \cdot \mathrm{ds} := \int_a^b v(x(t)) \cdot \varphi'(t)\, dt = \sum_{i=1}^n \int_a^b v_i(x(t))\varphi_i'(t)\, dt$$

das „Wegintegral“ („Zirkulationsintegral“ oder „Arbeitsintegral“) von v über Γ. Das Vorzeichen des Wegintegrals hängt dabei von der Orientierung des Weges ab, d. h. von der Reihenfolge, in der die Punkte der zugehörigen Kurve durchlaufen werden.

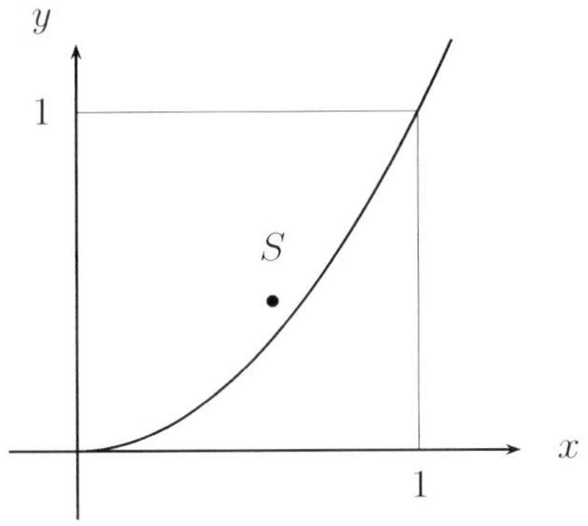

Abbildung 1.6: *Parabelkurvenstück mit Massebelegung* $\rho \equiv 1$ *und Schwerpunkt* S.

Bemerkung 1.3: Das Wegintegral eines Vektorfeldes v über eine Kurve Γ ist das Integral der sog. „Pfaffschen Form“ (Differentialform 1. Ordnung)

$$v \cdot \mathrm{dx} = \sum_{i=1}^{n} v_i(x) dx_i$$

über die durch Γ definierte 1-dimensionale Mannigfaltigkeit.

Zwischen dem Zirkulationsintegral eines Vektorfeldes und dem Kurvenintegral einer skalaren Funktion besteht eine enge Beziehung. Der Tangentialeinheitsvektor zur Kurve im Punkt $x \in \Gamma$ ist gegeben durch

$$\tau = \frac{\varphi'(t)}{\|\varphi'(t)\|}, \quad x = \varphi(t), \ t \in [a, b].$$

Mit der Tangentialkomponente $v_\tau := v \cdot \tau$ eines Vektorfelds $v : \mathbb{R}^n \to \mathbb{R}^n$ gilt daher

$$\int_\Gamma v(x) \cdot \mathrm{ds} = \int_a^b v(x(t)) \cdot \varphi'(t)\, dt = \int_a^b v_\tau(x) \|\varphi'(t)\|\, dt = \int_\Gamma v_\tau(x)\, ds. \tag{1.1.15}$$

Das Wegintegral hat wie das Kurvenintegral die folgenden Eigenschaften:

1. *Linearität:* Für integrierbare Vektorfelder $v, w : G \to \mathbb{R}^n$ und $\alpha, \beta \in \mathbb{R}$:

$$\int_\Gamma (\alpha v(x) + \beta w(x)) \cdot \mathrm{ds} = \alpha \int_\Gamma v(x) \cdot \mathrm{ds} + \beta \int_\Gamma w(x) \cdot \mathrm{ds}. \tag{1.1.16}$$

2. *Additivität:* Für eine disjunkte Zerlegung $\Gamma = \Gamma_1 \cup \Gamma_2$ gilt:

$$\int_\Gamma v(x) \cdot \mathrm{ds} = \int_{\Gamma_1} v(x) \cdot \mathrm{ds} + \int_{\Gamma_2} v(x) \cdot \mathrm{ds}. \tag{1.1.17}$$

3. *Beschränktheit:* Für beschränkte Vektorfelder gilt:

$$\Big|\int_\Gamma v(x)\cdot \mathrm{ds}\Big| \le |\Gamma| \sup_{x\in\Gamma} \|v(x)\|. \tag{1.1.18}$$

Bemerkung 1.4: Ist v ein Kraftfeld, so bedeutet das Wegintegral $\int_\Gamma v(x)\cdot \mathrm{ds}$ über eine Kurve die Arbeit, welche von dem Kraftfeld an einem Massepunkt entlang der Kurve Γ geleistet wird. Nach Satz 1.4 ist der Wert des Wegintegrals unabhängig von der Parametrisierung der Kurve gleicher Orientierung, d. h. unabhängig von der Geschwindigkeit, mit der die Kurve durchlaufen wird. Dies gilt i. Allg. aber nur bei „stationären", d. h. zeitunabhängigen Kraftfeldern. Für ein konstantes Feld $v \equiv \hat{v}$ gilt

$$\int_\Gamma v(x)\cdot \mathrm{ds} = \sum_{i=1}^n \hat{v}_i \int_a^b \varphi_i'(t)\,dt = \hat{v}\cdot(\varphi(b)-\varphi(a)),$$

d. h.: Das Arbeitsintegral hängt nur von Endpunkten der Kurve Γ und nicht von der diese verbindenden Kurve ab. Z. B. gilt für das Schwerefeld $v(x) := (0,0,-g)$ in einem Punkt x an der Erdoberfläche:

$$\int_\Gamma v(x)\cdot \mathrm{ds} = -\int_a^b g\varphi_3'(t)\,dt = g\big(\varphi_3(a)-\varphi_3(b)\big),$$

d. h.: Die vom Schwerefeld geleistete Arbeit hängt nur von der Höhendifferenz von Anfangs- und Endpunkt ab. Im Folgenden werden wir untersuchen, welche Vektorfelder diese Eigenschaft haben, dass ihr Wegintegral nur von den Endpunkten der Kurve abhängt.

Definition 1.10 (Gradientenfelder): *Ein Vektorfeld $v : D\subset \mathbb{R}^n \to \mathbb{R}^n$ heißt „Gradientenfeld", wenn es Gradient einer Funktion $f : D \to \mathbb{R}$ ist:*

$$v = \nabla f;$$

diese wird als „Stammfunktion" von v bezeichnet. In physikalischem Kontext wird v auch „Potentialfeld" und $U = -f$ das „Potential" von v genannt.

Nicht jedes stetig differenzierbare Vektorfeld v hat eine Stammfunktion. Für die Stammfunktion des Vektorfelds $v(x,y) := (y,0)$ müsste zum Beispiel $\partial_x f = y$ und $\partial_y f = 0$ bzw. $\partial_y\partial_x f = 1$ und $\partial_x\partial_y f = 0$ gelten, was der Vertauschbarkeit der zweiten Ableitungen von f widerspricht. Der folgende Satz ist die n-dimensionale Verallgemeinerung des Fundamentalsatzes der Differential- und Integralrechnung.

Satz 1.5 (Wegunabhängigkeit): *i) Sei $G\subset\mathbb{R}^n$ ein Gebiet (nicht leere, offene und zusammenhängende Teilmenge) und $v : G \to \mathbb{R}^n$ ein stetiges Vektorfeld. Für eine beliebige orientierte Jordan-Kurve $\Gamma\subset G$ ist das Wegintegral*

$$I_\Gamma(v) = \int_\Gamma v(x)\cdot \mathrm{ds}$$

genau dann wegunabhängig, wenn v ein Gradientenfeld ist.

ii) Ist f eine Stammfunktion von v, so hat das Wegintegral über ein beliebiges Kurvenstück Γ mit Anfangspunkt x^a und Endpunkt x^b den Wert

$$I_\Gamma(v) = f(x^b) - f(x^a). \tag{1.1.19}$$

Insbesondere ist für jeden geschlossene Kurve $I_\Gamma(v) = 0$.

iii) Umgekehrt erhält man ausgehend von einem festen Punkt $a \in G$ durch die Formel

$$f(x) := \int_{\Gamma(a,x)} v(x) \cdot \mathrm{ds}, \quad x \in G, \tag{1.1.20}$$

eine Stammfunktion des Vektorfelds v. Dabei ist $\Gamma(a,x) \subset G$ irgendeine Jordan-Kurve, welche a mit dem Punkt $x \in G$ verbindet.

iv) Die Stammfunktion eines Vektorfelds ist bis auf eine Konstante eindeutig bestimmt.

Beweis: Die Kurve $\Gamma \subset G$ habe die Endpunkte x^a und x^b.

a) Sei v ein Gradientenfeld und f eine Stammfunktion. Dann gilt mit einer beliebigen C^1-Parametrisierung $\varphi : [a,b] \to \mathbb{R}^n$ von Γ nach der Kettenregel

$$\frac{d}{dt} f(\varphi(t)) = \sum_{i=1}^n \partial_i f(\varphi(t))\varphi_i'(t) = \sum_{i=1}^n v_i(\varphi(t))\varphi_i'(t) = v(\varphi(t)) \cdot \varphi'(t),$$

und somit

$$\int_\Gamma v(x) \cdot \mathrm{ds} = \int_a^b v(\varphi(t)) \cdot \varphi'(t)\, dt = \int_a^b \frac{d}{dt} f(\varphi(t))\, dt = f(x^b) - f(x^a).$$

Dies beweist auch die Aussage (ii).

b) Sei nun umgekehrt das Wegintegral unabhängig von der seine Endpunkte x^a und x^b verbindenden Kurve. Dann ist die Funktion

$$f(x) := \int_{\Gamma(x^a,x)} v(x) \cdot \mathrm{ds}, \quad x \in G,$$

wohl definiert. Für $\xi \in G$ und hinreichend kleines $h \in \mathbb{R}^n$ gilt:

$$\int_{x^a}^{\xi+h} v(x) \cdot \mathrm{ds} = \int_{x^a}^{\xi} v(x) \cdot \mathrm{ds} + \int_{\xi}^{\xi+h} v(x) \cdot \mathrm{ds}$$

und

$$\int_{\xi}^{\xi+h} v(\xi) \cdot \mathrm{ds} = v(\xi) \cdot h.$$

Also ist bei Verwendung eines geradlinigen Weges von ξ nach $\xi + h$:

$$\begin{aligned} \frac{1}{|h|} |f(\xi + h) - f(\xi) - v(\xi) \cdot h| &= \frac{1}{|h|} \Big| \int_{\xi}^{\xi+h} (v(y) - v(\xi)) \cdot \mathrm{dy} \Big| \\ &\le \max \big\{ |v(y) - v(\xi)|,\, |y - \xi| \le h \big\}. \end{aligned}$$

Da die rechte Seite für $h \to 0$ gegen Null geht, ist f in ξ total differenzierbar mit der Ableitung $\nabla f(\xi) = v(\xi)$. Dies beweist auch die Aussage (iii).

c) Zum Nachweis von (iv) beachten wir, dass für die Differenz $\delta f = f - g$ zweier Stammfunktionen von v gilt $\nabla \delta f = 0$. Für zwei Punkte $x^a, x^b \in G$, deren Verbindungsstrecke $\Gamma(x^a, x^b)$ im Gebiet G liegt, gilt nach dem Mittelwertsatz

$$f(x^a) - f(x^b) = \nabla f(\xi) \cdot (x^b - x^a) = 0.$$

Also ist f auch entlang eines jeden Polygonzugs und folglich in ganz G konstant. Q.E.D.

Es bleibt, die Frage zu klären wie man einem Vektorfeld ansieht, ob es ein Gradientenfeld ist. Für ein stetig differenzierbares Vektorfeld v mit Stammfunktion f muss notwendigerweise die Bedingung

$$\partial_i v_j = \partial_i \partial_j f = \partial_j \partial_i f = \partial_j v_i, \quad i, j = 1, \ldots, n, \tag{1.1.21}$$

erfüllt sein. Damit kann man im konkreten Fall leicht überprüfen, ob ein gegebenes Vektorfeld Gradientenfeld sein kann. Die Bedingung (1.1.21) kann in zwei Dimensionen als Verschwinden der *skalaren* Rotation

$$\operatorname{rot} v := \partial_y v_x - \partial_x v_y = 0, \tag{1.1.22}$$

und in drei Dimensionen als Verschwinden der *vektoriellen* Rotation

$$\operatorname{rot} v := \nabla \times v = (\partial_y v_z - \partial_z v_y, \partial_z v_x - \partial_x v_z, \partial_x v_y - \partial_y v_x) = 0 \tag{1.1.23}$$

interpretiert werden. Die Beziehung (1.1.21) ist auch hinreichend für die *lokale* Existenz einer Stammfunktion, d. h. in der hinreichend kleinen Umgebung eines jeden Punktes $x \in G$, in dem (1.1.21) gilt. Sie ist aber i. Allg. nicht hinreichend für die *globale* Existenz einer Stammfunktion auf dem ganzen Definitionsgebiet des Vektorfelds.

Beispiel 1.8: Wir geben einige einfache Beispiele:

1. Für das Vektorfeld $v = (ye^{xy}, xe^{xy} + 2y)$ gilt:

$$\partial_x v_y = e^{xy} + xye^{xy} = \partial_y v_x.$$

Tatsächlich ist, wie man leicht nachrechnet, $f = e^{xy} + y^2$ eine Stammfunktion von v. Dagegen kann das Vektorfeld $v = (ye^{xy}, xe^{xy} + 2x)$ wegen

$$\partial_x v_y = e^{xy} + xye^{xy} + 2 \neq \partial_y v_x.$$

keine Stammfunktion haben.

2. Das durch

$$v = \Big(\frac{-y}{x^2 + y^2}, \frac{x}{x^2 + y^2} \Big)$$

definierte Vektorfeld $v : \mathbb{R}^2\backslash\{0\} \to \mathbb{R}^2$ erfüllt zwar die Verträglichkeitsbedingung (1.1.21),

$$\partial_y v_x = \frac{-(x^2+y^2)+2y^2}{(x^2+y^2)^2} = \frac{y^2-x^2}{(x^2+y^2)^2} = \frac{(x^2+y^2)-2x^2}{(x^2+y^2)^2} = \partial_x v_y,$$

ist aber in der gelochten Ebene $G = \mathbb{R}^2 \setminus \{0\}$ kein Gradientenfeld. Das Wegintegral entlang des geschlossenen Einheitskreises Γ mit der Parametrisierung $\varphi(t) = (x(t), y(t)) = (\cos t, \sin t), t \in [0, 2\pi]$, ist nämlich nicht Null sondern

$$\int_\Gamma v(x) \cdot \mathrm{ds} = \int_0^{2\pi} v(x) \cdot \varphi'(t)\,dt = \int_0^{2\pi} \Big\{ \frac{y \sin t}{x^2+y^2} + \frac{x \cos t}{x^2+y^2} \Big\}\,dt$$
$$= \int_0^{2\pi} (\sin^2 t + \cos^2 t)\,dt = 2\pi.$$

In einer hinreichend kleinen Umgebung eines jeden Punktes von G, welche keinen Punkt der y-Achse enthält, existiert dagegen die Stammfunktion $f := \arctan(y/x)$ mit

$$\nabla f = \Big(\frac{-y/x^2}{1+(y/x)^2}, \frac{1/x}{1+(y/x)^2} \Big) = \Big(\frac{-y}{x^2+y^2}, \frac{x}{x^2+y^2} \Big).$$

Auf speziellen Gebieten kann aber die Existenz auch einer *globalen* Stammfunktion gesichert werden.

Definition 1.11 (Sterngebiet): *Ein Gebiet $G \subset \mathbb{R}^n$ wird „sternförmig“ (bzw. „Sterngebiet“) genannt, wenn es einen Punkt $\hat{x} \in G$ gibt, so dass für jeden Punkt $x \in G$ die Verbindungsstrecke $\{y \in \mathbb{R}^n : y = \lambda\hat{x} + (1-\lambda)x, \lambda \in [0,1]\}$ mit $\hat{x}$ ganz in G liegt.*

Jedes *konvexe* Gebiet ist automatisch Sterngebiet. Die gelochte Kreisscheibe

$$G = K_1(0) \setminus \{0\} \subset \mathbb{R}^2$$

ist kein Sterngebiet. Dagegen ist die aufgeschnittene Scheibe

$$G = K_1(0) \setminus \{x \in \mathbb{R}^2 : x_1 \le 0, x_2 = 0\} \subset \mathbb{R}^2$$

Sterngebiet.

Satz 1.6 (Stammfunktion): *Ist $G \subset \mathbb{R}^n$ ein Sterngebiet und $v : G \to \mathbb{R}^n$ ein stetig differenzierbares Vektorfeld, welches der Verträglichkeitsbedingung (1.1.21) genügt. Dann ist v ein Gradientenfeld.*

Beweis: O.B.d.A. kann angenommen werden, dass G Sterngebiet bzgl. des Nullpunkts ist. Für einen Punkt $x \in G$ liegt die zu dem geradlinigen Weg $\varphi(t) := tx$, $t \in [0,1]$, gehörende Kurve Γ ganz in G, und wir können definieren

$$f(x) := \int_\Gamma v(y) \cdot \mathrm{ds} = \int_0^1 v(tx) \cdot x\,dt.$$

Es gilt, wegen $\partial_i v_j = \partial_j v_i$, für $i = 1, \dots, n$:

$$\begin{aligned}\frac{\partial}{\partial x_i}\big(v(tx)\cdot x\big) &= \sum_{j=1}^{n} \partial_i v_j(tx) t x_j + v_i(tx)\\ &= \sum_{j=1}^{n} \partial_j v_i(tx) t x_j + v_i(tx) = \nabla v_i(tx)\cdot(tx) + v_i(tx),\end{aligned}$$

und ebenso

$$\frac{\partial}{\partial t}\big(v_i(tx)t\big) = \sum_{j=1}^{n} \partial_j v_i(tx) t x_j + v_i(tx) = \nabla v_i(tx)\cdot(tx) + v_i(tx).$$

Nach dem Satz über Vertauschbarkeit von Integration und Differentiation bei parameterabhängigen Integralen (s. Kapitel 3 in diesem Band) folgt

$$\begin{aligned}\frac{\partial}{\partial x_i} f(x) &= \int_0^1 \frac{\partial}{\partial x_i}\big(v(tx)\cdot x\big)\,dt = \int_0^1 \big(\nabla v_i(tx)\cdot(tx) + v_i(tx)\big)\,dt\\ &= \int_0^1 \frac{\partial}{\partial t}\big(v_i(tx)t\big)\,dt = t v_i(tx)\Big|_0^1 = v_i(x).\end{aligned}$$

Also ist $\nabla f(x) = v(x)$. Q.E.D.

Bemerkung 1.5: Satz 1.6 lässt sich verallgemeinern auf sog. „einfach zusammenhängende“ Gebiete. Dies sind solche, bei denen sich jede geschlossene Kurve durch eine stetige Deformation auf einen Punkt des Gebiets zusammenziehen lässt (kurz: In $\mathbb{R}^2$ hat das Gebiet keine „Löcher“ und in $\mathbb{R}^3$ hat es keine durchgehenden „Wurmlöcher“); die formale Definition dieser anschaulich klaren Eigenschaft wird hier nicht gegeben. Jedes Sterngebiete ist in diesem Sinne einfach zusammenhängend. In Abschnitt 2.1 von Analysis 2 hatten wir für „zusammenhängend“ eine topologische Definition gegeben:

Eine Menge $M \subset \mathbb{R}^n$ heißt „zusammenhängend“, wenn sie nicht als Vereinigung zweier (nicht leerer) relativ-offener und disjunkter Mengen darstellbar ist.

Für die jetzigen Zwecke erweist sich eine alternative Definition als praktischer:

Eine Menge $M \subset \mathbb{K}^n$ heißt „weg-zusammenhängend“, wenn es zu je zwei Punkten $x, y \in M$ eine verbindende Jordan-Kurve gibt, die ganz in M verläuft.

Statt einer Jordan-Kurve kann hier auch ein verbindender Polygonzug verwendet werden. Man überlegt sich leicht, dass eine *weg-zusammenhängende* Menge auch topologisch *zusammenhängend* ist. Die Umkehrung dieser Aussage gilt aber nicht, wie das folgende Beispiel zeigt:

$$M = \{(x,y)\in\mathbb{R}^2 : x\in\mathbb{R}_+, y = \sin(1/x)\} \cup \{0\}.$$

Ist die Menge M aber *offen*, dann sind die beiden Zusammenhangsbegriffe äquivalent. Dies sieht man wie folgt: Für einen beliebigen Punkt $a \in M$ definieren wir die Menge

$$U := \{x \in M : \text{Es gibt einen Streckenzug in } M \text{ von } a \text{ nach } x\,.\}.$$

Mit M ist offensichtlich auch die Menge U offen. Ferner ist auch die Menge $V := M \setminus U$ offen. Also ist $M = U \cup V$ eine disjunkte, offene Zerlegung. Da M nach Voraussetzung zusammenhängend ist, können nicht beide Komponenten U, V nicht leer sein. Wegen $a \in U$ ist folglich $V = \emptyset$, d. h.: $M = U$, was zu zeigen war. Die Details dieser Argumentation seien als Übungsaufgabe gestellt.

Beispiel 1.9: Wir kommen wieder auf den physikalischen Kontext zurück. Ein Kraftfeld $F : D \subset \mathbb{R}^n \to \mathbb{R}^n$ wird „konservativ" genannt, wenn die von ihm entlang einer Kurve geleistete Arbeit nur von den Endpunkten abhängt, d. h. wenn die entlang einer geschlossenen Kurve geleistete Arbeit Null ist. Nach Satz 1.5 ist ein Kraftfeld konservativ genau dann, wenn es ein Gradientenfeld ist. Betrachten wir als Beispiel die Schwerkraft, welche von einer im Ursprung befindlichen Masse μ erzeugt wird. Nach dem Newtonschen Gesetz hat dieses die Gestalt

$$F(x) = -\gamma \frac{\mu x}{\|x\|^3}, \qquad x \in \mathbb{R}^3 \setminus \{0\},$$

mit der „Gravitationskonstante" $\gamma > 0$. Zur Berechnung von $\nabla \times F$ betrachten wir

$$\partial_i \frac{x_j}{\|x\|^3} = \frac{\|x\|^3 \delta_{ij} - 3\|x\|^2 x_j x_i \|x\|^{-1}}{\|x\|^6} = \frac{\|x\|^2 \delta_{ij} - 3x_j x_i}{\|x\|^5}, \qquad i, j = 1, 2, 3.$$

Unter Beachtung von $\operatorname{rot} F = (\partial_2 F_3 - \partial_2 F_2, \partial_3 F_1 - \partial_1 F_2, \partial_1 F_2 - \partial_2 F_1)^T$ ergibt dies

$$\left(\operatorname{rot} \frac{x}{\|x\|^3}\right)_1 = \frac{\|x\|^2 \delta_{23} - 3x_3 x_2}{\|x\|^5} - \frac{\|x\|^2 \delta_{32} - 3x_2 x_3}{\|x\|^5} = 0,$$

und analog für die anderen beiden Komponenten. Der aufgeschnittene Raum $G = \mathbb{R}^3 \setminus \{x \in \mathbb{R}^3, \, x_2 = x_3 = 0, x_1 \le 0\}$ ist sternförmig, so das nach Satz 1.6 auf G ein Potential von F existiert. Dieses hat, wie man leicht verifiziert, die Form

$$U(x) := -\gamma \frac{\mu}{\|x\|}, \qquad x \in G.$$

Da sich U stetig differenzierbar auf die Menge $\mathbb{R}^3 \setminus \{0\}$ fortsetzen lässt, ist es Potential von F auf ganz $\mathbb{R}^3 \setminus \{0\}$. Also ist das Schwerefeld konservativ. Da sich mehrere Kraftfelder linear überlagern, erzeugen mehrere Massen $\mu_i, i = 1, \dots, N$, in Punkten $x_i, i = 1, \dots, N$, folgendes Kraftfeld mit zugehörigem Potential:

$$F(x) = -\gamma \sum_{i=1}^{N} \frac{\mu_i (x - x_i)}{\|x - x_i\|^3}, \qquad U(x) = -\gamma \sum_{i=1}^{N} \frac{\mu_i}{\|x - x_i\|}.$$

1.1.3 Flächen in $\mathbb{R}^3$

Im Folgenden betrachten wir Flächen in $\mathbb{R}^n$, wobei wir uns im Interesse der Übersichtlichkeit und im Hinblick auf die relevanten physikalischen Anwendungen auf den $\mathbb{R}^3$ beschränken. Zur Beschreibung von solchen Flächen verwenden wir wie bei Kurven Parameterdarstellungen, wobei die Parameterbereiche nun zweidimensional sind. Diese Parameterbereiche sind quadrierbare Teilmengen des $\mathbb{R}^2$, deren Variablen mit $\mathrm{u} = (u, v)$

bezeichnet werden. Für die Punkte im $\mathbb{R}^3$ wird in der Regel die koordinatenorientierte Bezeichnung $\mathrm{x} = (x, y, z)$ verwendet. Wir hatten schon bei der Betrachtung von Kurven in $\mathbb{R}^n$ gesehen, dass die bloße Voraussetzung der *Stetigkeit* der Parametrisierung sehr pathologische Kurvengebilde zulässt, z. B. die beiden Extremfälle der *einpunktigen* Kurve und der *gebietsfüllenden* Peano-Kurve. Um solche Pathologien bei Flächen auszuschließen, werden wir hier nur stetig differenzierbare (oder wenigstens stückweise stetig differenzieerbare) und in einem gewissen Sinne „reguläre" Parametrisierungen zulassen.

Definition 1.12 (Fläche in $\mathbb{R}^3$): *i) Sei $M \subset \mathbb{R}^2$ ein quadrierbarer, offene Parameterbereich und $\varphi : M \to \mathbb{R}^3$ eine injektive, stetig differenzierbare und L-stetige Abbildung mit der Eigenschaft*

$$\operatorname{Rang} \varphi'(u, v) = \operatorname{Rang} \begin{pmatrix} \partial_u \varphi_x & \partial_u \varphi_y & \partial_u \varphi_z \\ \partial_v \varphi_x & \partial_v \varphi_y & \partial_v \varphi_z \end{pmatrix} = 2, \quad (u, v) \in M. \tag{1.1.24}$$

Dann wird die Bildmenge $\Gamma = \varphi(M)$ eine „offene reguläre Fläche" mit Parametrisierung φ genannt. (Dabei sind die Mengen M und Γ nicht notwendig zusammenhängend.)

ii) Die L-stetige Parameterabbildung $\varphi : M \to \mathbb{R}^3$ lässt sich zu einer gleichfalls L-stetigen Abbildung $\overline{\varphi} : \overline{M} \to \mathbb{R}^3$ fortsetzen. Im Falle

$$\varphi(M) \cap \overline{\varphi}(\partial M) = \emptyset \tag{1.1.25}$$

heißt dann $\overline{\Gamma} := \overline{\varphi}(\overline{M})$ eine „abgeschlossene Fläche". Eine abgeschlossenen Fläche ohne (relativen) Rand heißt „geschlossen".

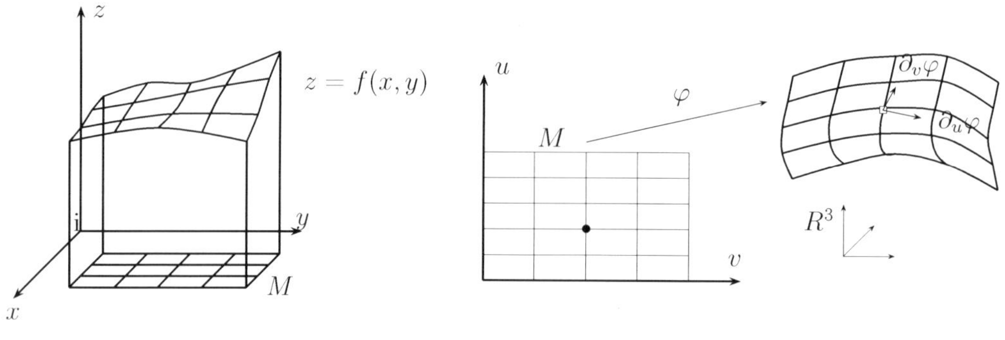

Abbildung 1.7: *Darstellung einer Fläche in $\mathbb{R}^3$ als Funktionsgraph (links) und mit Hilfe einer Parameterabbildung (rechts).*

Die Bedingung (1.1.25) besagt, dass die abgeschlossene Fläche $\overline{\Gamma}$ sich nicht selbst berührt in dem Sinne, dass kein (relativer) Randpunkt gleichzeitig (relativer) innerer

Punkt sein kann. Die Rangbedingung (1.1.24) an die Funktionalmatrix der Parametrisierung φ besagt, dass stets eine der drei möglichen (2×2)-Unterdeterminanten von $\varphi'(u,v)$ ungleich Null ist. Sei etwa

$$\det\begin{pmatrix}\partial_u\varphi_x & \partial_u\varphi_y\\ \partial_v\varphi_x & \partial_v\varphi_y\end{pmatrix}\neq 0$$

in einem Punkt $(u_0,v_0)\in M$. Wegen der Stetigkeit der Ableitungen von φ gilt dies auch in einer ganzen Umgebung $U(u_0,v_0)\subset M$. Dann existiert nach dem Satz über reguläre Abbildungen in einer Umgebung $V(x_0,y_0)$ von $(x_0,y_0):=(\varphi_x(u_0,v_0),\varphi_y)(u_0,v_0))$ die Umkehrabbildung

$$\begin{pmatrix}u\\ v\end{pmatrix}=\begin{pmatrix}\psi_u(x,y)\\ \psi_v(x,y)\end{pmatrix}.$$

In einer Umgebung von $\varphi(u_0,v_0)$ lässt sich das Flächenstück Γ also als Graph einer Funktion $F(x,y)$ darstellen:

$$z=F(x,y):=\varphi_z(\psi_u(x,y),\psi_v(x,y)).$$

Eine analoge Aussage gilt offenbar für alle Punkte der Fläche Γ. Die obige Beziehung besagt in anderen Worten, dass sich das Flächenstück Γ lokal auch als sog. „Null-Niveaulinie“ der Funktion $\Phi(x,y,z):=z-F(x,y)$ interpretieren lässt.

Flächen bzw. Flächenstücke $\Gamma\subset\mathbb{R}^3$ können also auf die folgende Weise gegeben sein:

- Durch eine Parameterdarstellung $\varphi: M\to\mathbb{R}^3$:

$$\Gamma=\big\{\varphi(u,v)\in\mathbb{R}^3:\ (u,v)\in M\big\}.$$

- Als Graph einer Funktion $F: M\to\mathbb{R}^2$:

$$\Gamma=\big\{(u,v,F(u,v))\subset\mathbb{R}^3:\ (u,v)\in M\big\}.$$

- Als Null-Niveaulinie einer Funktion $\Phi:\mathbb{R}^3\to\mathbb{R}$:

$$\Gamma=\big\{(x,y,z)\in\mathbb{R}^3:\ \Phi(x,y,z)=0\big\}.$$

- Als Rand eines Gebiets $G\subset\mathbb{R}^3$: $\quad\Gamma:=\partial G.$

Beispiel 1.10: Die Oberfläche $\Gamma(a,b,c)$ des Ellipsoiden mit Halbachsen $a,b,c>0$ in $\mathbb{R}^3$ hat die folgenden Darstellungen:

1. Parameterdarstellung (Kugelkoordinaten): $\quad (u,v)\in[0,2\pi]\times[0,\pi]$

$$\varphi(u,v):=\begin{pmatrix}a\cos u\sin v\\ b\sin u\sin v\\ c\cos v\end{pmatrix}.$$

2. Darstellung als Funktionsgraph: $(x, y) \in \{(u, v) \in \mathbb{R}^2 : (u/a)^2 + (v/b)^2 \leq 1\}$

$$z = F(x, y) := \pm c\sqrt{1 - \left(\frac{x}{a}\right)^2 - \left(\frac{y}{b}\right)^2}.$$

3. Darstellung als Null-Niveaulinie: $(x, y, z) \in \mathbb{R}^3$

$$\Phi(x, y, z) := \frac{x^2}{a^2} + \frac{y^2}{b^2} + \frac{z^2}{c^2} - 1.$$

Bemerkung 1.6: Nicht jeder Rand eines Gebiets $G \subset \mathbb{R}^3$ ist eine „offene Fläche" im Sinn von Definition 1.12. Zum Beispiel lässt sich der (geschlossenen) Rand ∂W des Einheitswürfels

$$W := \{(x, y, z) \in \mathbb{R}^3 : 0 \leq x, y, z \leq 1\},$$

nicht stetig differenzierbar parametrisieren. Dieses Beispiel verdeutlicht den Zweck der hier verwendeten, etwas umständlichen Definition von „Fläche". In diesem Sinne ist der Rand des Einheitswürfels eine *abgeschlossene* Fläche mit stückweise stetig differenzierbarer und L-stetiger Parametrisierung; sie ist aus den Abschlüssen der sechs ebenen, regulären Seitenflächen (*offene* Flächenstücke) zusammengesetzt.

Bemerkung 1.7: Der hier eingeführte geometrische Begriff einer „Fläche" im $\mathbb{R}^3$ ist verwandt zu dem einer „differenzierbaren Mannigfaltigkeit". Dies ist der allgemeine topologische Oberbegriff für Kurven, Flächen und anderer geometrischer Objekte, die lokal aussehen wie ein euklidischer Raum. Im Unterschied zu allgemeinen „topologischen" Mannigfaltigkeiten ist es auf *differenzierbaren* Mannigfaltigkeiten möglich, über Ableitungen und verwandte Konzepte zu sprechen. Solche spezielle Mannigfaltigkeiten sind Hauptgegenstand der sog „Differentialgeometrie". Mannigfaltigkeiten sind als „topologische Räume" naturgemäß *(relativ) offen*, während der geometrische Flächenbegriff auch abgeschlossene Strukturen zulässt. Differenzierbare Mannigfaltigkeiten spielen eine zentrale Rolle in der theoretischen Physik, insbsondere in der klassischen Mechanik bei Systemen, die Zwangsbedingungen unterliegen, und bei der Beschreibung der Raumzeit in der allgemeinen Relativitätstheorie.

Für Flächen sind die anschaulichen Begriffe wie Tangentialebene, Flächeninhalt u.s.w. wieder unter Zuhilfenahme von Parametrisierungen definiert, dabei aber unabhängig gegenüber Parametertransformationen.

Definition 1.13 (Koordinatenlinie, Tangentialebene, Normale): *Sei $\Gamma \subset \mathbb{R}^3$ eine offene reguläre Fläche mit Parametrisierung $\varphi : M \to \mathbb{R}^3$.*

i) Für festes v ist $\varphi(\cdot, v)$ die Parametrisierung einer Kurve, welche in der Fläche verläuft und „Koordinatenlinie" bzw. „u-Linie" genannt wird. Entsprechend ist die v-Linie für festes u definiert.

ii) Der Tangentialvektor der u-Linie im Flächenpunkt $\hat{\mathrm{x}} = \varphi(\hat{\mathrm{u}}) \in \Gamma$ *ist gegeben durch* $\partial_u\varphi(\hat{\mathrm{u}})$ *. Entsprechend ist* $\partial_v\varphi(\hat{\mathrm{u}})$ *Tangentenvektor der v-Linie. Aufgrund der Rangbedingung (1.1.24) sind die beiden Tangentenvektoren linear unabhängig und spannen die sog. „Tangentialebene" im Flächenpunkt* $\hat{\mathrm{x}}$ *auf:*

$$T(\hat{\mathrm{x}}) = \big\{\mathrm{x} \in \mathbb{R}^3 : \mathrm{x} = \hat{\mathrm{x}} + \lambda\partial_u\varphi(\hat{\mathrm{u}}) + \mu\partial_v\varphi(\hat{\mathrm{u}}),\ \lambda, \mu \in \mathbb{R}\big\}$$

iii) Jeder im Flächenpunkt $\hat{\mathrm{x}}$ *auf der Tangentialebene senkrecht stehende Vektor* $\mathrm{n} \neq 0$ *heißt „Normalenvektor" oder „Normale". Ein Normalenvektor mit Norm* $\|\mathrm{n}\| = 1$ *heißt „Einheitsnormale". Eine Einheitsnormale erhält man als normiertes äußeres Produkt der beiden Tangentenvektoren durch*

$$\mathrm{n}(\hat{\mathrm{u}}) = \frac{\partial_u\varphi \times \partial_v\varphi}{\|\partial_u\varphi \times \partial_v\varphi\|}(\hat{\mathrm{u}}). \tag{1.1.26}$$

Zur Erklärung der Formel (1.1.26) für die Flächennormalen rekapitulieren einige Eigenschaften des „äußeren Produkts" zweier Vektoren $\mathrm{a}, \mathrm{b} \in \mathbb{R}^3$:

$$\mathrm{a} \times \mathrm{b} := (a_2b_3 - a_3b_2, a_3b_1 - a_1b_3, a_1b_2 - a_2b_1).$$

Dieses Bildungsgesetz lässt sich leicht durch die folgende formale Darstellung als Determinante merken:

$$\mathrm{a} \times \mathrm{b} = \begin{vmatrix} e^{(1)} & a_1 & b_1 \\ e^{(2)} & a_2 & b_2 \\ e^{(3)} & a_3 & b_3 \end{vmatrix} = e^{(1)} \begin{vmatrix} a_2 & b_2 \\ a_3 & b_3 \end{vmatrix} - e^{(2)} \begin{vmatrix} a_1 & b_1 \\ a_3 & b_3 \end{vmatrix} + e^{(3)} \begin{vmatrix} a_1 & b_1 \\ a_2 & b_2 \end{vmatrix} \tag{1.1.27}$$

mit den kartesischen Einheitsbvektoren $e^{(i)}$. Aus dieser Darstellung und den üblichen Eigenschaften von Determinanten leiten wir die folgende Regeln ab:

$$\mathrm{a} \times \mathrm{b} = -\mathrm{b} \times \mathrm{a}, \qquad \mathrm{a} \times \mathrm{a} = 0, \tag{1.1.28}$$

sowie für $\mathrm{a}, \mathrm{b}, \mathrm{c} \in \mathbb{R}^3$ und $\alpha, \beta \in \mathbb{R}$:

$$(\alpha\mathrm{a} + \beta\mathrm{b}) \times \mathrm{c} = \alpha\mathrm{a} \times \mathrm{c} + \beta\mathrm{b} \times \mathrm{c}. \tag{1.1.29}$$

Durch direktes Nachrechnen bestätigt man

$$\|\mathrm{a} \times \mathrm{b}\|^2 = \|a\|^2\|b\|^2 - (a \cdot b)^2. \tag{1.1.30}$$

Lemma 1.5: *i) Das Vektorprodukt* $\mathrm{a} \times \mathrm{b}$ *steht senkrecht auf beiden Vektoren* a *und* b *:*

$$\mathrm{a} \times \mathrm{b} \perp \mathrm{span}\{\mathrm{a}, \mathrm{b}\}. \tag{1.1.31}$$

ii) Mit dem Winkel $\theta \in [0, \pi]$ *zwischen zwei Vektoren* $\mathrm{a}, \mathrm{b} \in \mathbb{R}^3$ *gilt:*

$$\|\mathrm{a} \times \mathrm{b}\| = \|\mathrm{a}\|\|\mathrm{b}\| \sin\theta. \tag{1.1.32}$$

Dies ist gerade der Inhalt des von den Vektoren a *und* b *aufgespannten Parallelogramms.*

iii) Seien $\mathrm{a},\mathrm{b} \in \mathbb{R}^3$ *zwei Vektoren und* $A = [\mathrm{a},\mathrm{b}] \in \mathbb{R}^{3\times 2}$ *die mit diesen gebildete Spaltenmatrix. Dann gilt mit einer beliebigen Matrix* $C \in \mathbb{R}^{2\times 2}$ *für die Spalten der Matrix* $AC = [\bar{\mathrm{a}},\bar{\mathrm{b}}]$ *:*

$$\|\bar{\mathrm{a}} \times \bar{\mathrm{b}}\| = \|\mathrm{a} \times \mathrm{b}\|\,|\det C|. \tag{1.1.33}$$

Beweis: i) Für Vektoren $\mathrm{a},\mathrm{b},\mathrm{c} \in \mathbb{R}^3$ gilt (Übungsaufgabe):

$$\mathrm{c}\cdot(\mathrm{a}\times\mathrm{b}) = \begin{vmatrix} a_1 & b_1 & c_1 \\ a_2 & b_2 & c_2 \\ a_3 & b_3 & c_3 \end{vmatrix} = \det(\mathrm{a},\mathrm{b},\mathrm{c}),$$

wobei die Vektoren als Spaltenvektoren zu verstehen sind. Hieraus folgt, dass

$$\mathrm{a}\cdot(\mathrm{a}\times\mathrm{b}) = 0 = \mathrm{b}\cdot(\mathrm{a}\times\mathrm{b}).$$

ii) Der Winkel θ zwischen zwei Vektoren $\mathrm{a},\mathrm{b} \in \mathbb{R}^3$ ist bestimmt durch

$$\cos\theta = \frac{\mathrm{a}\cdot\mathrm{b}}{\|\mathrm{a}\|\|\mathrm{b}\|}.$$

Also folgt mit (1.1.30)

$$\|\mathrm{a}\times\mathrm{b}\|^2 = \|a\|^2\|b\|^2 - (a\cdot b)^2 = \|a\|^2\|b\|^2 - \|a\|^2\|b\|^2\cos^2\theta = \|\mathrm{a}\|^2\|\mathrm{b}\|^2\sin^2\theta.$$

iii) Nach Definition gelten die vektoriellen Beziehungen (nachrechnen!)

$$\bar{\mathrm{a}} = c_{11}\mathrm{a} + c_{21}\mathrm{b}, \quad \bar{\mathrm{b}} = c_{12}\mathrm{a} + c_{22}\mathrm{b}.$$

Durch Ausmultiplizieren folgt unter Ausnutzung von (1.1.28):

$$\begin{aligned}\|\bar{\mathrm{a}}\times\bar{\mathrm{b}}\| &= \|(c_{11}\mathrm{a} + c_{21}\mathrm{b}) \times (c_{12}\mathrm{a} + c_{22}\mathrm{b})\| \\ &= \|c_{11}c_{12}\mathrm{a}\times\mathrm{a} + c_{11}c_{22}\mathrm{a}\times\mathrm{b} + c_{21}c_{12}\mathrm{b}\times\mathrm{a} + c_{21}c_{22}\mathrm{b}\times\mathrm{b}\| \\ &= \|(c_{11}c_{22} - c_{21}c_{12})\mathrm{a}\times\mathrm{b}\| = \|\mathrm{a}\times\mathrm{b}\|\,|\det C|,\end{aligned}$$

was zu zeigen war. Q.E.D.

Das folgende Lemma ist das Analogon von Lemma 1.1 für Flächen.

Lemma 1.6: *Sind* $\varphi : M \to \mathbb{R}^3$ *und* $\varphi^* : M^* \to \mathbb{R}^3$ *zwei Parametrisierungen derselben offenen, regulären Fläche* $\Gamma \subset \mathbb{R}^3$ *, so gibt es einen Diffeomorphismus* $h : M^* \to M$ *, so dass*

$$\varphi^* = \varphi \circ h. \tag{1.1.34}$$

Beweis: Der Beweis bedient sich analoger Argumente wie für die entsprechende Aussage für die Parametrisierungen von Kurven (Lemma 1.1). Q.E.D.

Definition 1.14: *Eine offene reguläre Fläche* Γ *heißt „orientierbar", wenn es möglich ist, auf ihr eine (bzgl. der Flächenpunkte) stetige Einheitsnormalenfunktion*

$$\mathrm{n} : \Gamma \to \mathbb{R}^3, \quad \|\mathrm{n}(\mathrm{x})\| = 1, \ \mathrm{x} \in \Gamma,$$

zu definieren. Damit wird dann eine Seite der Fläche als die „positive" ausgezeichnet.

Lemma 1.7: *Es sei* $\overline{\Gamma}$ *eine abgeschlossene Fläche mit Parametrisierung* $\varphi : \overline{M} \to \mathbb{R}^3$ *auf einem zusammenhängenden Parameterbereich* $\overline{M}$. *Die Parameterabbildung* φ *sei auf einer offenen Umgebung* U *von* $\overline{M}$ *definiert, stetig differenzierbar und injektiv. Dann ist die abgeschlossenen Fläche* $\overline{\Gamma}$ *orientierbar, d. h. besitzt eine stetige Einheitsnormalenfunktion* $\mathrm{n} : \overline{\Gamma} \to \mathbb{R}^3$. *Jede andere Einheitsnormalenfunktion zu* $\overline{\Gamma}$ *ist entweder gleich* n *oder gleich* $-\mathrm{n}$.

Beweis: Wir betrachten die Normalenfunktion zur Fläche $\overline{\Gamma} = \{\mathrm{x} = \varphi(\mathrm{u}),\, \mathrm{u} \in \overline{M}\}$:

$$\overline{\mathrm{n}}(\mathrm{u}) = \frac{\partial_u\varphi(\mathrm{u}) \times \partial_v\varphi(\mathrm{u})}{\|\partial_u\varphi(\mathrm{u}) \times \partial_v\varphi(\mathrm{u})\|}, \quad \mathrm{u} \in \overline{M}.$$

Diese ist in $\overline{M}$ stetig. Da auch die Umkehrabbildung $\varphi^{-1} : \Gamma \to \overline{M}$ stetig ist, wird durch

$$\mathrm{n}(\mathrm{x}) := \overline{\mathrm{n}}(\varphi^{-1}(\mathrm{x}))$$

eine auf $\overline{\Gamma}$ stetige Normalenfunktion definiert. Ist n^* eine weitere solche Funktion, so ist $\mathrm{n}(\mathrm{x}) = \pm\mathrm{n}^*(\mathrm{x})$, also $\delta(\mathrm{x}) := \|\mathrm{n}(\mathrm{x}) - \mathrm{n}^*(\mathrm{x})\| = 0$ oder 2. Wir wählen einen festen Punkt $\hat{\mathrm{x}} \in \overline{\Gamma}$. Da $\overline{M}$ zusammenhängend ist, kann man einen beliebigen Punkt $\mathrm{x} \in \Gamma$ mit $\hat{\mathrm{x}}$ durch einen in $\overline{\Gamma}$ verlaufende Jordan-Kurve γ mit Parametrisierung $\varphi : [a,b] \to \mathbb{R}^3$ verbinden. Die Funktion $\delta(\varphi(t))$ ist stetig und, da sie nur die Werte 2 und 0 annehmen kann, ist sie konstant. Hieraus folgt $\delta(\mathrm{x}) \equiv \delta(\hat{\mathrm{x}})$ auf $\overline{\Gamma}$. Im Falle $\delta(\hat{\mathrm{x}}) = 0$ ist $\mathrm{n} = \mathrm{n}^*$; im Fall $\delta(\hat{\mathrm{x}}) = 2$ ist $\mathrm{n} = -\mathrm{n}^*$. Q.E.D.

Das klassische Beispiel einer *nicht orientierbaren* Fläche ist das sog. „Möbius[3]-Band", welches eine abgeschlossene Fläche im Sinne von Definition 1.12 darstellt. Auf dieses Beispiel ist Lemma 1.7 nicht anwendbar, da die zugehörige Parametrisierung $\varphi : [-a,a] \times [0,2\pi] \to \mathbb{R}^3$ nicht injektiv ist. Dies gilt aber z. B. auch für ein nicht gedrehtes Band oder eine ganze Kugeloberfläche, welche sehr wohl orientierbar sind.

[3]August Ferdinand Möbius (1790–1868): Deutscher Mathematiker und Astronom; Professor in Leipzig; Beiträge zur Analytischen Geometrie und zur Himmelsmechanik.

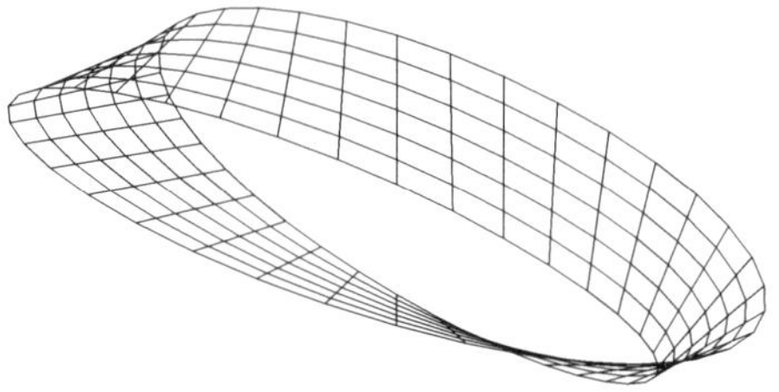

Abbildung 1.8: *Möbius-Band als Beispiel einer nicht orientierbaren Fläche.*

Flächeninhalt

Zur Definition des Inhalts $|\Gamma|$ einer regulären Fläche $\Gamma \subset \mathbb{R}^3$ mit Parametrisierung $\varphi : M \to \mathbb{R}^3$ stellen wir folgende Vorbetrachtung an. Sei

$$R = [u, u+h] \times [v, v+k] \subset M\,(h,k > 0)$$

ein kleines Rechteck. Nach der Taylor-Formel gilt dann für $\alpha, \beta \in [0,1]$:

$$\varphi(u + \alpha h, v + \beta k) \approx \varphi(u,v) + \alpha h \partial_u \varphi(u,v) + \beta k \partial_v \varphi(u,v).$$

Stünde hier das Gleichheitszeichen, d. h.: Wäre die Funktion φ auf K linear, so wäre die Bildmenge $\varphi(K)$ gerade das von den (linear unabhängigen) Vektoren $h\partial_u\varphi(u,v)$ und $k\partial_v\varphi(u,v)$ aufgespannte und um den Vektor $\varphi(u,v)$ verschobene Parallelogramm

$$P := \big\{ \mathrm{x} = \alpha h \partial_u \varphi(u,v) + \beta k \partial_v \varphi(u,v),\ \alpha, \beta \in [0,1] \big\}.$$

Dieses hat nach Lemma 1.5 (ii) den Flächeninhalt

$$|P| = \|h\partial_u\varphi \times k\partial_v\varphi\| = hk\,\|\partial_u\varphi \times \partial_v\varphi\|.$$

Zerlegt man nun die Menge M in kleine Rechtecke R_i zu Punkten (u_i, v_i), so kann die entsprechende Riemannsche Summe gedeutet werden als Summe der Flächeninhalte der den einzelnen Rechtecken entsprechenden Bild-Parallelogramme, welche annähernd gleich den Flächen $\varphi(K_i)$ sind:

$$\sum_{i=1}^{m} |\varphi(K_i)| \approx \sum_{i=1}^{m} \|\partial_u\varphi(u_i,v_i) \times \partial_v\varphi(u_i,v_i)\|\, h_i k_i$$

Dies legt die folgende Definition nahe.

Definition 1.15: *Für eine abgeschlossene reguläre Fläche* $\Gamma \subset \mathbb{R}^3$ *mit Parametrisierung* $\varphi : M \to \mathbb{R}^3$ *ist der „Flächeninhalt“* $|\Gamma|$ *definiert durch*

$$|\Gamma| := \int_M \|\partial_u\varphi(u,v) \times \partial_v\varphi(u,v)\|\, d(u,v).$$

Wegen der stetigen Differenzierbarkeit von φ *existiert das Riemannsche Integral.*

Satz 1.7 (Flächeninhalt): *Der Inhalt* $|\Gamma|$ *einer regulären Fläche* $\Gamma \subset \mathbb{R}^3$ *ist unabhängig von ihrer (stetig differenzierbaren) Parametrisierung.*

Beweis: i) Wir beweisen die Behauptung zunächst unter der stärkeren Annahme, dass die Parametrisierung φ in einer (offenen) Umgebung des Abschlusses $\overline{M}$ erklärt und $\varphi_{|M}$ eine offene Fläche beschreibt. Seien $\varphi : M \to \mathbb{R}^3$ und $\varphi^* : M^* \to \mathbb{R}^3$ zwei stetig differenzierbare Parametrisierungen derselben Fläche Γ. Dann gibt es nach Lemma 1.6 einen Diffeomorphismus $h : M^* \to M$ mit $\varphi^* = \varphi \circ h$. Aus der Beziehung $\varphi^{*\prime}(\cdot) = \varphi'(h(\cdot))h'(\cdot)$ folgt nach Lemma 1.5 (iii):

$$\|\partial_{u^*}\varphi^* \times \partial_{v^*}\varphi^*\| = \|\partial_u\varphi \circ h \times \partial_v\varphi \circ h\| \, |\det h'|.$$

Die Transformationsformel für mehrdimensionale Integrale liefert dann

$$\begin{aligned}\int_M \|\partial_u\varphi \times \partial_v\varphi\| \, d(u,v) &= \int_{M^*} \|\partial_u\varphi \circ h \times \partial_v\varphi \circ h\| |\det h'| \, d(u^*,v^*) \\ &= \int_{M^*} \|\partial_{u^*}\varphi^* \times \partial_{v^*}\varphi^*\| \, d(u^*,v^*).\end{aligned}$$

Dies ist der Beweis unter den obigen starken Voraussetzungen.

ii) Ist die Fläche Γ von dem in der Definition 1.12 beschriebenen Typ, so ist die Parameterabbildung φ auf $\overline{M}$ i. Allg. nur L-stetig und kein Diffeomorphismus. Die Schließung dieser Lücke erfordert eine ähnlich aufwendige Argumentation wie im Beweis des Transformationssatzes unter ähnlichen Bedingungen. Da diese Argumentation wenig zum Verständnis der folgenden Zusammenhänge beiträgt verzichten wir hier auf ihre Darstellung. Der interessierte Leser sei auf die Literatur verwiesen, z. B. W. Walter: Analysis II (Abschnitt 8.4), Springer, 1990. Q.E.D.

Rotationsflächen

Es sei C eine Jordan-Kurve in der (x,z)-Ebene mit Parametrisierung

$$(x,z) = (x(t), z(t)) : [a,b] \to \mathbb{R}^2.$$

Die Kurve sei stückweise glatt und $x(t) > 0$ bis auf endlich viele $t \in [a,b]$. Durch Rotation von C um die z-Achse entsteht eine abgeschlossene „Rotationsfläche" Γ_C. Diese hat die Parametrisierung

$$\varphi(t,\theta) := \big(x(t)\cos\theta, x(t)\sin\theta, z(t)\big), \qquad (t,\theta) \in \overline{M} := [a,b] \times [0,2\pi].$$

Für den Flächeninhalt von Rotationsflächen gilt die folgende „2. Guldinsche[4] Regel".

[4]Paul Guldin (1577–1643): Schweizer Mathematiker; gelernter Goldschmied, als Jesuit Ausbildung in Mathematik; Lehrer und Prof. in Graz und Wien; Arbeiten zur Berechnung von Kurvenlängen; fand die nach ihm benannten Regeln.

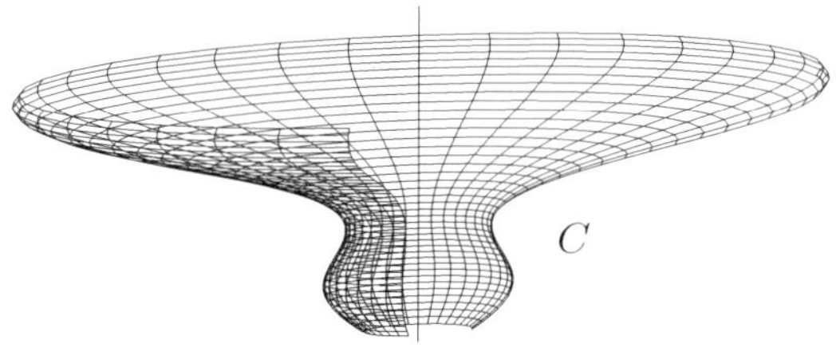

Abbildung 1.9: *Eine Rotationsfläche mit erzeugender Kurve C.*

Korollar 1.1 (2. Guldinsche Regel): *Der Flächeninhalt einer Rotationsfläche Γ_C ist gleich dem Produkt der Länge der erzeugenden Kurve C mit der Länge $2\pi r_C$ des Weges, den ihr Schwerpunkt zurücklegt:*

$$|\Gamma_C| = 2\pi r_C |C|. \tag{1.1.35}$$

Beweis: Es ist $\partial_t\varphi = (x'\cos\theta, x'\sin\theta, z')$, $\partial_\theta\varphi = (-x\sin\theta, x\cos\theta, 0)$ und somit

$$\|\partial_t\varphi\| = \sqrt{x'(t)^2 + z'(t)^2}, \quad \|\partial_\theta\varphi\| = x(t), \quad \partial_t\varphi(t)\cdot\partial_\theta\varphi(t) = 0.$$

Also wird nach (1.1.30)

$$\|\partial_t\varphi \times \partial_\theta\varphi\| = x(t)\sqrt{x'(t)^2 + z'(t)^2}.$$

Der Inhalt der Rotationsfläche ergibt sich folglich nach Satz 1.7 zu

$$\begin{aligned} |\Gamma_C| &= \int_M \|\partial_t\varphi \times \partial_\theta\varphi\|\, d(t,\theta) = \int_a^b \int_0^{2\pi} x(t)\sqrt{x'(t)^2 + z'(t)^2}\, d\theta\, dt \\ &= 2\pi \int_a^b x(t)\sqrt{x'(t)^2 + z'(t)^2}\, dt. \end{aligned} \tag{1.1.36}$$

Dasselbe Integral tritt auch auf bei der Berechnung des Schwerpunkts der Kurve C bei konstanter Massebelegung $\rho \equiv \rho_0$:

$$S_x = \frac{1}{\mu(C)} \int_a^b \rho x(t)\sqrt{x'(t)^2 + z'(t)^2}\, dt, \quad \mu(C) = \rho_0|C|.$$

Kombination der letzten beiden Beziehungen ergibt die Gleichung (1.1.35). Q.E.D.

Der Vollständigkeit halber geben wir noch die sog. „1. Guldinsche Regel" zum Volumen von „Rotationskörpern" an.

Korollar 1.2 (1. Guldinsche Regel): *Das Volumen eines Rotationskörpers V_F ist gleich dem Produkt des Inhalts der erzeugenden Fläche F mit der Länge $2\pi r_F$ des Weges, den sein Schwerpunkt zurücklegt:*

$$|V_F| = 2\pi r_F |F|. \tag{1.1.37}$$

Beweis: Der Beweis wird als Übungsaufgabe gestellt. Q.E.D.

1.1.4 Flächenintegrale

Sei Γ ein (offenes, reguläres) Flächenstück im $\mathbb{R}^3$ mit der Parametrisierung $\varphi : M \to \mathbb{R}^3$ und $f : \Gamma \to \mathbb{R}$ eine beschränkte (stückweise stetige) Funktion. Ein „Flächenintegral" von f über Γ ist erklärt durch

$$\int_\Gamma f(x,y,z)\,do := \int_M f(\varphi(u,v))\|\partial_u\varphi \times \partial_v\varphi\|\,d(u,v), \tag{1.1.38}$$

falls das rechte Integral existiert. Da ∂M eine Nullmenge ist, spielt es dabei keine Rolle, ob über M oder $\overline{M}$ integriert wird.

Satz 1.8 (Flächenintegral): *Der Wert des Flächenintegrals (1.1.38) ist unabhängig von der speziellen Parametrisierung.*

Beweis: Der Beweis verläuft analog wie beim Flächeninhalt mit derselben Einschränkung hinsichtlich der Voraussetzungen an die Parametrisierung der betrachteten Fläche. Q.E.D.

Das Flächenintegral lässt sich wieder im Sinne eines Riemann-Integrals als Limes zugehöriger Riemannscher Summen erklären. Seien

$$Z = \{B_k, k = 1,\dots,m\}$$

zulässige Zerlegungen des Parameterbereichs M mit Feinheit $|Z| := \max_{k=1,\dots,m} \operatorname{diam}(B_k)$ und $\Gamma_k := \varphi(B_k)$ die zugehörigen Flächenstücke. Mit beliebigen Punkten $(u_k, v_k) \in B_k$ gilt dann:

$$\begin{aligned}\int_\Gamma f\,do &= \lim_{|Z|\to 0} \sum_{k=1}^m f(\varphi(u_k,v_k))|\Gamma_k| \\ &= \lim_{|Z|\to 0} \sum_{k=1}^m f(\varphi(u_k,v_k))\,\|(\partial_u\varphi \times \partial_v\varphi)(u_k,v_k)\|\,|B_k|.\end{aligned}$$

Hieraus ergeben sich analog zum Kurvenintegral auch für das Flächenintegral die folgenden für das Riemann-Integral üblichen Eigenschaften:

1. *Linearität:* Integrierbare Funktionen $f, g : \Gamma \to \mathbb{R}$ und $\alpha, \beta \in \mathbb{R}$:

$$\int_\Gamma (\alpha f + \beta g)\,do = \alpha \int_\Gamma f\,do + \beta \int_\Gamma g\,do. \tag{1.1.39}$$

2. *Additivität:* $\Gamma = \Gamma_1 \cup \Gamma_2$ Zerlegung in rektifizierbare Teilflächen:

$$\int_\Gamma f\,do = \int_{\Gamma_1} f\,do + \int_{\Gamma_2} f\,do. \tag{1.1.40}$$

3. *Beschränktheit:* $f:\Gamma\to\mathbb{R}$ integrierbar:

$$\Big|\int_\Gamma f\,do\Big| \le |\Gamma|\,\sup_\Gamma|f|. \tag{1.1.41}$$

Korollar 1.3: *Ist das Flächenstück* Γ *als Graph einer Funktion* $z=\psi(x,y)$, $(x,y)\in M$, *gegeben, so lautet die Formel für das Flächenintegral*

$$\int_\Gamma f(x,y,z)\,do = \int_M f(x,y,z(x,y))\sqrt{1+\partial_x\psi^2+\partial_y\psi^2}\,d(x,y). \tag{1.1.42}$$

Beweis: Für das Flächenintegral mit allgemeiner Parametrisierung $\varphi=\varphi(u,v)$ ist

$$\int_\Gamma f(x,y,z)\,do = \int_M f(\varphi(u,v))\|\partial_u\varphi\times\partial_v\varphi\|\,d(u,v).$$

Für die spezielle Parametrisierung $\varphi(x,y):=(x,y,\psi(x,y))$ gilt

$$\begin{aligned}\|\partial_x\varphi\times\partial_y\varphi\| &= \|(1,0,\partial_x\psi)\times(0,1,\partial_y\psi)\|\\ &= \|(-\partial_x\psi,-\partial_y\psi,1)\| = \sqrt{\partial_x\psi^2+\partial_y\psi^2+1}.\end{aligned}$$

Dies beweist die Darstellung (1.1.42). Q.E.D.

Beispiel 1.11: Wir wollen die Funktion $f(x,y,z)=z^2$ über die Oberfläche der Kugel $K_R(0)$ des $\mathbb{R}^3$ integrieren. Wegen der Symmetrie von f bzgl. der (x,y)-Achse genügt es hierfür, die obere Halbkugel Γ zu betrachten. Diese ist Limes für $\varepsilon\to 0$ der Graphen Γ_ε der Funktion

$$z=\psi(x,y)=\sqrt{R^2-x^2-y^2},\quad (x,y)\in M_\varepsilon := \big\{(x,y)\in\mathbb{R}^2,\ \sqrt{x^2+y^2}\le R-\varepsilon\big\}.$$

Nach Formel (1.1.42) ergibt sich also für das Flächenintegral

$$\begin{aligned}\int_{\Gamma_\varepsilon} z^2\,do &= \int_{M_\varepsilon}(R^2-x^2-y^2)\sqrt{1+\frac{x^2}{R^2-x^2-y^2}+\frac{y^2}{R^2-x^2-y^2}}\,d(x,y)\\ &= \int_{M_\varepsilon}\sqrt{R^2-x^2-y^2}\,R\,d(x,y)\end{aligned}$$

und nach Einführung von Polarkoordinaten

$$\int_{\Gamma_\varepsilon} z^2\,do = \int_0^{2\pi}\int_0^{R-\varepsilon} R\sqrt{R^2-r^2}\,r\,dr\,d\theta = -\frac{2}{3}\pi R(R^2-r^2)^{3/2}\Big|_0^{R-\varepsilon} = \frac{2}{3}\pi R^4+\mathcal{O}(\varepsilon^{3/2}).$$

Also ist

$$\int_{\partial K_R(0)} z^2\,do = \lim_{\varepsilon\to 0}\int_{\Gamma_\varepsilon} z^2\,do = \frac{4}{3}\pi R^4.$$

1.2 Integralsatz von Gauß

Nach den bisherigen Vorbereitungen können wir nun die Verallgemeinerungen des eindimensionalen Fundamentalsatzes der Differential- und Integralrechnung

$$\int_a^b f'(x)\,dx = f(b) - f(a) \tag{1.2.43}$$

formulieren. Wir beginnen mit dem Integralsatz von Gauß[5] in $\mathbb{R}^2$.

1.2.1 Gaußscher Satz in $\mathbb{R}^2$

Definition 1.16 (Normalbereich): *Eine Menge* $M \subset \mathbb{R}^2$ *heißt „y-Normalbereich", wenn es ein Intervall* $[a,b]$ *und zwei stetige Funktionen* $\varphi_*, \varphi^* : [a,b] \to \mathbb{R}$ *mit* $\varphi_* \le \varphi^*$ *gibt, so dass*

$$M = \{\mathrm{x} \in \mathbb{R}^2 : x \in [a,b],\, \varphi_*(x) \le y \le \varphi^*(x)\}.$$

Entsprechend ist ein x*-Normalbereich definiert. Eine Menge* $G \subset \mathbb{R}^2$ *heißt einfach „Normalbereich", wenn sie sowohl* x*-Normalbereich als auch* y*-Normalbereich ist.*

Ein Normalbereich M ist definitionsgemäß abgschlossen (sowie natürlich beschränkt) und quadrierbar. Konvexe Mengen mit stückweise glatten Rändern sind stets in endlich viele Normalbereiche zerlegbar, wobei die einzelnen Zerlegungsmengen eventuell Normalbereiche bzgl. geeignet gedrehter Koordinatensysteme sind. Dazu gehören z. B. Dreiecke, Rechtecke, Kreise, Ellipsen u.s.w..

Satz 1.9 (Gaußscher Integralsatz in $\mathbb{R}^2$): *Sei* $M \subset \mathbb{R}^2$ *ein Normalbereich, dessen Rand* ∂M *eine stückweise glatte (rektifizierbare) Jordan-Kurve ist, und* $v : M \to \mathbb{R}^2$ *ein stetig differenzierbares Vektorfeld. Dann gilt:*

$$\int_M \nabla \cdot v(\mathrm{x})\,d\mathrm{x} = \int_{\partial M} v(\mathrm{x}(s)) \cdot \mathrm{n}(\mathrm{x}(s))\,ds, \tag{1.2.44}$$

wobei n *der äußere Normaleneinheitsvektor zu* ∂M *ist, und das Kurvenintegral gegebenenfalls stückweise zu verstehen ist. Diese Ausage gilt auch, wenn sich* M *durch endlich viele glatte Jordan-Kurvenstücke in Normalbereiche zerlegen lässt.*

Beweis: i) Als Ordinatenmengen (s. Abschnitt 4.2 des Bandes Analysis 2) ist ein y-Normalbereich M quadrierbar, und für das Integral einer Funktion $f \in C(M)$ gilt nach dem Satz von Fubini:

$$\int_M f(\mathrm{x})\,d\mathrm{x} = \int_a^b \int_{\varphi_*(x)}^{\varphi^*(x)} f(x,y)\,dy\,dx. \tag{1.2.45}$$

[5]Carl Friedrich Gauß (1777–1855): Bedeutender deutscher Mathematiker, Astronom und Physiker; wirkte in Göttingen; fundamentale Beiträge zur Arithmetik, Algebra und Geometrie, Begründer der modernen Zahlentheorie, Bestimmung von Planetenbahnen durch „Gauß-Ausgleich", Arbeiten zum Erdmagnetismus und Konstruktion eines elektromagnetischen Telegraphen.

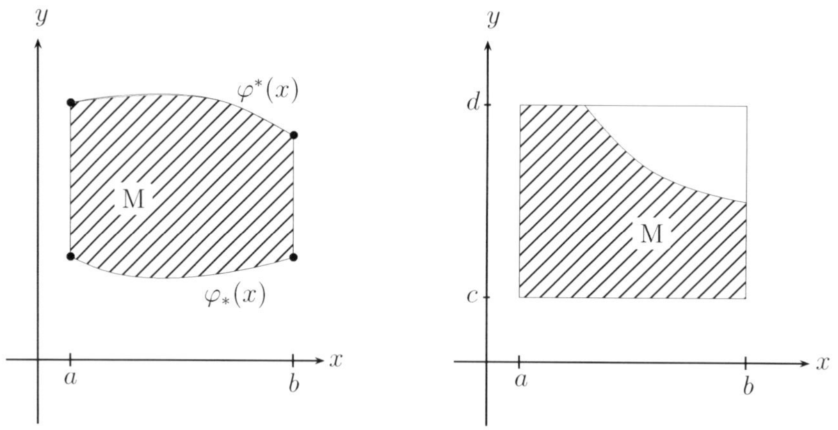

Abbildung 1.10: *Ein $y-$Normalbereich (links) und ein x, y-Normalbereich (rechts) in* $\mathbb{R}^2$.

Die geschlossene Randkurve ∂M besteht aus den folgenden vier Jordan-Kurvenstücken:

$$\begin{aligned}
\Gamma_1 &:= \left\{\mathrm{x} \in \mathbb{R}^2 : x \in [a,b],\ y = \varphi_*(x)\right\},\\
\Gamma_2 &:= \left\{\mathrm{x} \in \mathbb{R}^2 : x = b,\ y \in [\varphi_*(b), \varphi^*(b)]\right\},\\
\Gamma_3^- &:= \left\{\mathrm{x} \in \mathbb{R}^2 : x \in [a,b],\ y = \varphi^*(x)\right\},\\
\Gamma_4^- &:= \left\{\mathrm{x} \in \mathbb{R}^2 : x = a,\ y \in [\varphi_*(a), \varphi^*(a)]\right\},
\end{aligned}$$

wobei das hoch gestellte Minuszeichen bedeutet, dass der Weg in negativer Richtung durchlaufen wird. Dadurch wird sichergestellt, dass die vier Kurvenstücke zusammengesetzt eine geschlossene Jordan-Kurve ergeben, $\partial M = \Gamma_1 \cup \Gamma_2 \cup \Gamma_3^- \cup \Gamma_4^-$, welche im „positiven Sinne" (d. h. im Gegenuhrzeigersinn) durchlaufen wird, so dass das Innere von M stets zur Linken liegt.

Seien nun $f \in C(M)$ und $\partial_y f \in C(M)$. Durch Anwendung des Satzes von Fubini sowie des Fundamentalsatzes der Differential- und Integralrechnung erhalten wir

$$\int_M \partial_y f(\mathrm{x})\, d\mathrm{x} = \int_a^b \int_{\varphi_*(x)}^{\varphi^*(x)} \partial_y f(x,y)\, dy\, dx = \int_a^b f(x, \varphi^*(x))\, dx - \int_a^b f(x, \varphi_*(x))\, dx.$$

Der Ausdruck rechts kann als ein Kurvenintegral entlang der Randkomponente $\Gamma_1 \cup \Gamma_3^-$ (im Uhrzeigersinn durchlaufen) interpretiert werden. Die Randkomponente Γ_1 sei mit der Abbildung $\varphi(x) := (x, \varphi_*(x))$, $x \in [a,b]$, parametrisiert. Bezüglich dieser Parametrisierung ist der äußere Normaleneinheitsvektor zu Γ_1 (gegebenenfalls stückweise) gegeben durch

$$\mathrm{n} = \frac{(\varphi_y', -\varphi_x')}{\|\varphi'\|} = \frac{(\varphi_*', -1)}{\sqrt{1 + |\varphi_*'|^2}}.$$

Also ist nach Definition des Kurvenintegrals

$$\int_{\Gamma_1} f(\mathrm{x}(s)) n_y(s)\, ds = \int_a^b f(x, \varphi_*(x)) n_y(x) \|\varphi'(x)\|\, dx = -\int_a^b f(x, \varphi_*(x))\, dx.$$

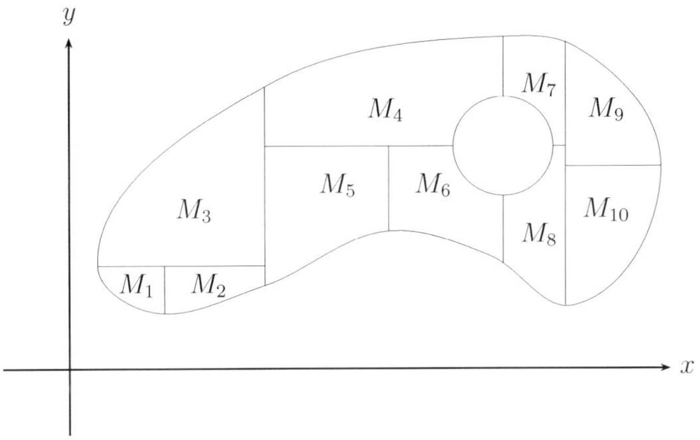

Abbildung 1.11: *Ein in Normalbereiche zerschnittenes Gebiet in* $\mathbb{R}^2$.

Analog finden wir wegen der Orientierung der äußeren Normalen entlang Γ_3^- nach „oben“:

$$\int_{\Gamma_3^-} f(\mathrm{x}(s))n_y(s)\,ds = \int_a^b f(x,\varphi^*(x))n_y(x)\|\varphi'(x)\|\,dx = \int_a^b f(x,\varphi^*(x))\,dx.$$

Entlang der vertikalen Randkomponente $\Gamma_2 \cup \Gamma_4^-$ ist $n_y \equiv 0$, so dass wir das bisherige Ergebnis auch in der folgenden Form schreiben können:

$$\int_M \partial_y f(\mathrm{x})\,d\mathrm{x} = \int_{\partial M} f(\mathrm{x}(s))n_y(s)\,ds. \tag{1.2.46}$$

Da M auch x-Normalbereich ist, erschließen wir analog für die x-Ableitung einer Funktion $g \in C(M)$ mit $\partial_x g \in C(M)$:

$$\int_M \partial_x g(\mathrm{x})\,d\mathrm{x} = \int_{\partial M} g(\mathrm{x}(t))n_x(s)\,ds. \tag{1.2.47}$$

Ist nun $v : M \to \mathbb{R}^2$ ein stetig differenzierbares Vektorfeld, so erhalten wir durch Addition der Zwischenresultate (1.2.46) und (1.2.47) für $f := v_x$ bzw. $g = v_y$ die Gaußsche Integralformel für Normalbereiche:

$$\int_M (\partial_x v_x + \partial_y v_y)(\mathrm{x})\,d\mathrm{x} = \int_{\partial M} \big\{v_x(\mathrm{x}(s))n_x(s) + v_y(\mathrm{x}(s))n_y(s)\big\}\,ds.$$

ii) Sei M durch endlich viele glatte Jordan-Kurvenstücke in Normalbereiche zerlegbar. Dann gilt die Gaußsche Integralformel für jedes einzelne dieser Normalgebiete. In diesem Fall heben sich die Beiträge der Schnittwege zum Gesamtintgeral weg, da sie doppelt jeweils mit entgegengesetzter Orientierung durchlaufen werden. Damit gilt der Gaußsche Integralsatz auch in diesem Fall. Q.E.D.

Bemerkung 1.8: Das hier als „Satz von Gauß" angegebene Resultat wird in der russischen Literatur in der Regel als „Satz von Ostrogradski[6]" bezeichnet.

Bemerkung 1.9: Der Gaußsche Integralsatz gilt in der oben angegebenen Form für praktisch alle in Anwendungssituationen auftretenden Gebiete des $\mathbb{R}^2$. Dazu gehören u. a. stückweise glatt berandete Gebiete, also insbesondere reguläre Polygongebiete. Diese brauchen nicht „einfach zusammenhängend" zu sein, d. h. dürfen auch Löcher haben. Es sind sogar Gebiete mit Pathologien des Randes wie z. B. „Schlitzgebiete" und „Horngebiete" zugelassen.

Der Vollständigkeit halber geben wir den folgenden „Zerschneidungssatz" an, dessen sehr technischer Beweis hier aber nicht angegeben werden kann.

Lemma 1.8 (Zerschneidungssatz): *Jede Menge $M \subset \mathbb{R}^2$, deren Rand aus endlich vielen glatten Kurvenstücken besteht, lässt sich durch endlich viele glatte Jordan-Kurvenstücke in Normalbereiche (eventuell bzgl. gedrehter Koordinatensysteme) zerschneiden.*

Beweis: Den Beweis findet man z. B. in A. Ostrowski: Vorlesungen über Differential- und Integralrechnung Band III, Birkäuser, Basel-Stuttgart, 1967. Q.E.D.

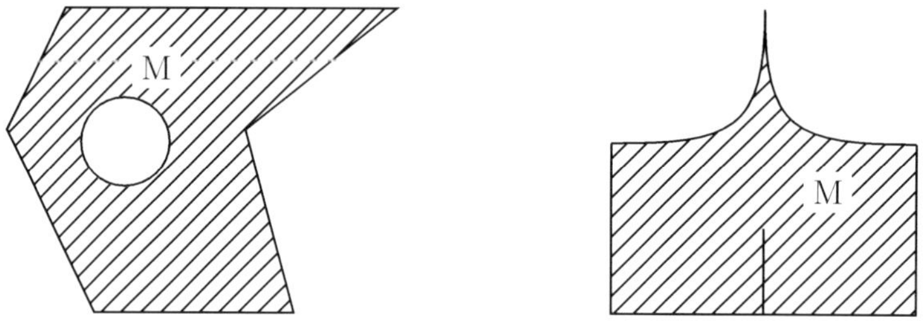

Abbildung 1.12: *„Reguläres" Polygongebiet mit Loch (links) und Gebiet mit Schlitz und Horn (rechts).*

Beispiel 1.12: Auf einer kompakten Menge $M \subset \mathbb{R}^2$ mit glattem Rand wird das Vektorfeld $v(\mathrm{x}) = \mathrm{x}$ betrachtet. Für dieses ist $\nabla \cdot v = \partial_x x + \partial_y y \equiv 2$ und somit nach dem Satz von Gauß

$$|M| = \frac{1}{2}\int_M \nabla \cdot v(\mathrm{x})\,d\mathrm{x} = \frac{1}{2}\int_{\partial M} \mathrm{x}\cdot\mathrm{n}\,ds.$$

Speziell für den Einheitskreis $K_1(0)$ ist $\mathrm{n} = \mathrm{x}$ entlang $\partial K_1(0)$ und somit, wie erwartet:

$$|K_1(0)| = \frac{1}{2}\int_{\partial K_1(0)} \mathrm{x}\cdot\mathrm{n}\,ds = \frac{1}{2}\int_{\partial K_1(0)} \|\mathrm{x}\|^2\,ds = \pi.$$

[6]Michail Wassiljewitsch Ostrogradski (1802–1862): Ukrainisch-russischer Mathematiker; Prof. in St. Petersburg; Mitbegründer der berühmten Petersburger Mathematikerschule; Arbeiten zu verschiedenen Gebieten der Mathematischen Physik und Mechanik sowie zur Integral- und Variationsrechnung.

1.2.2 Gaußscher Satz in $\mathbb{R}^3$

Definition 1.17 (Normalgebiet): *Eine offene Menge $G \subset \mathbb{R}^3$ heißt „z-Normalgebiet", wenn es eine offene, quadrierbare Menge G_z der (x, y)-Ebene mit stückweise glatter Randkurve ∂G_z und zwei stetig (stückweise) differenzierbare, L-stetige Funktionen $\varphi_*, \varphi^* : \overline{G}_z \to \mathbb{R}$ mit $\varphi* < \varphi^*$ gibt, so dass*

$$G = \{\mathrm{x} \in \mathbb{R}^3 : (x, y) \in G_z,\ \varphi_*(x) < z < \varphi^*(x)\}.$$

Entsprechend sind x- und y-Normalbereiche definiert. Eine offene Menge $G \subset \mathbb{R}^3$ heißt einfach „Normalbereich", wenn sie Normalbereich bzgl. aller drei Raumrichtungen ist.

Ein dreidimensionales Normalgebiet G ist definitionsgemäß offen (sowie natürlich beschränkt) und quadrierbar. Offene Mengen mit stückweise glatten Rändern sind in endlich viele Normalgebiete zerlegbar. Dazu gehören z. B. wieder (offene) Tetraeder, Quader, Kugeln, Ellipsoide u.s.w..

Satz 1.10 (Gaußscher Integralsatz in $\mathbb{R}^3$): *Sei $G \subset \mathbb{R}^3$ offen und Normalgebiet bzgl. aller drei Achsen und $v : \overline{G} \to \mathbb{R}$ ein stetiges und in G stetig differenzierbares Vektorfeld mit beschränkten Ableitungen. Dann gilt:*

$$\int_G \nabla \cdot v(\mathrm{x})\, d\mathrm{x} = \int_{\partial G} v(\mathrm{x}) \cdot n(\mathrm{x})\, do. \tag{1.2.48}$$

wobei n *der äußere Normaleneinheitsvektor zu ∂G und das Flächenintegral gegebenenfalls stückweise zu verstehen ist. Diese Ausage gilt auch, wenn sich G durch endlich viele reguläre Flächenstücke in Normalgebiete zerlegen lässt.*

Beweis: Der Beweis folgt denselben Ideen wie derjenige im zweidimensionalen Fall.

i) Wir betrachten das Gebiet G zunächst als z-Normalgebiet:

$$G = \{\mathrm{x} \in \mathbb{R}^3 : (x, y) \in G_z,\ \varphi_* < z < \varphi^*\}.$$

Zur Berechnung von Integralen über die Deck- und Bodenflächen dieser Menge,

$$F_* := \mathrm{Graph}(\varphi_*) = \{\mathrm{x} \in \mathbb{R}^3 : (x, y) \in G_z,\ z = \varphi_*(x, y)\},$$
$$F^* := \mathrm{Graph}(\varphi^*) = \{\mathrm{x} \in \mathbb{R}^3 : (x, y) \in G_z,\ z = \varphi^*(x, y)\},$$

nach der Formel (1.1.38) notieren wir für deren Parametrisierungen $\Phi_* := (x, y, \varphi_*(x, y))$ und $\Phi^* := (x, y, \varphi_*(x, y))$, dass

$$\partial_x \Phi_{*y} \partial_y \Phi_{*z} - \partial_x \Phi_{*z} \partial_y \Phi_{*y} = -\partial_x \varphi_*,$$
$$\partial_x \Phi_{*z} \partial_y \Phi_{*x} - \partial_x \Phi_{*x} \partial_y \Phi_{*z} = -\partial_y \varphi_*,$$
$$\partial_x \Phi_{*x} \partial_y \Phi_{*y} - \partial_x \Phi_{*y} \partial_y \Phi_{*x} = 1,$$

und analog für φ^*. Damit gilt:

$$\|\partial_x \Phi_* \times \partial_y \Phi_*\| = \sqrt{|\partial_x \varphi_*|^2 + |\partial_y \varphi_*|^2 + 1}, \quad \|\partial_x \Phi^* \times \partial_y \Phi^*\| = \sqrt{|\partial_x \varphi^*|^2 + |\partial_y \varphi^*|^2 + 1}.$$

Die Mengen F_* und F^* sind offene Flächen im Sinne von Definition 1.12. Für eine auf G stetig differenzierbare Funktion f gilt nach dem Satz von Fubini:

$$\begin{aligned}\int_G \partial_z f \, d\mathrm{x} &= \int_{G_z} \int_{\varphi_*(x,y)}^{\varphi^*(x,y)} \partial_z f \, dz \, d(x,y) \\ &= \int_{G_z} \{f(x,y,\varphi^*(x,y) - f(x,y,\varphi_*(x,y))\} \, d(x,y).\end{aligned}$$

Wir wollen das letzte Integral in ein Flächenintegral umformen. Auf der Deck- und Bodenfläche F_* und F^* ist die äußere Einheitsnormale zu G gegeben durch (nachrechnen)

$$\mathrm{n} = \frac{(\partial_x \varphi_*, \partial_y \varphi_*, -1)}{\sqrt{1 + |\partial_x \varphi_*|^2 + |\partial_y \varphi_*|^2}} \quad \text{auf } F_*, \qquad \mathrm{n} = \frac{(-\partial_x \varphi^*, -\partial_y \varphi^*, 1)}{\sqrt{1 + |\partial_x \varphi^*|^2 + |\partial_y \varphi^*|^2}} \quad \text{auf } F^*.$$

Also gilt nach Definition des Flächenintegrals für eine beliebige Funktion $f \in C(\overline{G})$:

$$\begin{aligned}\int_{F_*} f n_z \, do &= -\int_{F_*} \frac{f}{\sqrt{1 + |\partial_x \varphi_*|^2 + |\partial_y \varphi_*|^2}} \, do = -\int_{G_z} f(x,y,\varphi_*(x,y)) \, d(x,y), \\ \int_{F^*} f n_z \, do &= \int_{F^*} \frac{f}{\sqrt{1 + |\partial_x \varphi^*|^2 + |\partial_y \varphi^*|^2}} \, do = \int_{G_z} f(x,y,\varphi^*(x,y)) \, d(x,y).\end{aligned}$$

Nun betrachten wir die Mantelfläche F_M von G. Auf F_M ist die z-Komponente des Normaleneinheitsvektors $n_z = 0$. (Diese der Anschauung entnommene Tatsache kann auch analytisch nachgerechnet werden.) Also folgt

$$\int_G \partial_z f \, d\mathrm{x} = \int_{\partial G} f n_z \, do.$$

Da G Normalgebiet bzgl. aller drei Raumrichtunge sein soll, kann die obige Argumentation für alle drei Ableitungen $\partial_x f$, $\partial_y f$, $\partial_z f$ angewendet werden. Damit erhalten wir für $\nabla \cdot v = \partial_x v_x + \partial_y v_y + \partial_z v_z$ die gewünschte Gleichung

$$\begin{aligned}\int_G \nabla \cdot v \, d\mathrm{x} &= \int_G \{\partial_x v_x + \partial_y v_y + \partial_z v_z\} \, d\mathrm{x} \\ &= \int_{\partial G} \{v_x n_x + v_y n_y + v_z n_z\} \, do = \int_{\partial G} v \cdot \mathrm{n} \, do.\end{aligned}$$

ii) Sei G durch endlich viele reguläre Flächenstücke in Normalgebiet zerlegbar. Dann gilt die Gaußsche Integralformel für jedes einzelne dieser Normalgebiete. In diesem Fall heben sich die Beiträge der Schnittflächen zum Gesamtintegral weg, da sie doppelt jeweils mit entgegengesetzter Orientierung durchlaufen werden. Damit gilt der Gaußsche Integralsatz auch in diesem Fall. Q.E.D.

Bemerkung 1.10: Der Inhalt des Gaußschen Integralsatz kann auf verschiedene Weise ausgedrückt werden. Die in der Literatur übliche Form wird in den Sätzen 1.9 und 1.10 benutzt. Alternativ zur Verwendung der Divergenz eines Vektorfeldes $v : G \to \mathbb{R}^3$ kann auch mit einer skalen Funktion $f : G \to \mathbb{R}$ die folgende Schreibweise verwendet werden:

$$\int_G \partial_i f(\mathrm{x})\,d\mathrm{x} = \int_{\partial G} f(\mathrm{x}) n_i(\mathrm{x})\,do \qquad (i = 1, \dots, n), \tag{1.2.49}$$

mit dem äußeren Normaleneinheitsvektor $\mathrm{n} = (n_1, \dots, n_n)$. Hieraus ergibt sich für einen beliebigen Richtungsvektor $\mathrm{e} \in \mathbb{R}^n$ noch die gradientenorientierte Formulierung

$$\int_G \nabla f(\mathrm{x}) \cdot \mathrm{e}\,dx = \int_{\partial G} f(\mathrm{x})\mathrm{n} \cdot \mathrm{e}\,do. \tag{1.2.50}$$

Alle diese Formulierungen des Gaußschen Satzes sind natürlich völlig äquivalent.

Bemerkung 1.11 (Physikalische Anwendung): Als Beispiel für die Anwendung des Gaußschen Integralsatzes auf physikalische Prozesse betrachten wir die „Wärmeleitung“. Die Temperaturverteilung $f = f(\mathrm{x}, t)$ in einem festen Körper K mit der Massedichte ρ wird durch zwei von der Erfahrung gestützte physikalische Annahmen bestimmt:

i) Um die im Volumen δV enthaltene Masse $\delta\mu = \rho\,\delta V$ von der Temperatur f auf die Temperatur $f + h$ zu erwärmen, wird die Wärmemenge (Energie) $E = ch\,\delta\mu = ch\rho\,\delta V$ benötigt, wobei c die sog. „spezifische Wärme“ ist (eine Materialkonstante).

ii) Die Temperaturdifferenzen gleichen sich aus, d. h.: Es findet eine Wärmeströmung von Orten höherer nach Orten tieferer Temperatur statt. Dieser Wärmefluss ist am stärksten in der Richtung $-\nabla f$ der stärksten Temperaturabnahme.

Diese Annahme besagt, dass durch ein Flächenelement δF in Richtung einer Normale n pro Sekunde die Wärmemenge

$$E = -k(\mathrm{n} \cdot \nabla f)|\delta F|$$

fließt, wobei k die sog. „Wärmeleitfähigkeit“ des Stoffes bezeichnet. Durch die Oberfläche des Körpers K fließt also pro Sekunde die Wärmemenge

$$\int_{\partial K} k(\mathrm{n} \cdot \nabla f)\,do.$$

Die resultierende Temperaturzunahme pro Sekunde ist gleich $\partial_t f$, die Änderung der Wärmemenge in einem Volumen $V \subset K$ also gleich

$$\int_V \rho c\,\partial_t f\,d\mathrm{x}.$$

Aus der Energiebilanz ergibt sich mit Hilfe des Gaußschen Integralsatzes also

$$\int_V c\rho\partial_t f\,d\mathrm{x} = \int_{\partial V} k\mathrm{n} \cdot \nabla f\,do = \int_V k\nabla \cdot \nabla f\,d\mathrm{x} = \int_V k\Delta f\,d\mathrm{x}.$$

Diese Beziehung soll für beliebige Volumina $V \subset K$ gelten. Dies ergibt für einmal stetig nach t und zweimal stetig nach x differenzierbare Temperaturverteilung $f(\mathrm{x},t)$ die punktweise Gleichung

$$c\rho\,\partial_t f(\mathrm{x},t) = k\,\Delta f(\mathrm{x},t), \qquad \mathrm{x} \in K,\ t \geq 0. \tag{1.2.51}$$

Dies ist eine Folgerung des sog. „Fundamentalsatzes der Variationsrechnung“, den wir später diskutieren werden. Die differenzielle Beziehung (1.2.51) wird „Wärmeleitungsgleichung“ genannt.

Korollar 1.4 (Greensche Formeln): *Unter den Voraussetzungen von Satz 1.10 seien $f, g : \overline{G} \to \mathbb{R}$ stetig differenzierbare Funktionen mit beschränkten stetigen zweiten Ableitungen auf G. Dann gelten die „1. Greensche Formel“*

$$\int_G \Delta f(\mathrm{x})g(\mathrm{x})\,d\mathrm{x} = \int_{\partial G} \partial_n f(\mathrm{x})g(\mathrm{x})\,do - \int_G \nabla f(\mathrm{x}) \cdot \nabla g(\mathrm{x})\,d\mathrm{x} \tag{1.2.52}$$

und die „2. Greensche Formal“

$$\int_G \big(\Delta f(\mathrm{x})g(\mathrm{x}) - f(x)\Delta g(\mathrm{x})\big)\,d\mathrm{x} = \int_{\partial G} \big(\partial_n f(\mathrm{x})g(\mathrm{x}) - f(\mathrm{x})\partial_n g(\mathrm{x})\big)\,do. \tag{1.2.53}$$

Beweis: Zum Beweis der 1. Greenschen Formel wenden wir den Gaußschen Satz auf die stetige Vektorfunktion $v := \nabla f g$ an:

$$\int_G \nabla \cdot (\nabla f g)\,d\mathrm{x} = \int_G (g\Delta f + \nabla f \cdot \nabla g)\,d\mathrm{x} = \int_{\partial G} gn \cdot \nabla f\,do = \int_{\partial G} g\partial_n f\,do.$$

Die 2. Greensche Formal erhalten wir durch zweimalige Anwendung der ersten:

$$\begin{aligned}\int_G \big(g\Delta f - f\Delta g\big)\,d\mathrm{x} &= \int_{\partial G} g\partial_n f\,do - \int_G \nabla f \cdot \nabla g\,d\mathrm{x}\\ &\quad - \int_{\partial G} f\partial_n g\,do + \int_G \nabla f \cdot \nabla g\,d\mathrm{x} = \int_{\partial G} \big(g\partial_n f - f\partial_n g\big)\,do.\end{aligned}$$

Q.E.D.

Beispiel 1.13: Sei $G \subset \mathbb{R}^n$ $(n = 2,3)$ ein Normalgebiet mit glattem Rand und äußerem Normeleneinheitsvektor $\mathrm{n}(x)$. Anwendung des Gaußschen Integralsatzes auf die Vektorfelder $v := e^{(i)}$ $(i = 1,2,3)$ (kartesische Einheitsvektoren) ergibt die Vektorgleichung

$$\int_{\partial G} \mathrm{n}(\mathrm{x})\,do = 0. \tag{1.2.54}$$

Beispiel 1.14: Sei $G \subset \mathbb{R}^n$ $(n = 2,3)$ ein Normalgebiet mit glattem Rand und äußerem Normeleneinheitsvektor $\mathrm{n}(x)$. Anwendung der 1. Greenschen Formel auf eine zweimal stetig differenzierbare Funktion mit beschränkten Ableitungen $f : G \to \mathbb{R}$ und die Funktion $g \equiv 1$ ergibt die Gleichung

$$\int_G \Delta f(\mathrm{x})\,d\mathrm{x} = \int_{\partial G} \partial_{\mathrm{n}} f(\mathrm{x})\,do. \tag{1.2.55}$$

Anwendung 1.2.1 (Mittelwerteigenschaft harmonischer Funktionen): Sei f eine „harmonische" Funktion in $B_R = \{x \in \mathbb{R}^3 : \|x\| < R\}$, d. h.: f ist zweimal stetig differenzierbar und erfüllt

$$\Delta f(x) = 0, \quad x \in B_R. \tag{1.2.56}$$

Dann gilt für $0 < \rho < R$ mit der Kugelsphäre $S_\rho := \{x \in \mathbb{R}^3 : \|x\| = \rho\}$:

$$f(0) = \frac{1}{\omega_2 \rho^2} \int_{S_\rho} f(x)\, do, \tag{1.2.57}$$

wobei $|S_\rho| = \omega_2\rho^2$ der Inhalt von S_ρ ist. Diese Beziehung wird als „Mittelwerteigenschaft" harmonischer Funktionen bezeichnet. Zum Beweis von (1.2.57) betrachten wir für $0 < \varepsilon < \rho < R$ die Kugelschale $B_{\varepsilon,\rho} = \{x \in \mathbb{R}^3 : \varepsilon \le \|x\| \le \rho\}$. Auf $B_{\varepsilon,\rho}$ ist die Funktion $g(x) = \|x\|^{-1}$ harmonisch, d. h.: $\Delta g = 0$, und auf den Kugelsphären S_ρ und S_ε gilt

$$\partial_{\mathrm{n}} g = \pm \partial_r r^{-1} = \mp r^{-2}.$$

Da f in B_R harmonisch ist, ergibt sich mit Hilfe von (1.2.55):

$$0 = \int_{S_\varepsilon} \partial_{\mathrm{n}} f\, do = \int_{S_\rho} \partial_{\mathrm{n}} f\, do.$$

Die 2. Greensche Formel (1.2.53) liefert daher mit $g(x) = \|x\|^{-1}$

$$\begin{aligned}
0 &= \int_{B_{\varepsilon,\rho}} \{\Delta f g - f \Delta g\}\, dx = \int_{\partial B_{\varepsilon,\rho}} \{\partial_{\mathrm{n}} f g - f \partial_{\mathrm{n}} g\}\, do \\
&= \int_{S_\rho} \partial_{\mathrm{n}} f g\, do + \int_{S_\varepsilon} \partial_{\mathrm{n}} f g\, do + \int_{S_\rho} f \partial_{\mathrm{n}} g\, do + \int_{S_\varepsilon} f \partial_{\mathrm{n}} g\, do \\
&= \rho^{-1} \int_{S_\rho} \partial_{\mathrm{n}} f\, do + \varepsilon^{-1} \int_{S_\varepsilon} \partial_{\mathrm{n}} f\, do + -\rho^{-2} \int_{S_\rho} f\, do + \varepsilon^{-2} \int_{S_\varepsilon} f\, do
\end{aligned}$$

bzw.

$$\frac{1}{\omega_2 \varepsilon^2} \int_{S_\varepsilon} f\, do = \frac{1}{\omega_2 \rho^2} \int_{S_\rho} f\, do.$$

Für $\varepsilon \to 0$ konvergiert das linke Integral gegen $f(0)$. Dies ersieht man wegen der gleichmäßigen Stetigkeit von f aus der Beziehung

$$\Big| \int_{S_\varepsilon} f\, do - f(0) \Big| = \Big| \int_{S_\varepsilon} (f - f(0))\, do \Big| \le |S_\varepsilon| \max_{x \in S_\varepsilon} |f(x) - f(0)| \to 0 \quad (\varepsilon \to 0).$$

1.3 Integralsatz von Stokes

Der oben abgeleitete Integralsatz von Gauß gestattet es, Gebiets- oder Volumenintegrale in Randlinien- bzw. Oberflächenintegrale umzuformen. Der im Folgenden betrachtete Integralsatz von Stokes[7] verwandelt Flächenintegrale in $\mathbb{R}^3$ in ein Linienintegral über den Rand der Fläche um.

[7] Sir Georg Gabriel Stokes (1819–1903): Englischer Mathematiker und Physiker; Prof. in Cambridge; Beiträge zur Differential- und Integralrechnung, zur Hydrodynamik und zur Theorie des Lichts, Spektralanalyse und Fluoreszenz.

Die im Folgenden benötigten Voraussetzungen sind etwas schärfer als die bisherigen. In der Parameter-(u,v)-Ebene sei G ein Gebiet, das von einer stückweise glatten geschlossenen Jordan-Kurve $\gamma = \partial G$ berandet wird; G hat also keine Löcher. Weiter sei $\psi(s) = (u(s), v(s))$, $0 \leq s \leq |\gamma|$, eine Parametrisierung von γ mit der Bogenlänge, welche eine positive Orientierung (im Gegenuhrzeigersinn) von γ erzeugt. Auf einer offenen Umgebung U des Abschlusses $\overline{G}$ sei $\Phi = (\Phi_x, \Phi_y, \Phi_z) : U \to \mathbb{R}^3$ eine stetige Abbildung derart, dass $\Phi(U)$ eine offene Fläche in $\mathbb{R}^3$ ist. Wir betrachten die abgeschlossene Fläche $\Gamma = \Phi(\overline{G})$. Der Rand von Γ ist dann eine geschlossene, stückweise glatte Jordan-Kurve $C = \partial\Gamma$ mit der Parametrisierung (s. Abb. 1.13)

$$\mathrm{x} = \Psi(s) := \Phi(\psi(s)), \quad 0 \leq s \leq |\gamma|.$$

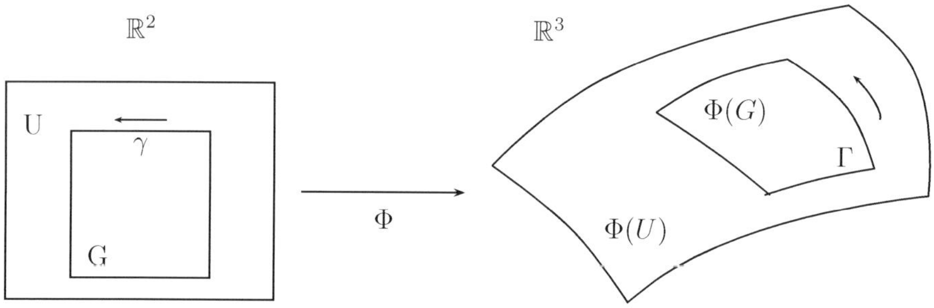

Abbildung 1.13: *Skizze zum Integralsatz von Stokes.*

Satz 1.11 (Stokes'scher Integralsatz): *Für eine abgeschlossene Fläche $\Gamma \subset \mathbb{R}^3$ mit zweimal stetig differenzierbarer Parametrisierung $\Phi : \overline{G} \to \mathbb{R}^3$ sollen die obigen Voraussetzungen gelten. Für ein auf einer offenen Umgebung V von Γ stetig differenzierbares Vektorfeld $f : V \to \mathbb{R}^3$ gilt dann:*

$$\int_\Gamma (\nabla \times f(\mathrm{x})) \cdot \mathrm{n}(\mathrm{x})\, do = \int_{\partial\Gamma} f(\mathrm{x}) \cdot \mathrm{ds}, \tag{1.3.58}$$

bzw.

$$\int_G (\nabla \times f)(\Phi(u,v)) \cdot (\partial_u\Phi \times \partial_v\Phi)(u,v)\, d(u,v) = \int_0^{|\gamma|} f(\Psi(s)) \cdot \Psi'(s)\, ds. \tag{1.3.59}$$

Beweis: Der Beweis wird durch Zurückführung auf den Gaußschen Integralsatz für das Parametergebiet G der (u,v)-Ebene geführt. Der Übersichtlichkeit halber lassen wir im Folgenden Argumente von Funktionen weg.

Wir betrachten zunächst die drei Komponenten des Wegintegrals rechts in (1.3.59):

$$\int_0^{|\gamma|} \{f_x\Psi_x' + f_y\Psi_y' + f_z\Psi_z'\}\,ds = \int_0^{|\gamma|} \{f_x\Phi_x(\psi)' + f_y\Phi_y(\psi)' + f_z\Phi_z(\psi)'\}\,ds$$
$$= \int_0^{|\gamma|} \{f_x\big(\partial_u\Phi_x u' + \partial_v\Phi_x v'\big) + f_y\big(\partial_u\Phi_y u' + \partial_v\Phi_y v'\big) + f_z\big(\partial_u\Phi_z u' + \partial_v\Phi_z v'\big)\big\}\,ds.$$

Der (positive) Tangenten- und der äußere Normaleneinheitsvektor an die Kurve $\gamma = \partial G$ ist bzgl. der Parametrisierung mit der Bogenlänge gegeben durch $\tau = (u', v')$ bzw. $\mathrm{n} = (v', -u')$. Folglich ist

$$\begin{aligned}
\partial_u\Phi_x u' + \partial_v\Phi_x v' &= (\partial_v\Phi_x, -\partial_u\Phi_x)\cdot \mathrm{n},\\
\partial_u\Phi_y u' + \partial_v\Phi_y v' &= (\partial_v\Phi_y, -\partial_u\Phi_y)\cdot \mathrm{n},\\
\partial_u\Phi_z u' + \partial_v\Phi_z v' &= (\partial_v\Phi_z, -\partial_u\Phi_z)\cdot \mathrm{n},
\end{aligned}$$

und wir erhalten mit dem Gaußschen Integralsatz:

$$\begin{aligned}
A := \int_0^{|\gamma|} f\cdot\Psi'\,ds &= \int_{\partial G} \big((f_x\partial_v\Phi_x, -f_x\partial_u\Phi_x) + (f_y\partial_v\Phi_y, -f_y\partial_u\Phi_y)\\
&\qquad + (f_z\partial_v\Phi_z, -f_z\partial_u\Phi_z)\big)\cdot \mathrm{n}\,ds\\
&= \int_G \nabla\cdot\big((f_x\partial_v\Phi_x, -f_x\partial_u\Phi_x) + (f_y\partial_v\Phi_y, -f_y\partial_u\Phi_y)\\
&\qquad + (f_z\partial_v\Phi_z, -f_z\partial_u\Phi_z)\big)\,d(u,v).
\end{aligned}$$

Weiter ist

$$\begin{aligned}
\nabla\cdot(f_x\partial_v\Phi_x, -f_x\partial_u\Phi_x) &= \partial_u(f_x\partial_v\Phi_x) - \partial_v(f_x\partial_u\Phi_x),\\
\nabla\cdot(f_y\partial_v\Phi_y, -f_y\partial_u\Phi_y) &= \partial_u(f_y\partial_v\Phi_y) - \partial_v(f_y\partial_u\Phi_y),\\
\nabla\cdot(f_z\partial_v\Phi_z, -f_z\partial_u\Phi_z) &= \partial_u(f_z\partial_v\Phi_z) - \partial_v(f_z\partial_u\Phi_z),
\end{aligned}$$

und folglich wegen der Vertauschbarkeit der zweiten Ableitungen von Φ:

$$\begin{aligned}
A &= \int_G \big\{\partial_u(f_x\partial_v\Phi_x) - \partial_v(f_x\partial_u\Phi_x) + \partial_u(f_y\partial_v\Phi_y) - \partial_v(f_y\partial_u\Phi_y)\\
&\qquad + \partial_u(f_z\partial_v\Phi_z) - \partial_v(f_z\partial_u\Phi_z)\big\}\,d(u,v)\\
&= \int_G \big\{\partial_u f_x\partial_v\Phi_x + f_x\partial_u\partial_v\Phi_x - \partial_v f_x\partial_u\Phi_x - f_x\partial_v\partial_u\Phi_x\\
&\qquad + \partial_u f_y\partial_v\Phi_y + f_y\partial_u\partial_v\Phi_y - \partial_v f_y\partial_u\Phi_y - f_y\partial_v\partial_u\Phi_y\\
&\qquad + \partial_u f_z\partial_v\Phi_z + f_z\partial_u\partial_v\Phi_z - \partial_v f_z\partial_u\Phi_z - f_z\partial_v\partial_u\Phi_z\big\}\,d(u,v)\\
&= \int_G \big\{\partial_u f_x\partial_v\Phi_x - \partial_v f_x\partial_u\Phi_x + \partial_u f_y\partial_v\Phi_y - \partial_v f_y\partial_u\Phi_y\\
&\qquad + \partial_u f_z\partial_v\Phi_z - \partial_v f_z\partial_u\Phi_z\big\}\,d(u,v).
\end{aligned}$$

Mit Hilfe der Kettenregel, angewendet auf $f = f(\Phi(u,v))$, ergibt sich weiter

$$\begin{aligned} A = \int_G \big\{ & (\underline{\partial_x f_x \partial_u \Phi_x} + \partial_y f_x \partial_u \Phi_y + \partial_z f_x \partial_u \Phi_z)\partial_v \Phi_x \\ & - (\underline{\partial_x f_x \partial_v \Phi_x} + \partial_y f_x \partial_v \Phi_y + \partial_z f_x \partial_v \Phi_z)\partial_u \Phi_x \\ & + (\partial_x f_y \partial_u \Phi_x + \underline{\partial_y f_y \partial_u \Phi_y} + \partial_z f_y \partial_u \Phi_z)\partial_v \Phi_y \\ & - (\partial_x f_y \partial_v \Phi_x + \underline{\partial_y f_y \partial_v \Phi_y} + \partial_z f_y \partial_v \Phi_z)\partial_u \Phi_y \\ & + (\partial_x f_z \partial_u \Phi_x + \partial_y f_z \partial_u \Phi_y + \underline{\partial_z f_z \partial_u \Phi_z})\partial_v \Phi_z \\ & - (\partial_x f_z \partial_v \Phi_x + \partial_y f_z \partial_v \Phi_y + \underline{\partial_z f_z \partial_v \Phi_z})\partial_u \Phi_z \big\}\, d(u,v). \end{aligned}$$

Dies reduziert sich durch Weghebeffekte (unterstrichene Terme) zu

$$\begin{aligned} A = \int_G \big\{ & (\partial_y f_x \partial_u \Phi_y + \partial_z f_x \partial_u \Phi_z)\partial_v \Phi_x - (\partial_y f_x \partial_v \Phi_y + \partial_z f_x \partial_v \Phi_z)\partial_u \Phi_x \\ & + (\partial_x f_y \partial_u \Phi_x + \partial_z f_y \partial_u \Phi_z)\partial_v \Phi_y - (\partial_x f_y \partial_v \Phi_x + \partial_z f_y \partial_v \Phi_z)\partial_u \Phi_y \\ & + (\partial_x f_z \partial_u \Phi_x + \partial_y f_z \partial_u \Phi_y)\partial_v \Phi_z - (\partial_x f_z \partial_v \Phi_x + \partial_y f_z \partial_v \Phi_y)\partial_u \Phi_z \big\}\, d(u,v). \end{aligned}$$

Umordnen nach Ableitungen von f ergibt schließlich

$$\begin{aligned} A = \int_G \big\{ & \partial_y f_x(\partial_u \Phi_y \partial_v \Phi_x - \partial_v \Phi_y \partial_u \Phi_x) + \partial_z f_x(\partial_u \Phi_z \partial_v \Phi_x - \partial_v \Phi_z \partial_u \Phi_x) \\ & + \partial_x f_y(\partial_u \Phi_x \partial_v \Phi_y - \partial_v \Phi_x \partial_u \Phi_y) + \partial_z f_y(\partial_u \Phi_z \partial_v \Phi_y - \partial_v \Phi_z \partial_u \Phi_y) \\ & + \partial_x f_z(\partial_u \Phi_x \partial_v \Phi_z - \partial_v \Phi_x \partial_u \Phi_z) + \partial_y f_z(\partial_u \Phi_y \partial_v \Phi_z - \partial_v \Phi_y \partial_u \Phi_z) \big\}\, d(u,v). \end{aligned}$$

Wir betrachten nun die drei Komponenten des Flächenintegrals links in (1.3.59) und ordnen nach den Beiträgen der einzelnen Komponenten von f:

$$\begin{aligned} & \int_G (\nabla \times f) \cdot (\partial_u \Phi \times \partial_v \Phi)\, d(u,v) \\ & \quad = \int_G \big\{ (\partial_y f_z - \partial_z f_y)(\partial_u \Phi_y \partial_v \Phi_z - \partial_v \Phi_y \partial_u \Phi_z) \\ & \quad + (\partial_z f_x - \partial_x f_z)(\partial_u \Phi_z \partial_v \Phi_x - \partial_v \Phi_z \partial_u \Phi_x) \\ & \quad + (\partial_x f_y - \partial_y f_x)(\partial_u \Phi_x \partial_v \Phi_y - \partial_v \Phi_x \partial_u \Phi_y) \big\}\, d(u,v) \\ & \quad = \int_G \big\{ \partial_z f_x(\partial_u \Phi_z \partial_v \Phi_x - \partial_v \Phi_z \partial_u \Phi_x) - \partial_y f_x(\partial_u \Phi_x \partial_v \Phi_y - \partial_v \Phi_x \partial_u \Phi_y) \\ & \quad - \partial_z f_y(\partial_u \Phi_y \partial_v \Phi_z - \partial_v \Phi_y \partial_u \Phi_z) + \partial_x f_y(\partial_u \Phi_x \partial_v \Phi_y - \partial_v \Phi_x \partial_u \Phi_y) \\ & \quad + \partial_y f_z(\partial_u \Phi_y \partial_v \Phi_z - \partial_v \Phi_y \partial_u \Phi_z) - \partial_x f_z(\partial_u \Phi_z \partial_v \Phi_x - \partial_v \Phi_z \partial_u \Phi_x) \big\}\, d(u,v) \end{aligned}$$

Durch Vergleich der Terme in den bisher abgeleiteten Identitäten erhalten wir die behauptete Beziehung (1.3.59). Q.E.D.

Bemerkung 1.12 (Physikalische Anwendung): Auf einem Gebiet $G \subset \mathbb{R}^3$ sei ein Vektorfeld $v : G \to \mathbb{R}^n$ gegeben; z. B. ein Magnetfeld. In der Physik bezeichnet man für eine abgeschlossene Fläche $\Gamma \subset G$ das Integral

$$F_v(\Gamma) := \int_\Gamma v(\mathrm{x}) \cdot \mathrm{n}(\mathrm{x})\, do$$

als den „Fluss" des Feldes durch die Fläche und für eine geschlossenen Jordan-Kurve $\gamma \subset G$ das Wegintegral

$$Z_v(\gamma) := \int_\gamma v(\mathrm{x}) \cdot \mathrm{ds}$$

als die „Zirkulation" des Feldes längs der Kurve. Der Integralsatz von Stokes besagt dann in dieser Sprechweise:

Die Zirkulation des Feldes v entlang einer geschlossenen Kurve ist gleich dem Fluss des Rotationsfeldes rot v *durch eine in der Kurve eingespannte Fläche.*

Ist v ein Kraftfeld, so bedeutet die Zirkulation die bei der Verschiebung eines Massepunktes entlang der Kurve aufgewendete Arbeit. Ist das Feld rotationsfrei (also ein Potentialfeld bzw. konservativ), so ist demnach diese Arbeit Null, was in Übereinstimmung mit dem bereits vorher abgeleiteten Resultat über Potentialfelder steht.

Als Beispiel betrachten wir eine Situation aus der Elektrodynamik. Das elektrische Feld $\mathrm{E} = \mathrm{E}(\mathrm{x}, t))$ und die magnetische Feldstärke $\mathrm{H} = \mathrm{H}(\mathrm{x}, t)$ sind in einer (festen) regulären Fläche $\Gamma \subset \mathbb{R}^3$ mit geschlossener Randkurve γ durch die sog. „Induktionsgleichung" verknüpft:

$$\int_\gamma \mathrm{E}(\mathrm{x}, t) \cdot \mathrm{ds} = -\frac{\mu}{c}\frac{d}{dt}\int_\Gamma \mathrm{H}(\mathrm{x}, t) \cdot \mathrm{n}(\mathrm{x})\, do. \tag{1.3.60}$$

Dabei bezeichnet μ eine Materialkonstante (magnetische Permeabilität) und c die Lichtgeschwindigkeit. Mit dem Stokes'schen Integralsatz folgt hieraus

$$\int_\Gamma (\nabla \times \mathrm{E}(\mathrm{x}, t)) \cdot \mathrm{n}(\mathrm{x})\, do = -\frac{\mu}{c}\frac{d}{dt}\int_\Gamma \mathrm{H}(\mathrm{x}, t) \cdot \mathrm{n}(\mathrm{x})\, do. \tag{1.3.61}$$

Da diese Gleichung für jede reguläre Fläche $\Gamma \subset G$ gelten soll, folgt die punktweise Beziehung mit der Rotation des elektrischen Feldes:

$$\nabla \times E(\mathrm{x}, t) = -\frac{\mu}{c}\frac{dH}{dt}(\mathrm{x}, t), \quad \mathrm{x} \in G,\ t \geq 0. \tag{1.3.62}$$

Diese wird manchmal als die „2. Hauptgleichung der Elektrodynamik" bezeichnet. Hier wird natürlich implizit vorausgesetzt, dass im betrachteten Gebiet $G \subset \mathbb{R}^3$ das elektrische Feld stetig differenzierbar und das Magnetfeld stetig ist. Die Ableitung der punktweisen Beziehung (1.3.62) aus der Integralbeziehung (1.3.61) ist plausibel, bedarf aber eines Beweises. Dies ergibt sich z. B. aus dem sog. „Fundamentalsatz der Variationsrechnung", den wir in einem späteren Kapitel kennen lernen werden.

1.4 Übungen

Übung 1.1: Die folgenden Parametrisierungen

$$\begin{aligned} \varphi(t) &= (\cos t, \sin t, t), \quad t \in [0, 2\pi], \\ \psi(t) &= (\cos t, -\sin t, 2\pi - t), \quad t \in [0, 2\pi], \\ \xi(t) &= (\cos(2\pi t^3), \sin(2\pi t^3), 2\pi t^3), \quad t \in [0, 1], \end{aligned}$$

beschreiben dieselbe Schraubenlinie $\Gamma \subset \mathbb{R}^3$. Man überprüfe, ob die auf der Basis dieser unterschiedlichen Parametrisierungen bestimmten Längen von Γ wirklich gleich sind.

Übung 1.2: Für welche Parameterwerte $a, b > 0$ ist die durch die Parametrisierung

$$\varphi(t) := (t, t^a \cos(\pi t^{-b})), \quad t \in (0, 1], \qquad \varphi(0) := (0, 0),$$

definierte Jordan-Kurve $\Gamma \subset \mathbb{R}^2$ rektifizierbar, und für welche nicht? (Hinweis: Im Text wurde der Spezialfall $a = b = 2$ behandelt.)

Übung 1.3: Es sei $I = [a, b]$ ein kompaktes Intervall und $BV(I)$ die Menge der auf I definierten Funktionen mit beschränkter Variation. Man zeige, dass jede stetig differenzierbare Funktion $f : I \to \mathbb{R}$ in $BV(I)$ ist, und dass gilt:

$$V_a^b(f) = \int_a^b |f'(t)| \, dt.$$

Man zeige weiter, dass dies auch gilt, wenn f auf I stetig und in (a, b) stetig differenzierbar ist, und das Integral als uneigentliches R-Integral existiert.

Übung 1.4: Es sei $I = [a, b]$ ein kompaktes Intervall. Man zeige:

a) $BV(I)$ ist ein Vektorraum über dem Körper $\mathbb{R}$.

b) Durch

$$\|f\|_{BV} := |f(a)| + V_a^b(f)$$

ist auf $BV(I)$ eine Norm definiert.

c) Mit dieser Norm ist $BV(I)$ ein *vollständiger* normierter Raum, d. h. ein Banach-Raum.

Übung 1.5: Gegeben sei die Kurve $\Gamma \subset \mathbb{R}^3$ mit Parametrisierung

$$\varphi(t) = (t, t^2, \tfrac{4}{3} t^{3/2}), \quad t \in [0, 1].$$

i) Man gebe die zugehörige Parametrisierung bzgl. der Bogenlänge an.

ii) Man bestimme die „Krümmung" dieser Kurve.

Übung 1.6: Man berechne das Kurvenintegral

$$I(a,b) := \int_{\Gamma(a,b)} xy\,ds$$

über den Ellipsenbogen ($a, b > 0$)

$$\Gamma(a,b) := \Big\{(x,y) \in \mathbb{R}^2_+ : \frac{x^2}{a^2} + \frac{y^2}{b^2} = 1\Big\}.$$

(Hinweis: Man gebe eine geeignete Parametrisierung von $\Gamma(a,b)$ an.)

Übung 1.7: Im Text wurde gezeigt, dass das Schwerefeld eines Massepunktes im Nullpunkt des $\mathbb{R}^3$ (Newtonsches Gravitationsgesetz),

$$F(x) = -\gamma\mu \frac{x}{\|x\|^3}, \qquad x \in G := \mathbb{R}^3 \setminus \{0\},$$

„konservativ" ist, d. h.: Alle Wegintegrale über glatte geschlossene Jordan-Kurven in G sind Null.

i) Man zeige, dass auch das Schwerefeld einer Kugelkörpers K mit Radius $R > 0$ mit homogener Massedichte $\rho \equiv \rho_0$ überall konservativ ist:

$$F(x) = \begin{cases} -\gamma\frac{4\pi}{3}\rho_0 x, & x \in K \\ -\gamma\frac{4\pi}{3}R^3\rho_0\frac{x}{\|x\|^3}, & x \notin K. \end{cases}$$

ii) Gilt dies auch in einer Physik mit einem modifizierten Gravitationsgesetz der Form

$$F(x) = -\gamma\mu\left(\frac{x}{\|x\|^3} + \tilde{\gamma}\frac{x}{\|x\|^2}\right), \qquad x \in G\,?$$

Übung 1.8: Ein (idealisierter) Draht mit Massedichte $\rho \equiv 1$ verlaufe in der (x,y)-Ebene entlang des Parabelstücks $\Gamma(a) = \{(x,y) \in \mathbb{R}^2;\ -a \le x \le a, y = x^2\}$. Man berechne die Koordinaten des Schwerpunkts $S(a)$ des Drahts als Funktion von $a > 0$. Was ist $S(1)$?

Übung 1.9: Für Teilmengen $M \subset \mathbb{R}^n$ wurden die Begriffe „zusammenhängend" und „weg-zusammenhängend" definiert:

i) Die Menge M heißt „zusammenhängend", wenn sie nicht als Vereinigung zweier (nicht leerer) relativ-offener und disjunkter Mengen darstellbar ist.

ii) Die Menge heißt „weg-zusammenhängend", wenn es zu je zwei Punkten $x, y \in M$ eine verbindende Jordan-Kurve gibt, die ganz in M verläuft.

Diese beiden Eigenschaften sind für allgemeine Mengen nicht äquivalent, wie das Beispiel der Menge $M = \{(x,y) \in \mathbb{R}^2 : x \in \mathbb{R}_+, y = \sin(1/x)\} \cup \{0\}$ zeigt, welche zwar zusammenhängend, aber *nicht* weg-zusammenhängend ist. Man zeige, dass aber diese beiden Eigenschaften doch äquivalent sind, wenn die Menge M als *offen* angenommen wird. (Hinweis: Man vervollständige die Argumentation im Text.)

Übung 1.10: Man verfiziere für Vektoren $\mathrm{a}, \mathrm{b}, \mathrm{c} \in \mathbb{R}^3$ die Identität

$$(\mathrm{a} \times \mathrm{b}) \cdot \mathrm{c} = \det(\mathrm{a}, \mathrm{b}, \mathrm{c}),$$

wobei die Vektoren in der Determinante als Spaltenvektoren zu verstehen sind.

Übung 1.11: i) Man rekapituliere aus dem Text den Beweis für die sog. „2. Guldinsche Regel“: *Der Inhalt einer Rotationsfläche* F_C *zur ebenen Kurve* C *ist gleich dem Produkt der Länge der erzeugenden Kurve* C *mit der Länge* $2\pi r_C$ *(*r_C *= Abstand des Schwerpunkts von der Rotationsachse) des Wegs, den ihr Schwerpunkt zurücklegt:*

$$|F_C| = 2\pi r_C |C|.$$

ii) Man beweise zusätzlich die sog. „1. Guldinsche Regel“: *Das Volumen eines Rotationskörpers* K_F *zur ebenen Fläche* F *ist gleich dem Produkt des Inhalts der erzeugenden Fläche* F *mit der Länge* $2\pi r_F$ *(*r_F *= Abstand des Schwerpunkts von der Rotationsachse) des Wegs, den ihr Schwerpunkt zurücklegt:*

$$|K_F| = 2\pi r_F |F|.$$

Übung 1.12: Man berechne die Fläche der Einheitssphäre in $\mathbb{R}^3$

a) durch Interpretation der oberen Halbkugelfläche als Graph der Funktion

$$z = \psi(x, y) = \sqrt{1 - x^2 - y^2}, \quad (x, y) \in B = \{(u, v) \in \mathbb{R}^2 : \sqrt{u^2 + v^2} \le 1\}.$$

b) durch Interpretation der Kugeloberfläche als Rotationsfläche um die z-Achse der Kurve in der (x, z)-Ebene mit der Parametrisierung (Hinweis: 2. Guldinsche Regel)

$$\varphi(\theta) = (x(\theta), z(\theta)) := (\cos\theta, \sin\theta), \quad \theta \in [-\pi/2, \pi/2].$$

Übung 1.13: Sei $\Gamma \subset \mathbb{R}^2$ eine geschlossene Jordan-Kurve mit einer stetig differenzierbaren Parameterabbildung $\varphi = (\varphi_x, \varphi_y) : [a, b] \to \mathbb{R}^2$. Man leite mit dem Gaußschen Integralsatz in $\mathbb{R}^2$ die folgende Formel für den Inhalt der von Γ umschlossenen ebenen Flächen F_Γ ab:

$$|F_\Gamma| = \frac{1}{2}\Big| \int_a^b \{\varphi_x(t)\varphi_y'(t) - \varphi_x'(t)\varphi_y(t)\}\, dt \Big|.$$

Übung 1.14: Man versuche, den Gaußschen Integralsatz für den durch

$$M = \{(x, y) \in \mathbb{R}^2;\ x \ge 0, y \ge 0, x^2 + y^2 \le 1\}, \qquad F(x, y) := \frac{1}{x^2 + y^2}\begin{pmatrix} x \\ y \end{pmatrix}$$

definierten Normalbereich $M \subset \mathbb{R}^2$ und Funktion $F : M \to \mathbb{R}^2$ anzuwenden. Was geht hier schief?

Übung 1.15: Man verifiziere den Gaußschen Integralsatz in $\mathbb{R}^3$ für das Zylindergebiet

$$Z = \{(x,y,z) \in \mathbb{R}^3 : 0 < z < 5, x^2 + y^2 < 9\}$$

und das Vektorfeld $v(x,y,z) = (x+y, y+z, z+x)$. (Hinweis: Der Wert ist 135π.)

Übung 1.16: Auf einem glattberandeten Gebiet $G \subset \mathbb{R}^2$ (z. B. die Einheitskugel) sei der Differentialoperator L (verallgemeinerter Laplace-Operator) durch seine Wirkung auf Funktionen $u \in C^2(\overline{G})$ wie folgt gegeben:

$$Lu(\mathrm{x}) := -\nabla \cdot (\rho \nabla u)(\mathrm{x}), \qquad \mathrm{x} \in G,$$

wobei $\rho \in C^1(\overline{G})$ mit $\rho > 0$ eine gegebene Funktion ist. Wir betrachten L als Operator auf dem Teilraum $V := \{v \in C^2(\overline{G}),\ v_{|\partial G} = 0\}$ nach $C(\overline{G})$. Man zeige:

i) Der Operator L ist *linear* (definiert wie bei Endomorphismen in $\mathbb{R}^n$).

ii) Der Operator L ist bzgl. des L^2-Skalarprodukts

$$(u,v)_{L^2} := \int_G u(\mathrm{x})v(\mathrm{x})\,d\mathrm{x}, \qquad \|u\|_{L^2} := (u,u)_{L^2}^{1/2},$$

symmetrisch, d. h.: Es gilt:

$$(Lu,v)_{L^2} = (u,Lv)_{L^2}, \qquad u,v \in V.$$

(Hinweis: Man beachte den Beweis der Greenschen Formeln.)

iii) Der Operator L ist definit, d. h.: Für $u \in V$ mit $u \not\equiv 0$ gilt:

$$(Lu,u)_{L^2} > 0.$$

Bemerkung: Durch einen zusätzlichen Trick kann man sogar die Positiv-Definitheit in folgendem Sinne zeigen (γ eine geeignete positive Konstante):

$$(Lu,u)_{L^2} \geq \gamma \|u\|_{L^2}^2, \quad u \in V.$$

Dies wird aber erst mit den Mitteln aus dem zweiten Teil dieses Bandes möglich sein (sog. „Poincarésche Ungleichung“).

Übung 1.17: Sei $\Omega \subset \mathbb{R}^3$ ein quadrierbares Gebiet, auf dem der Gaußsche Integralsatz gilt. Auf dem Funktionenraum $V := \{v \in C^1(\overline{\Omega}),\ v|_{\partial\Omega} = 0\}$ sei die Bilinearform

$$a(u,v) := \int_\Omega \nabla u \cdot \nabla v\,dx + \int_\Omega \partial_\beta u\, v\,dx$$

gegeben mit einem Vektorfeld $\beta \in C^1(\overline{\Omega})$ und der Richtungsableitung $\partial_\beta u := \beta \cdot \nabla u$. Man zeige, dass im Fall $\nabla \cdot \beta \leq 0$ die Bilinearform $a(\cdot,\cdot)$ auf V definit ist:

$$a(u,u) > 0, \quad u \in V,\ u \neq 0.$$

(Hinweis: Man beachte, dass $\partial_i u^2 = 2u\partial_i u,\ i = 1,2,3$.)

Übung 1.18: Im Text wurde mit Hilfe des Gaußschen Integralsatzes für harmonische Funktionen f, $\Delta f \equiv 0$, in drei Dimensionen die sog. „Mittelwerteigenschaft" bewiesen:

$$f(0) = \frac{1}{\omega_2 \rho^2} \int_{\{\|x\|=\rho\}} f(x)\, do.$$

Man untersuche, ob eine entsprechende Aussage auch in 2 Dimensionen gilt. (Hinweis: In zwei Dimensionen ist die Funktion $g(x) = \ln(\|x\|)$ harmonisch (nachrechnen!).)

Übung 1.19: Man leite das sog. „Prinzip des Archimedes" ab: Sei K ein Körper, der einen dreidimensionalen Bereich M einnimmt, auf den der Gaußsche Integralsatz anwendbar ist. Er befindet sich in einer Flüssigkeit mit konstanter Dichte $\rho \equiv \rho_0$. Die Flüssigkeitsoberfläche sei die Ebene $\{z = 0\}$. Im Punkt $(x, y, z) \in \partial M$ übt die Flüssigkeit den Druck $p = \rho_0 z$ aus. Man berechne die Auftriebskraft

$$F = \int_{\partial M} p(\mathrm{x})\mathrm{n}\, do = \int_{\partial M} \rho_0 z \mathrm{n}\, do,$$

die auf den Körper wirkt, wobei n das äußere Normaleneinheitsvektorfeld von ∂M ist. (Hinweis: Das Ergebnis sollte lauten: *Auf den Körper K wirkt eine Kraft senkrecht nach oben, deren Betrag gleich dem Gewicht $\rho_0|M|$ der verdrängten Flüssigkeitsmenge ist.*)

Übung 1.20: Man verifiziere die Gültigkeit des Stokes'schen Integralsatz für die Fläche

$$\Gamma = \{(x, y, z) \in \mathbb{R}^3 : z = x^2 - y^2, x^2 + y^2 \le 1\}$$

und die Vektorfunktion $v(x, y, z) = (y, z, x)$. (Hinweis: Zur Parametrisierung der Randkurve verwende man $(x(\theta), y(\theta), z(\theta)) := (\cos\theta, \sin\theta, \cos(2\theta))$, $\theta \in [0, 2\pi]$.)

Übung 1.21: Die „Länge" einer Jordan-Kurve im $\mathbb{R}^n$ ist als Limes der Längen approximierender Polygonzüge definiert, wobei deren Längen wiederum die Summen der Längen der einzelnen Streckenabschnitte sind, aus denen sie zusammengesetzt sind. Die Länge eines Streckenabschnitts schließlich ist der euklidische Abstand seiner beiden Endpunkte. Warum wird hier zur Streckenmessung die euklidische Norm und nicht irgend eine der anderen, zu dieser äquivalenten Normen des $\mathbb{R}^n$ verwendet?

Übung 1.22: Wann heißt ein Vektorfeld $v : D \subset \mathbb{R}^n \to \mathbb{R}^n$ „Gradientenfeld"? Ist das Vektorfeld $v(x) = (-x_2\|x\|_2^{-2}, x_1\|x\|_2^{-2})$ im $\mathbb{R}^2 \setminus \{0\}$ ein Gradientenfeld? Man gebe eine hinreichende Bedingung dafür an, dass ein Vektorfeld auf einem Gebiet $D \subset \mathbb{R}^n$ ein Gradientenfeld ist und diskutiere diese anhand des Beispiels.

Übung 1.23: Man formuliere den Integralsatz von Gauß für das Vektorfeld $v(x) = x$ auf dem Einheitskreis $K_1(0) \subset \mathbb{R}^2$ und zeige damit für dessen Inhalt und Randlänge die Beziehung $|K_1(0)| = \frac{1}{2}|\partial K_1(0)|$. Welches Ergebnis liefert die analoge Rechnung für die Einheitskugel im $\mathbb{R}^3$?

Übung 1.24: Man formuliere zunächst den Integralsatz von Stokes für allgemeine (hinreichend glatt parametrisierte) Flächen im $\mathbb{R}^3$ und spezialisiere ihn dann für ebene Flächen in der (x_1, x_2)-Ebene. In welcher Beziehung steht die resultierende Aussage zum Satz von Gauß?

2 Variationsaufgaben

2.1 Eindimensionale Variationsprobleme

In diesem Kapitel betrachten wir einfachste sog. „Variationsaufgaben". Dabei handelt es sich um Optimierungsaufgaben, bei denen die zu optimierende Größe ein Integralausdruck und die zur „Variation" stehende Variable eine Funktion ist. In einer Dimension lautet dies etwa wie folgt:

$$F(u) = \int_a^b f(t, u(t), u'(t))\, dt \;\rightarrow\; \min,$$

wobei zur Konkurrenz etwa alle stetig differenzierbaren Funktionen $u(\cdot)$ auf dem Intervall $[a, b]$ zugelassen sind. Variationsaufgaben dieser Art treten u. a. in der theoretischen Mechanik auf.

2.1.1 Euler-Lagrangesche Gleichungen

Wir betrachten die folgende Situation. Sei $I := [a, b] \subset \mathbb{R}$ ein kompaktes Intervall und

$$f(t, x, q) : I \times \mathbb{R} \times \mathbb{R} \rightarrow \mathbb{R}$$

eine zweimal stetig partiell differenzierbare Funktion. Wir bezeichnen wieder mit $C^2[a, b]$ den Vektorraum aller auf $[a, b]$ zweimal stetig differenzierbaren Funktionen und für beliebig gegebene $\alpha, \beta \in \mathbb{R}$ mit K die Teilmenge

$$K(\alpha, \beta) := \{v \in C^2[a, b] : \, v(a) = \alpha, v(b) = \beta\}.$$

Für Funktionen $u \in K(\alpha, \beta)$ betrachten wir die durch

$$F(v) := \int_a^b f(t, v(t), v'(t))\, dt$$

definierte Abbildung $F(\cdot) : K(\alpha, \beta) \rightarrow \mathbb{R}$. Eine „Variationsaufgabe" besteht nun darin, ein $u \in K(\alpha, \beta)$ zu finden, so dass

$$F(u) = \inf\{F(v) : \, v \in K(\alpha, \beta)\}. \tag{2.1.1}$$

Satz 2.1 (Euler-Lagrangesche Differentialgleichung): *Besitzt $u \in K(\alpha, \beta)$ die Minimalitätseigenschaft (2.1.1), so gilt notwendig die sog. „Euler-Lagrangesche Differentialgleichung"*

$$\frac{d}{dt}\frac{\partial f}{\partial q}(t, u(t), u'(t)) - \frac{\partial f}{\partial x}(t, u(t), u'(t)) = 0, \quad t \in [a, b]. \tag{2.1.2}$$

Beweis: Sei $u \in K(\alpha, \beta)$ eine Funktion, welche (2.1.1) erfüllt. Für eine beliebige Funktion $\varphi \in K(0,0)$ und $\varepsilon \in \mathbb{R}$ gilt dann

$$F(u) \leq F(u + \varepsilon\varphi).$$

Die Funktion $\Phi(\varepsilon) := F(u + \varepsilon\varphi)$ besitzt also bei $\varepsilon = 0$ ein Minimum. Mit dem Satz über die Ableitung von parameterabhängigen Integralen (s. Kapitel 4 im Band Analysis 2) folgt, dass $\Phi(\cdot)$ stetig differenzierbar ist. Es gilt also $d\Phi/d\varepsilon(0) = 0$. Wir berechnen diese Ableitung zu (Zur Vereinfachung wird das Argument t weggelassen.)

$$\frac{d\Phi}{d\varepsilon}(\varepsilon) = \int_a^b \frac{\partial}{\partial\varepsilon} f(t, u + \varepsilon\varphi, u' + \varepsilon\varphi'))\,dt = \int_a^b \Big\{\frac{\partial f}{\partial x}(\dots)\varphi + \frac{\partial f}{\partial q}(\dots)\varphi'\Big\}\,dt.$$

Also folgt für beliebiges $\varphi \in K(0,0)$:

$$\int_a^b \Big\{\frac{\partial f}{\partial x}(t,u,u')\varphi + \frac{\partial f}{\partial q}(t,u,u')\varphi'\Big\}\,dt = 0.$$

Partielle Integration und Beachtung von $\varphi(a) = \varphi(b) = 0$ ergibt:

$$\int_a^b \frac{\partial f}{\partial q}(\dots)\varphi'\,dt = \frac{\partial f}{\partial q}(\dots)\varphi\Big|_a^b - \int_a^b \frac{d}{dt}\frac{\partial f}{\partial q}(\dots)\varphi\,dt = -\int_a^b \frac{d}{dt}\frac{\partial f}{\partial q}(\dots)\varphi\,dt.$$

Wir finden also, dass für beliebiges $\varphi \in K(0,0)$ gilt:

$$\int_a^b \Big\{\frac{\partial f}{\partial x}(t,u,u') - \frac{d}{dt}\frac{\partial f}{\partial q}(t,u,u')\Big\}\varphi\,dt = 0.$$

Mit Hilfe des „Fundamentallemmas" der Variationsrechnung (Lemma 2.1) ergibt sich damit

$$\frac{\partial f}{\partial x}(t,u,u') - \frac{d}{dt}\frac{\partial f}{\partial q}(t,u,u') \equiv 0,$$

d. h. die behauptete Euler-Lagrangesche Differentialgleichung. Q.E.D.

Lemma 2.1 (Fundamentallemma in $\mathbb{R}^1$): *Auf dem Intervall $[a,b] \subset \mathbb{R}$ gelte für eine Funktion $g \in C[a,b]$*

$$\int_a^b g(t)\varphi(t)\,dt = 0 \tag{2.1.3}$$

für jede Funktion $\varphi \in K(0,0)$. Dann ist $g \equiv 0$.

Beweis: Wegen der Stetigkeit von g genügt es zu zeigen, dass $g(t) = 0$ für $t \in (a,b)$. Angenommen es existiert ein $t_0 \in (a,b)$, so dass $g(t_0) = \varepsilon > 0$. Es gibt ein $\delta > 0$, so dass $[t_0 - \delta, t_0 + \delta] \subset (a,b)$ und $g(t) \geq \varepsilon/2$ für $t \in [t_0 - \delta, t_0 + \delta]$. Wir definieren die Funktion $\varphi_\delta \in C^1[a,b]$ durch

$$\varphi_\delta(t) := \exp\Big(-\frac{(t-t_0)^2}{\delta^2 - (t-t_0)^2}\Big) > 0, \quad t \in (t_0 - \delta, t_0 + \delta),$$
$$\varphi_\delta(t) := 0, \quad t \notin (t_0 - \delta, t_0 + \delta).$$

Diese ist unendlich oft differenzierbar. Damit ergibt sich der Widerspruch

$$0 = \int_a^b g(t)\varphi_\delta(t)\,dt = \int_{t_0-\delta}^{t_0+\delta} g(t)\varphi_\delta(t)\,dt \geq \frac{\varepsilon}{2}\int_{t_0-\delta}^{t_0+\delta} \varphi_\delta(t)\,dt > 0.$$

Also ist $g(t) = 0$ für alle $t \in (a,b)$. Q.E.D.

Beispiel 2.1: Durch die Parametrisierung $\varphi : [a,b] \to \mathbb{R}$ sei eine ebene Kurve

$$\Gamma := \{(t,\varphi(t)) : t \in [a,b]\}$$

gegeben. Ist $\varphi \in C^1[a,b]$, so erhält man die Länge dieser Kurve mit der Formel

$$|\Gamma| = F(\varphi) = \int_a^b \sqrt{1+\varphi'(t)^2}\,dt.$$

Für gegebenen Werte $\alpha, \beta \in \mathbb{R}$ wollen wir eine Kurve mit Parametrisierung $\varphi \in C^2[a,b]$ durch die Punkte (a,α) und (b,β) mit minimaler Länge bestimmen; d. h.: Wir suchen ein $u \in K(\alpha,\beta)$ mit

$$F(u) = \inf\{F(\varphi) : \varphi \in K(\alpha,\beta)\}.$$

Zur Anwendung von Satz 2.1 setzen wir $f(t,x,q) := \sqrt{1+q^2}$; in diesem Fall hängt die Funktion f also weder von t noch von x ab. Daher ist

$$\partial_x f(t,x,q) = 0, \quad \partial_q f(t,x,q) = \frac{q}{\sqrt{1+q^2}}.$$

Die Euler-Lagrangesche Gleichung, d. h. die notwendigen Optimalitätsbedingung, hat also die Form:

$$\frac{d}{dt}\frac{u'(t)}{\sqrt{1+u'(t)^2}} = 0,$$

d. h.:

$$\frac{u''(t)}{(1+u'(t)^2)^{1/2}} - u'(t)\frac{u'(t)u''(t)}{(1+u'(t)^2)^{3/2}} = \frac{u''(t)}{(1+u'(t)^2)^{3/2}} = 0.$$

Dies bedeutet, dass $u''(t) = 0$. Eine Minimallösung in $K(\alpha,\beta)$ muss also ein Polynom 1-ten Grades sein, d. h. die Form $u(t) = c_1 t + c_0$ haben. Zur Bestimmung der Konstanten c_1, c_2 verwenden wir die Randbedingungen $u(a) = \alpha, u(b) = \beta$. Es ergibt sich

$$u(t) = \frac{b-t}{b-a}a + \frac{t-a}{b-a}b.$$

Dies bedeutet, dass die Lösung dieses Problems, wenn sie überhaupt existiert, gerade die Verbindungsgerade der Punkte (a,α) und (b,β) ist. Dass dies wirklich die Minimierungsaufgabe löst, ist aufgrund einfacher geometrischer Überlegungen klar. I. Allg. ist es bei derartigen Variationsaufgaben aber schwierig zu zeigen, dass Minima wirklich in der gegebenen Funktionenklasse existieren. Wir werden später im Zusammenhang mit mehrdimensionalen Variationsaufgaben Situationen kennenlernen, in denen eine solche „Lösung“ nur in einer geeignet vergrößerten Menge von Vergleichsfunktionen existiert.

Bemerkung 2.1: Die Euler-Lagrangeschen Differentialgleichungen stellen lediglich eine notwendige Bedingung dar, welche eine Lösung der Variationsaufgabe erfüllen muss. I. Allg. ist die Existenz von Lösungen aber nicht gesichert; siehe das Gegenbeispiel von Weierstraß in Abschnitt 2.2.

Satz 2.1 lässt sich direkt für vektorwertige Funktionen verallgemeinern. Auf dem Intervall $[a, b] \subset \mathbb{R}$ sei

$$f(t, x, p) : I \times \mathbb{R}^d \times \mathbb{R}^d \to \mathbb{R}$$

eine zweimal stetig partiell differenzierbare Funktion. Wir bezeichnen wieder mit $C^2[a, b]^d$ den Vektorraum aller auf $[a, b]$ zweimal stetig differenzierbaren Vektorfunktionen und für beliebig gegebene $\alpha, \beta \in \mathbb{R}^d$ mit K die Teilmenge

$$K(\alpha, \beta) := \{v \in C^2[a, b]^d : v(a) = \alpha, v(b) = \beta\}.$$

Für Funktionen $u \in K(\alpha, \beta)$ betrachten wir die durch

$$F(v) := \int_a^b f(t, v(t), v'(t))\, dt$$

definierte Abbildung $F(\cdot) : K(\alpha, \beta) \to \mathbb{R}$. Ist nun $u \in K(\alpha, \beta)$ eine Funktion mit der Eigenschaft

$$F(u) = \inf\{F(v) : v \in K(\alpha, \beta)\},$$

so genügt diese notwendig dem folgenden System von Euler-Lagrangeschen Differentialgleichungen:

$$\frac{d}{dt}\frac{\partial f}{\partial q_i}(t, u(t), u'(t)) - \frac{\partial f}{\partial x_i}(t, u(t), u'(t)) = 0, \quad t \in [a, b], \quad i = 1, \dots, d. \tag{2.1.4}$$

2.1.2 Physikalische Anwendung

Wir wollen die Euler-Lagrangeschen Differentialgleichungen zur Herleitung des Hamiltonschen[1] Prinzips der „kleinsten Wirkung" verwenden. Hier ist t die Zeitkoordinate, die Funktionen $u_1(t), \dots, u_d(t)$ beschreiben den Zustand eines physikalischen Systems, und $L(t, u(t), u'(t))$ ist die sog. „Lagrange-Funktion". Bei mechanischen Systemen, in denen Reibung keine Rolle spielt, ist L gleich der Differenz $T(t) - U(t)$ aus kinetischer Energie $T(t)$ und potentieller Energie $U(t)$. Der Ausdruck

$$W(u) := \int_a^b L(t, u(t), u'(t))\, dt$$

ist das sog. „Wirkungsintegral". Das sog. *Hamiltonsche Prinzip* besagt nun, dass für den tatsächlich ablaufenden Vorgang $W(u)$ minimal ist.

[1] Sir William Rowan Hamilton (1805–1865): Irischer Mathematiker und Astronom; Prof. in Dublin; fundamentale Arbeiten u. a. zur Vektorrechnung und Theoretischen Mechanik.

Als Beispiel betrachten wir die Bewegung eines Massepunktes mit Masse m im $\mathbb{R}^3$ in einem stationären, d. h. nicht von der Zeit abhängigen, Potentialfeld $U(x)$. Die Bewegung des Massepunkts wird beschrieben durch eine Vektorfunktion $x(t) \in \mathbb{R}^3$; seine Geschwindigkeit ist $v(t) = x'(t)$. (In der Physik ist es seit Newton üblich, die Ableitung nach der Zeit mit einem Punkt zu kennzeichnen, d. h.: $v(t) = \dot{x}(t)$.) Die kinetische Energie des Massepunktes ist

$$T(t) = \frac{m}{2}\sum_{i=1}^{3} x_i'(t)^2.$$

Für die Lagrange-Funktion ergibt sich also

$$L(t, x(t), v(t)) = \frac{m}{2}\sum_{i=1}^{d} x_i'(t)^2 - U(x).$$

Wegen

$$\frac{\partial L}{\partial x_i} = -\frac{\partial U}{\partial x_i}, \quad \frac{\partial L}{\partial v_i} = mv_i, \quad i = 1, 2, 3,$$

lauten die Euler-Lagrangeschen Differentialgleichungen in diesem Fall

$$\frac{d}{dt}(mx_i'(t)) + \frac{\partial U}{\partial x_i}(x(t)) = 0, \quad i = 1, 2, 3,$$

bzw.

$$mx_i''(t) = -\frac{\partial U}{\partial x_i}(x(t)), \quad i = 1, 2, 3.$$

In vektorieller Schreibweise lautet dies (Newtonsches Gesetz)

$$mx''(t) = -\nabla U(x(t)). \tag{2.1.5}$$

Für spezielle Potentialfunktionen kann man dieses System gewöhnlicher Differentialgleichungen explizit lösen. Die Gesamtenergie des Massenpunkts ist

$$E(t) = \frac{m}{2}\sum_{i=1}^{3} x_i'(t)^2 + U(x(t)).$$

Wegen der Beziehung (2.1.5) folgt

$$\begin{aligned}\frac{dE}{dt}(t) &= m\sum_{i=1}^{3} x_i'(t)x''(t) + \sum_{i=1}^{3}\frac{\partial U}{\partial x_i}(x(t))x_i'(t)\\ &= \big(mx''(t) + \nabla U(x(t))\big)\cdot x'(t) = 0,\end{aligned}$$

d. h.: Die totale Energie ist konstant in der Zeit und damit eine sog. „Erhaltungsgröße“. Dies ist in Übereinstimmung mit dem fundamentalen physikalischen Prinzip der „Energieerhaltung“, d. h.: In einem geschlossenen physikalischen System (ohne externe Energiequellen oder -senken) kann keine Energie entstehen oder verschwinden. Das Hamiltonsche Prinzip von der „minimalen Wirkung“ und das Prinzip von der „Erhaltung der Energie“ sind also verträglich (offenbar sogar äquivalent).

2.2 Mehrdimensionale Variationsaufgaben (Dirichlet-Prinzip)

Ein klassisches Problem der Variationsrechnung in $\mathbb{R}^n$ ist die Rechtfertigung des folgenden nach Dirichlet[2] benannten Prinzips über die Existenz einer Funktion, welche dem sog. „Dirichletschen Integral“

$$D[u] := \int_G |\nabla u(x)|^2 \, dx$$

einen minimalen Wert verleiht unter allen Vergleichsfunktionen, welche entlang des Randes ∂G vorgegebene Werte annehmen. Dabei soll das Integral wenigstens als *uneigentliches* R-Integral existieren, was durch die Schreibweise $\nabla u \in L^2(G)^n$ ausgedrückt wird. Die Menge G sei hier und im Folgenden offen, beschränkt, quadrierbar und derart stückweise glatt berandet, dass der Satz von Gauß sowie die Greenschen Formeln gelten.

Definition 2.1 (Dirichletsches Prinzip): *Das sog. „Dirichletsche Prinzip“ besagt: Sei $G \subset \mathbb{R}^2$ ein stückweise glatt berandetes Gebiet und $g : \partial G \to \mathbb{R}$ irgendeine stetige Randfunktion. Dann gibt es unter den Funktionen der Menge*

$$V_g(G) := \{\varphi \in C^1(G) \cap C(\overline{G}), \ \nabla u \in L^2(G)^n, \ \varphi_{|\partial G} = g\}$$

eine, $u \in V_g(G)$, welche dem Dirichletschen Integral den kleinsten Wert verleiht, d. h.

$$D[u] = \inf\{D[\varphi], \ \varphi \in V_g(G)\}, \tag{2.2.6}$$

und u ist eine sog. „Potentialfunktion“, d. h. Lösung der Randwertaufgabe

$$\Delta u = 0 \quad in \ G, \qquad u = g \quad auf \ \partial G. \tag{2.2.7}$$

Die Bezeichnung dieser Schlussweise als „Dirichletsches Prinzip“ geht auf Riemann zurück, welcher seinerzeit die Existenz einer solchen Minimalfunktion $u \in V_g(G)$ als aus physikalischen Gründen evident angesehen hat. Aber schon Weierstraß (1870) kritisierte die unkritische Verwendung des Dirichletschen Prinzips. Er wies darauf hin, dass im Unterschied zu Minimierungsproblemen für stetige Funktionen ein Variationsproblem auch mit glattem Integranden nicht unbedingt eine Lösung zu haben braucht. Als Beispiel diente:

$$J(u) := \int_{-1}^{1} x^2 u'(x)^2 \, dx \ \to \ \min, \quad u \in C^1[-1,1], \ u(-1) = 2, \ u(1) = 0.$$

Die Funktionen

$$u_k(x) = 1 - \frac{\arctan(kx)}{\arctan(k)}, \quad k \in \mathbb{N}, \qquad u_k'(x) = -\frac{1}{\arctan(k)} \frac{k}{1 + (kx)^2},$$

[2]Johann Peter Gustav Lejeune Dirichlet (1805–1859) geb. in Düren (damals bei Frankreich): Wirkte in Berlin und als Prof. in Göttingen (Nachfolger von Gauß); wichtige Beiträge zur Zahlentheorie, Analysis und Differentialgleichungen („Dirichletsches Prinzip“).

genügen wegen $\arctan(-k) = -\arctan(k)$ den Randbedingungen $u_k(-1) = 2,\ u_k(1) = 0$, und es gilt:

$$\begin{aligned} J(u_k) &= \int_{-1}^{1} x^2 u_k'(x)^2\,dx = \int_{-1}^{1} \frac{k^2x^2}{\arctan(k)^2(1+k^2x^2)^2}\,dx \\ &\le \frac{1}{\arctan(k)^2}\int_{-1}^{1}\frac{1}{1+k^2x^2}\,dx = \frac{1}{\arctan(k)^2}\,\frac{\arctan(kx)}{k}\Big|_{-1}^{1} \\ &= \frac{2}{k\arctan(k)} \to 0 \quad (k\to\infty). \end{aligned}$$

Wegen $J(\varphi) \ge 0$ für alle zulässige Funktionen folgt $\inf\{J(\varphi),\ \varphi \text{ zulässig}\} = 0$. Dieses Infimum wird aber von keiner zulässigen Funktion angenommen, denn $J(u) = 0$ impliziert $u \equiv 0$, so dass die linke Randbedingung $u(-1) = 2$ nicht erfüllt werden kann.

Die Kritik von Weierstraß bedeutete einen wichtigen Einschnitt bei der Entwicklung der Riemannschen Theorie komplexer Funktionen. Dieses Dilemma wurde später u. a. von Poincaré durch den direkten Nachweis der Existenz einer Lösung der Randwertaufgabe (2.2.7) behoben. Die Rechtfertigung des ursprünglichen Dirichletschen Prinzips blieb ein berühmtes offenes Problem der Mathematik des 19. Jahrhunderts. Im Jahre 1900 gelang Hilbert diese Rechtfertigung mit Hilfe neuartiger Methoden der Funktionalanalysis. Dabei erwies es sich als wichtig, die Funktionenmenge, in der die Minimallösung gesucht wird, geeignet zu erweitern. Dies führte auf Klassen sog. „verallgemeinert“ differenzierbarer Funktionen, die wir später noch näher studieren werden. Im Augenblick fehlen uns noch einige hierzu erforderliche analytische Techniken.

Der zweiten Teil der Aussage des Dirichletschen Prinzips kann dagegen leicht gerechtfertigt werden.

Satz 2.2: *Ist $u \in V_g(G)$ eine Funktion mit der Eigenschaft*

$$D[u] = \min_{v\in V_g(G)} D[v], \tag{2.2.8}$$

so ist u im Fall $u \in C^2(G)$ in G harmonisch, d. h. hat die Laplace-Gleichung $\Delta u \equiv 0$ als Euler-Lagrange-Gleichung.

Beweis: Sei $x_0 \in G$ ein beliebiger Punkt und $B_\varepsilon(x_0)$ eine (offene) ε-Umgebung, deren Abschluß $\overline{B_\varepsilon(x_0))}$ noch ganz in G enthalten ist. Dann ist $u \in C^1(\overline{B_\varepsilon(x_0)})$. Mit $u \in V_g(G)$ ist auch $u + t\varphi \in V_g(G)$ für $\varphi \in V_0(B_\varepsilon(x_0))$. Wegen der Minimalitätseigenschaft von u nimmt dann die Funktion

$$F_\varphi(t) := D[u + t\varphi], \quad t \in \mathbb{R}$$

ihr Minimum in $t = 0$ an. Folglich gilt nach dem Satz über die Differentiation von Parameterintegralen:

$$\begin{aligned} 0 = \frac{d}{dt}F_\varphi(t)\Big|_{t=0} &= \int_G \frac{d}{dt}|\nabla(u+t\varphi)|^2\,dx\Big|_{t=0} = \int_G 2\nabla(u+t\varphi)\cdot\nabla\varphi\,dx\Big|_{t=0} \\ &= 2\int_G \nabla u\cdot\nabla\varphi\,dx, \end{aligned}$$

für beliebiges $\varphi \in V_0(B_\varepsilon(x_0))$. Ferner ist $\Delta u \in C(\overline{B_\varepsilon(x_0)})$. Durch partielle Integration und Beachtung von $\varphi_{|\partial B_\varepsilon(x_0)} = 0$ ergibt sich so

$$\int_{B_\varepsilon(x_0)} \Delta u \varphi \, dx = 0. \tag{2.2.9}$$

Mit Hilfe des unten bewiesenen Fundamentallemmas 2.2 folgt also $\Delta u(x_0) = 0$. Q.E.D.

Lemma 2.2 (Fundamentallemma in $\mathbb{R}^n$): *Auf dem Gebiet $G \subset \mathbb{R}^n$ gelte für eine Funktion $g \in C(\overline{G})$*

$$\int_G g(x)\varphi(x)\, dx = 0 \tag{2.2.10}$$

für jede Funktion $\varphi \in V_0(G)$. Dann ist $g \equiv 0$.

Beweis: Der Beweis verläuft analog wie im eindimensionalen Fall. Wegen der Stetigkeit von g genügt es zu zeigen, dass $g(x) = 0$ für $x \in G$. Angenommen es existiert ein $x_0 \in G$, so dass $g(x_0) = \varepsilon > 0$. Dann gibt es ein $\delta > 0$, so dass die Umgebung $B_\delta(x_0)$ von x_0 ganz in G enthalten ist, und $g(x) \geq \varepsilon/2$ für $x \in B_\delta(x_0)$ ist. Wir definieren die Funktion $\varphi_\delta \in V_0(G))$ durch

$$\varphi_\delta(x) := \exp\Big(- \frac{\|x - x_0\|^2}{\delta^2 - \|x - x_0\|^2}\Big) > 0, \quad x \in B_\delta(x_0), \qquad \varphi_\delta(x) = 0, \quad x \notin B_\delta(x_0).$$

Diese ist unendlich oft differenzierbar und erfüllt $\varphi_{\delta|\partial G} = 0$. Damit ergibt sich dann der Widerspruch

$$0 = \int_G g(x)\varphi_\delta(x)\, dx = \int_{B_\delta(x_0)} g(x)\varphi_\delta(x)\, dx \geq \frac{\varepsilon}{2} \int_{B_\delta(x_0)} \varphi_\delta(x)\, dx > 0.$$

Also ist $g(x) = 0$ für alle $x \in G$. Q.E.D.

„Satz“ [Dirichletsches Prinzip]: *Sei $G \subset \mathbb{R}^n$ ein Gebiet mit stückweise glattem Rand ∂G und $g \in C^1(G) \cap C(\overline{G})$, $|\nabla g| \in L^2(G)$, eine gegebene Randfunktion. Dann gibt es eine sog. „Minimalfolge“ $(u^k)_{k\in\mathbb{N}}$ von $V_g(G)$-Funktionen mit der Eigenschaft*

$$D[u^k] \to \inf_{v\in V_g(G)} D[v] \geq 0. \tag{2.2.11}$$

Diese Folge konvergiert in einem noch zu bestimmenden Sinne gegen eine Grenzfunktion u in einem ebenfalls noch zu definierenden größeren Funktionenraum $H^1(G)$.

Beweis: i) Mit der Randfunktion g setzen wir $v := u - g$ und

$$E(v) := D[v + g].$$

Die Minimierung von $D[u]$ über $V_g(G)$ ist also äquivalent zur Minimierung von $E(v)$ über $V_0(G)$. Auf dem Vektorraum $V_0(G)$ ist durch

$$\|v\|_E := D[v]^{1/2} = \Big(\int_G |\nabla v(x)|^2 \, dx \Big)^{1/2}$$

eine Norm definiert. Die Homogenität und die Dreiecksungleichung ergeben sich unmittelbar aus den entsprechenden Eigenschaften der L^2-Norm. Die Definitheit folgt aus den Implikationen $\|v\|_E = 0 \;\Rightarrow\; \nabla v \equiv 0 \;\Rightarrow\; v \equiv$ konst. $\Rightarrow\; v \equiv 0$.

ii) Das Funktional $E(\cdot)$ ist offensichtlich durch Null nach unten beschränkt. Sei $(v^k)_{k\in\mathbb{N}} \subset V_0(G)$ eine „Minimalfolge", d. h.:

$$E(v^k) \to \inf_{v\in V_0(G)} E(v) =: d \ge 0 \quad (k \to \infty).$$

Wir wollen zeigen, dass $(v^k)_{k\in\mathbb{N}}$ eine Cauchy-Folge bzgl. der obigen Norm ist. Wichtiges Hilfsmittel dazu ist die sog. „Parallelogrammidentität"

$$D[v-w] + D[v+w] = 2D[v] + 2D[w],$$

die man durch direktes Nachrechnen verifiziert. Für beliebige Indizes $n, m \in \mathbb{N}$ erschließen wir damit

$$\begin{aligned}\|v^n - v^m\|_E^2 &= D[v^n - v^m] = 2D[v^n + g] + 2D[v^m + g] - D[v^n + g + v^m + g] \\ &= 2E(v^n) + 2E(v^m) - 4E(\tfrac{1}{2}(v^n + v^m)).\end{aligned}$$

Wegen

$$\lim_{n,m\to\infty} \{E(v^n) + E(v^m)\} = 2d, \qquad E(\tfrac{1}{2}(v^n + v^m)) \ge d,$$

folgt damit

$$\limsup_{n,m\to\infty} \|v^n - v^m\|_E \le 0,$$

d. h.: $(v^n)_{n\in\mathbb{N}}$ ist wie behauptet eine Cauchy-Folge.

iii) Die Cauchy-Folge $(v^k)_{k\in\mathbb{N}}$ besitzt i. Allg. keinen Limes im normierten (unvollständigen) Raum $V_0(G)$ (s. das unten angeführte Beispiel). Durch Vervollständigung von $V_0(G)$ erhält man den sog. „Sobolew-Raum" $H_0^1(G)$. Die Elemente von $H_0^1(G)$ sind zunächst als Äquivalenzklassen von Cauchy-Folgen (analog wie bei der Konstruktion der reelen Zahlen aus den rationalen) definiert; sie lassen sich aber wieder als Funktionen interpretieren. Hierzu benötigen wir aber Hilfsmittel, die erst im folgenden Kapitel 3 entwickelt werden. Wir können den Beweis des Satzes also an dieser Stelle nicht weiterführen. Die hier verwendete Methode zum Nachweis der Lösbarkeit von Variationsaufgaben wird als „direkte Methode der Variationsrechnung" bezeichnet. Q.E.D.

Beispiel 2.2: Auf der Einheitskugel $G := K_1(0) \subset \mathbb{R}^3$ betrachten wir für $k \in \mathbb{N}$, $k \ge 2$ die wie folgt definierten Funktionen

$$v^k(x) := \begin{cases} \log(\|x\|), & \frac{1}{k} < \|x\| \le 1, \\ \frac{1}{2}k^2\|x\|^2 + \log(1/k) - \frac{1}{2}, & 0 \le \|x\| \le \frac{1}{k}. \end{cases}$$

Man überzeugt sich leicht, dass $v^k \in V_0(G)$ ist. Ferner gilt

$$|\nabla v^k(x)| \le \frac{1}{\|x\|}, \quad x \in G \setminus \{0\}.$$

Wir wollen zeigen, dass die Folge $(v^k)_{k\in\mathbb{N}}$ eine Cauchy-Folge in V_0 bzgl. der Dirichlet-Norm $\|v\|_E := D[v]^{1/2}$ ist. Dazu schätzen wir mit Hilfe der Transformation of Polarkoordinaten und unter Ausnutzung der Rotationssymmetrie der Funktionen v^k wie folgt ab (o.B.d.A. sei $m > n$):

$$\begin{aligned}\|v^n - v^m\|_E^2 &= \int_G |\nabla(v^n - v^m)|^2\,dx = 4\pi \int_0^1 |\partial_r(v^n - v^m)|^2 r^2\,dr\\ &\le 4\pi \int_0^{1/n} 4r^{-2}r^2\,dr = \frac{16\pi}{n} \to 0 \quad (n,m \to \infty)..\end{aligned}$$

Wir wollen nun den möglichen Limes der Folge $(v^k)_{k\in\mathbb{N}}$ identifizieren. Die v^k konvergieren offensichtlich in allen Punkten $x \in G \setminus \{0\}$ gegen die Grenzfunktion

$$v(x) := \begin{cases} \log(\|x\|), & x \in G \setminus \{0\},\\ 0, & x = 0.\end{cases}$$

welche aber nicht in V_0 ist. Ihr Gradient $\nabla v(x) = x\|x\|^{-2}$, $x \in G \setminus \{0\}$, $\nabla v(0) := 0$ ist über G im Riemannschen Sinne uneigentlich quadrat-integrierbar:

$$\int_G \|\nabla v(x)\|^2\,dx := \lim_{\varepsilon\to 0} \int_{G\setminus K_\varepsilon(0)} \|\nabla v(x)\|^2\,dx = \lim_{\varepsilon\to 0} 4\pi \int_\varepsilon^1 r^{-2}r^2\,dr = 4\pi.$$

In diesem Sinn konvergiert dann auch

$$\int_G \|\nabla(v^k - v)\|^2\,dx \le 4\pi \int_0^{1/k} 4r^{-2}r^2\,dr = \frac{16\pi}{k} \to 0 \quad (k \to \infty).$$

Die Cauchy-Folge $(v^k)_{k\in\mathbb{N}}$ hat also im Sinne der Konvergenz bzgl. der Norm $\|\cdot\|_E$ eine Limesfunktion v, welche aber nicht im Raum V_0 liegt.

2.3 Übungen

Übung 2.1: Sei $g : \mathbb{R}^2 \to \mathbb{R}$ die durch

$$g(x,y) := \frac{xy^3}{(x^2+y^2)^2}, \quad (x,y) \ne (0,0), \qquad g(0,0) := 0,$$

definierte Funktion. Man zeige, dass für jedes $y \in \mathbb{R}$ die Integrale

$$f(y) = \int_0^1 g(x,y)\,dx, \qquad f^*(y) = \int_0^1 \partial_y g(x,y)\,dx$$

wohldefiniert sind und dass die Funktion $f : \mathbb{R} \to \mathbb{R}$ differenzierbar ist, jedoch

$$f'(0) \neq f^*(0).$$

Dieses Beispiel zeigt, dass bei der Differentiation von parameterabhängigen Integralen nicht ohne weiteres auf die Annahme der Stetigkeit der Funktionen verzichtet werden kann.

Übung 2.2: Seien f und $\partial_y f$ im Rechteck $D = [a,b] \times [c,d]$ stetig und $\varphi, \psi : [c,d] \to \mathbb{R}$ differenzierbar mit $a \leq \varphi(y) \leq \psi(y) \leq b$. Man zeige, dass dann gilt:

$$\frac{d}{dy} \int_{\psi(y)}^{\varphi(y)} f(x,y)\, dx = \int_{\psi(y)}^{\varphi(y)} \partial_y f(x,y)\, dx + \varphi'(y) f(\varphi(y), y) - \psi'(y) f(\psi(y), y).$$

(Hinweis: Man untersuche die Konvergenz der zugehörigen Differenzenquotienten.)

Übung 2.3: Auf dem Funktionenraum $V_0 := \{v \in C^1[a,b],\ v(a) = v(b) = 0\}$ ist für eine gegebene Funktion $f \in C[a,b]$ das folgende Funktional zu minimieren:

$$F(u) = \frac{1}{2} \int_a^b \{p(t)|u'(t)|^2 + r(t)u(t)^2\}\, dt - \int_a^b f(t)u(t)\, dt$$

mit Koeffizientenfunktionen $p \in C^1[a,b]$, $p(t) \geq \rho > 0$, und $r \in C[a,b]$, $r(t) \geq 0$. Man bestimme die zugehörige Euler-Lagrangesche Gleichung. Ist die entstehende RWA lösbar?

Übung 2.4: Für $\delta > 0$ sei $B_\delta(x_0) := \{x \in \mathbb{R}^n : \|x - x_0\| < \delta\}$. Man zeige, dass die durch

$$\varphi_\delta(x) := \exp\Big(-\frac{\|x - x_0\|^2}{\delta^2 - \|x - x_0\|^2}\Big), \quad x \in B_\delta(x_0), \qquad \varphi_\delta(x) := 0, \quad x \notin B_\delta(x_0),$$

definierte Funktion $\varphi_\delta : \mathbb{R}^n \to \mathbb{R}$ beliebig oft stetig differenzierbar ist. (Hinweis: Es genügt den Fall $x_0 = 0$ und $\delta = 1$ zu betrachten.)

Übung 2.5: Man beweise die folgende Verallgemeinerung des Fundamentallemmas der Variationsrechnung: Auf dem Intervall $[a,b] \subset \mathbb{R}$ gelte für eine Riemann-integrierbare Funktion $g : [a,b] \to \mathbb{R}$

$$\int_a^b g(t)\varphi(t)\, dt = 0 \tag{2.3.12}$$

für jede Funktion $\varphi \in C^1[a,b]$ mit $\varphi(a) = \varphi(b) = 0$. Dann ist $g = 0$ in jedem Stetigkeitspunkt von g.

Übung 2.6: Auf dem Funktionenraum $V := \{v \in C^2[a,b] \,|\, v(a) = \alpha,\ v(b) = \beta\}$ ist für ein $p \in [1, \infty)$ das folgende Funktional zu minimieren:

$$F(u) = \frac{1}{p} \int_a^b \big(1 + u'(t)^2\big)^{p/2}\, dt.$$

Man bestimme die zugehörige Euler-Lagrangesche Gleichung und bestimme deren Lösung. Welche Sonderfälle ergeben sich für $p = 2$ und $p = 1$?

Übung 2.7: Man formuliere das Dirichletsche Prinzip. Dieses ist in seiner „klassischen" Formulierung i. Allg. nicht gültig. Man zeige, dass seine Aussage für spezielle Konfigurationen aber sehr wohl richtig sein kann, z. B. auf dem Einheitsquadrat $\Omega = (0,1)\times(0,1) \subset \mathbb{R}^2$ für die Randdaten $g(x,0) = g(0,y) = 0,\ g(x,1) = x,\ g(1,y) = y$.

3 Das Lebesgue-Integral

In diesem Kapitel wollen wir den Riemannschen Integralbegriff erweitern, um einige der bisher beobachteten Unzulänglichkeiten bei der Integration zu überwinden. Dies ist u. a. die Unvollständigkeit des Raumes der Riemann-integrierbaren Funktionen bzgl. der Konvergenz im quadratischen Mittel. Eine Beschränkung, die durch das sog. Lebesgue-Integral überwunden wird. Dieses wird im Folgenden in weitgehender Analogie zum Riemann-Integral eingeführt, wobei der wesentliche Unterschied darin besteht, dass an einigen Stellen anstatt von *endlichen* Zerlegungen *abzählbar unendliche* zugelassen sind. Ferner werden von vornherein auch unbeschränkte Integrationsgebiete und Integranden zugelassen, was die Unterscheidung in *eigentliche* und *uneigentliche* Integrale überflüssig macht. Dies erfordert aber die Ausdehnung der Arithmetik auf den Bereich $\overline{\mathbb{R}} := \mathbb{R} \cup \{\infty, -\infty\}$. Es gibt mehrere alternative Zugänge zum Lebesgue-Integral, welche in den Lehrbüchern der Analysis verwendet werden; alle führen aber zu denselben Ergebnissen. Der hier gewählte zeichnet sich durch eine besondere Anschaulichkeit aus und verläuft in Analogie zur Einführung des Riemann-Integrals.

3.1 Lebesgue-messbare Mengen

Wir wollen einer möglichst großen Klasse von Mengen des $\mathbb{R}^n$ einen Inhalt bzw. Maß zuordnen. Dies wird uns auf das sog. „Lebesgue-Maß" als Verallgemeinerung des Jordan-Inhalts führen.

3.1.1 Das äußere Lebesgue-Maß

Zunächst wird in Analogie zum Jordan-Inhalt (kurz auch J-Inhalt) für beliebige Teilmengen $A \subset \mathbb{R}^n$ das sog. „äußere Lebesgue-Maß" definiert. Dabei verwenden wir endliche oder *abzählbar unendliche* Überdeckungen $\cup_i I_i \supset A$ durch (beschränkte offene, abgeschlossene oder auch halb-offene) kartesische Intervalle $I_i = I_i^1 \times \ldots \times I_i^n \subset \mathbb{R}^n$. Dabei sind auch degenerierte Intervalle zugelassen. Der Schnitt zweier Intervalle ist wieder ein Intervall. Die Vereinigung von Intervallen führt wieder zu sog. „Intervallsummen". Der natürliche Inhalt eines solchen Intervalls wird wieder mit $|I| := |I^1| \cdot \ldots \cdot |I^n|$ bezeichnet.

Definition 3.1 (Äußeres Lebesgue-Maß): *Das „äußere Lebesgue-Maß" (kurz „äußeres L-Maß") einer Menge $A \subset \mathbb{R}^n$ ist definert durch*

$$\mu^*(A) := \inf \Big\{ \sum_i |I_i|, \ A \subset \cup_i I_i \Big\}.$$

Dabei darf hier die Menge im Gegensatz zur Definition des äußeren Jordan-Inhalts auch unbeschränkt sein. In diesem Fall kann das äußere L-Maß auch den Wert $\mu^*(A) = \infty$ annehmen. Es wird $\mu^*(\emptyset) := 0$ gesetzt.

Da wir beim äußeren Lebesgue-Maß sowie auch bei Funktionen im Folgenden die Werte $\pm\infty$ zulassen werden, müssen wir zunächst die Arithmetik der reellen Zahlen auf den erweiterten Zahlbereich $\overline{\mathbb{R}} := \mathbb{R} \cup \{\infty, -\infty\}$ ausdehnen. Dafür werden die folgenden Rechenregeln vereinbart:

$$a + \infty := \infty \text{ für } a \in \mathbb{R} \cup \{\infty\}, \qquad a \cdot \infty := \infty \text{ für } a \in \mathbb{R}_+ \cup \{\infty\}, \quad 0 \cdot \infty := 0,$$

mit den offensichtlichen Modifikationen bei Vertauschung der Operanden und Anwendung der Vorzeichenregeln. Damit ist die Multiplikation in $\overline{\mathbb{R}}$ immer definiert. Dagegen bleiben Ausdrücke der Form „$\infty - \infty$“ undefiniert.

Das Lebesgue-Integral wird wieder mit Hilfe von Ober- und Untersummen bzgl. endlicher oder auch *abzählbar unendlicher* Zerlegungen definiert werden. Im Fall von unbeschränkten Funktionen benötigen wir hierfür Regeln für Reihen mit Gliedern aus $\overline{\mathbb{R}}$. Für $0 \le a_k \le \infty$ ist $s_\infty = \sum_{k=1}^\infty a_k$ wohl definiert mit dem Wert $s_\infty := \infty$ im Falle der Divergenz der Reihe, oder wenn ein $a_k = \infty$ ist. Für $\lambda \in \overline{\mathbb{R}}$ gilt dann die Formel

$$\sum_{k=1}^\infty \lambda a_k = \lambda \sum_{k=1}^\infty a_k. \tag{3.1.1}$$

Im Folgenden werden auch unendliche Summen über doppelt indizierte Größen (sog. „Doppelreihen“) mit Werten in $\overline{\mathbb{R}}$ vorkommen. Die Gleichung

$$\sum_{i,j=1}^\infty a_{ij} = \sum_{i=1}^\infty \Big(\sum_{j=1}^\infty a_{ij} \Big) = \sum_{j=1}^\infty \Big(\sum_{i=1}^\infty a_{ij} \Big), \tag{3.1.2}$$

ist gültig, möglicherweise mit den Werten $\pm\infty$, sofern eine der drei auftretenden Reihen absolut konvergent ist, oder auch im Fall $0 \le a_{ij} \le \infty$.

Das äußere Lebesgue-Maß erfüllt definitionsgemäß $0 \le \mu^*(A) \le \infty$. Insbesondere gilt für einpunktige Mengen $\mu^*(\{a\}) = 0$. Weitere Eigenschaften sind in dem folgenden Lemma zusammengefaßt.

Lemma 3.1: *Für das äußere Lebesgue-Maß gelten die folgenden Aussagen:*

i) Aus $A \subset B$ *folgt* $\mu^*(A) \le \mu^*(B)$ *(Monotonie).*

ii) Für endliche oder abzählbare Mengenfolgen $(A_i)_i$ *gilt (*σ*-Subadditivität)*

$$\mu^*(\cup_i A_i) \le \sum_i \mu^*(A_i). \tag{3.1.3}$$

iii) Für beschränkte Mengen ist $|A|_i \le \mu^*(A) \le |A|_a$, *d. h.: Für Jordan-quadrierbare Mengen ist* $\mu^*(A) = |A|$.

iv) Das äußere Lebesgue-Maß ist bewegungs-invariant, d. h. invariant gegenüber Translationen und Drehungen.

Beweis: i) Da im Fall $A \subset B$ jede Intervallüberdeckung von B auch eine solche von A ist, folgt aus der Definition unmittelbar $\mu^*(A) \le \mu^*(B)$.

ii) Wir nehmen an, dass die rechte Seite in (3.1.3) endlich ist, da sonst nichts weiter zu beweisen ist. Es sei $\varepsilon > 0$ vorgegeben und $(\varepsilon_i)_i$ eine Folge positiver Zahlen mit $\varepsilon = \sum_i \varepsilon_i$. Dann gibt es zu jedem i eine Intervall-Folge $(I_{ij})_j$ mit

$$A_i \subset \cup_j I_{ij}, \qquad \sum_j |I_{ij}| \le \mu^*(A_i) + \varepsilon_i.$$

Die Doppelfolge aller Intervalle I_{ij} überdeckt die Menge $A = \cup_i A_i$, und daraus ergibt sich dann nach dem Doppelreihensatz (3.1.2)

$$\mu^*(A) \le \sum_{i,j} |I_{ij}| = \sum_i \sum_j |I_{ij}| \le \sum_i \big(\mu^*(A_i) + \varepsilon_i\big) \le \sum_i \mu^*(A_i) + \varepsilon.$$

Dies beweist (ii).

iii) Der äußere Jordan-Inhalt von A ist definiert als das Infimum des Inhalts aller endlichen Intervall-Überdeckungen von A. Da beim äußeren L-Maß allgemeine, abzählbare Intervall-Überdeckungen zugelassen sind, ergibt sich $\mu^*(A) \le |A|_a$. Zum Beweis der zweiten Ungleichung zeigen wir, dass für jede endliche, abgeschlossene Intervallsumme $S = \cup_{i=1}^m I_i$ die Ungleichung $|S| \le \mu^*(S)$ gilt. Dazu geben wir ein $\varepsilon > 0$ sowie $\varepsilon_i > 0$ mit $\varepsilon = \sum_i \varepsilon_i$ vor und wählen eine (abzählbare) Überdeckung $\cup_i I_i \supset S$ mit

$$\sum_i |I_i| \le \mu^*(S) + \varepsilon.$$

Zu jedem der Intervalle I_i bilden wir nun ein etwas größeres, offenes Intervall $J_i \supset I_i$ mit $|J_i| \le |I_i| + \varepsilon_i$. Dann ist $(J_i)_i$ eine offene Überdeckung der kompakten Menge S, und nach dem Satz von Heine-Borel wird S bereits von endlich vielen der J_i überdeckt; sei etwa $S \subset \cup_{i=1}^m J_i$. Wegen der Subadditivität des Jordan-Inhalts folgt damit

$$|S| \le \sum_{i=1}^m |J_i| \le \sum_{i=1}^m \big(|I_i| + \varepsilon_i\big) \le \sum_{i=1}^m |I_i| + \varepsilon \le \mu^*(S) + 2\varepsilon.$$

Da $\varepsilon > 0$ beliebig gewählt werden kann, ist $|S| \le \mu^*(S)$ bewiesen. Sei nun A eine beschränkte Menge und $S \subset A$ eine endliche Intervallsumme. Mit (i) folgt dann

$$|S| \le \mu^*(S) \le \mu^*(A).$$

Übergang zum Supremum bzgl. aller Intervallsummen $S \subset A$ ergibt $|A|_i \le \mu^*(A)$. Damit ist (iii) bewiesen.

iv) Die Invarianz von $\mu^*(\cdot)$ gegenüber Translationen folgt unmittelbar, da diese Intervalle in solche mit demselben Inhalt überführen. Sei nun S eine Drehung, welche durch eine gleichfalls mit S bezeichnete orthogonale $n \times n$-Matrix beschrieben ist. Aus $A \subset \cup_i I_i$ folgt $S(A) \in \cup_i S(I_i)$. Mit (ii), (iii) und der Bewegungsinvarianz des J-Inhalts ergibt sich dann

$$\mu^*(S(A)) \le \sum_i \mu^*(S(I_i)) = \sum_i |S(I_i)| = \sum_i |I_i|.$$

Da die A überdeckende Inervallsumme beliebig ist, folgt $\mu^*(A) \geq \mu^*(S(A))$. Dasselbe gilt auch für die transponierte Abbildung S^T. Wegen $S^TS = id.$ ergibt sich somit

$$\mu^*(S(A)) \geq \mu^*(S^TS(A)) = \mu^*(A).$$

Beide bewiesenen Ungleichungen zusammen ergeben $\mu^*(S(A)) = \mu^*(A)$. Q.E.D.

Definition 3.2 (Lebesgue-Nullmenge): *Eine Menge $A \subset \mathbb{R}^n$ mit äußerem Lebesgue-Maß $\mu^*(A) = 0$ wird „Lebesgue-Nullmenge" (kurz „L-Nullmenge" oder einfach „Nullmenge") genannt. Gilt eine Aussage für alle Punkte von A bis auf die aus einer Nullmenge, so sagen wir, dass sie „fast überall" (kurz „f. ü.") in A gilt.*

Lemma 3.2: *Die Vereinigung von abzählbar vielen Lebesgue-Nullmengen ist wieder eine Lebesgue-Nullmenge. Insbesondere sind abzählbare Mengen Lebesgue-Nullmengen.*

Beweis: Die Aussagen ergeben sich unmittelbar aus der σ-Subadditivität des äußeren L-Maßes. Q.E.D.

Bemerkung 3.1: Bei der Definition der Jordan-Nullmenge waren nur endliche Intervall-Überdeckungen zugelassen, so dass unbeschränkte und allgemeine abzählbare Mengen nicht erfaßt werden konnten. Das Konzept der Lebesgue-Nullmenge ist also allgemeiner. Aus Lemma 3.2 folgt, dass z. B. die Menge $\mathbb{Q}^n \subset \mathbb{R}^n$ der rationalen Punkte eine Lebesgue-Nullmenge ist. Dasselbe gilt auch für jede Hyperebene in $\mathbb{R}^n$ (Übungsaufgabe).

Mit Hilfe des äußeren Lebesgue-Maßes wollen wir ein Mengen-Maß $\mu(\cdot)$, das sog. „Lebesgue-Maß", definieren, welches zusätzlich zu den Eigenschaften des Jordan-Inhalts, nämlich der Positivität, der Bewegungsinvarianz, der Normierung und der (endlichen) Additivität, noch die der σ-Additivität besitzt:

$$A_i \subset \mathbb{R}^n,\ i \in \mathbb{N}, \quad A_i \cap A_j = \emptyset\ (i \neq j) \quad \Rightarrow \quad \mu(\cup_i A_i) = \sum_{i=1}^{\infty} \mu(A_i).$$

Durch Gegenbeispiele kann gezeigt werden, dass schon das äußere Lebesgue-Maß nicht auf allen Mengen des $\mathbb{R}^n$ σ-additiv ist (Übungsaufgabe). Wir werden uns also auf eine geeignete Teilklasse von Mengen des $\mathbb{R}^n$ einschränken müssen, welche aber alle quadrierbaren Mengen (und zusätzlich noch viele weitere) enthält. Als Vorbereitung dient der folgende Abschnitt.

3.1.2 Mengenalgebren

Sei X eine beliebige Menge und $\mathcal{P}(X)$ ihre Potenzmenge, d. h. die Menge ihrer Teilmengen. Wir betrachten gewisse Klassen $\mathcal{A} \subset \mathcal{P}(X)$ von Teilmengen von X, welche wir „Algebra" (oder genauer „Mengenalgebra") auf X nennen.

Definition 3.3 (Mengenalgebra): *Die (nicht-leere) Teilmenge $\mathcal{A} \subset \mathcal{P}(X)$ heißt „Algebra" auf X, wenn sie X und $\emptyset$ enthält, und wenn mit $A, B \subset \mathcal{A}$ auch $A \setminus B$, $A \cup B$, $A \cap B \in \mathcal{A}$ sind. Sie heißt „σ-Algebra", wenn zusätzlich mit $A_i \in \mathcal{A}$, $i \in \mathbb{N}$, auch $\cup_{i\in\mathbb{N}} A_i$, $\cap_{i\in\mathbb{N}} A_i \in \mathcal{A}$ sind.*

Eine Mengenalgebra ist nach Definition „abgeschlossen" bzgl. Differenzbildung sowie *endlicher* Vereinigung und Schnitt. Eine σ-Algebra ist zusätzlich noch abgeschlossen bzgl. *abzählbar unendlicher* Vereinigung und Schnitt.

Lemma 3.3: *Eine (nicht-leere) Teilmenge $\mathcal{A} \subset \mathcal{P}(X)$ ist bereits eine Algebra, wenn die folgenden Bedingungen erfüllt sind:*

i) Mit $A \in \mathcal{A}$ ist auch $A^c = X \setminus A \in \mathcal{A}$.

ii) Mit $A, B \in \mathcal{A}$ ist auch $A \cup B \in \mathcal{A}$.

Es ist eine σ-Algebra, wenn zusätzlich gilt:

iii) Für beliebige, paarweise disjunkte Mengen $A_i \in \mathcal{A}$, $i \in \mathbb{N}$, ist $\cup_{i\in\mathbb{N}} A_i \in \mathcal{A}$.

Beweis: Zum Nachweis der Algebra- bzw. σ-Algebra-Eigenschaft von $\mathcal{A} \subset \mathcal{P}(X)$ haben wir noch zu zeigen, dass $X, \emptyset \in \mathcal{A}$ und mit $A, B \subset \mathcal{A}$ auch $A \setminus B$, $A \cap B \in \mathcal{A}$ ist. Ferner muß für beliebige, abzählbar viele Mengen $A_i \in \mathcal{A}$ auch $\cap_i A_i \in \mathcal{A}$ sein.

i) Da $\mathcal{A}$ nicht-leer ist, gibt es ein $A \in \mathcal{A}$. Dann ist nach Voraussetzung auch $A^c \in \mathcal{A}$ und folglich $X = (X \setminus A) \cup A = A^c \cup A \in \mathcal{A}$, sowie $\emptyset = X^c \in \mathcal{A}$.

ii) Mit $A, B \in \mathcal{A}$ ist $A^c, B^c \in \mathcal{A}$ und somit $A \cap B = (A^c \cup B^c)^c \in \mathcal{A}$ und folglich auch $A \setminus B = A \cap B^c \in \mathcal{A}$.

iii) Für $A_k \in \mathcal{A}$, $k \in \mathbb{N}$, gilt die disjunkte Darstellung

$$\cup_i A_i = \cup_i B_i, \qquad B_1 := A_1,\ B_2 := A_2 \setminus A_1,\ \dots,\ B_j := A_j \setminus \cup_{i=1}^{j-1} A_j.$$

Offenbar sind alle $B_i \in \mathcal{A}$ und somit auch $\cup_i A_i = \cup_i B_i \in \mathcal{A}$. Die Aussage für den Durchschnitt ergibt sich hieraus durch $\cap_i A_i = (\cup_i A_i^c)^c \in \mathcal{A}$. Q.E.D.

Beispiel 3.1: Wir geben einige Beispiele von Mengenalgebren:

i) Für eine Menge X ist $\mathcal{A} = \{\emptyset, X\}$ die kleinste und die Potenzmenge $\mathcal{A} = \mathcal{P}(X)$ die größte σ-Algebra auf X.

ii) Für eine Menge X und Teilmenge $A \subset X$ ist $\mathcal{A} = \{\emptyset, A, A^c, X\}$ die kleinste σ-Algebra, die A enthält.

iii) Für $X = \mathbb{R}^n$ heißt die kleinste σ-Algebra, welche alle offenen und alle abgeschlossenen Teilmengen von X enthält, die „Borelsche σ-Algebra" („Borel-Mengen").

iv) Ist $X \subset \mathbb{R}^n$ eine Jordan-quadrierbare Menge, so ist die Menge der Jordan-quadrierbaren Teilmengen von X eine Algebra (aber keine σ-Algebra).

v) Die Lebesgue-Nullmengen in $\mathbb{R}^n$ und ihre Komplemente bilden eine σ-Algebra. Dagegen bilden die Jordan-Nullmengen und ihre Komplemente nur eine Algebra.

3.1.3 Das Lebesgue-Maß

Eine Menge $A \subset \mathbb{R}^n$ ist als Jordan-quadrierbar definiert worden, wenn ihr äußerer und ihr innerer Inhalt übereinstimmen. Die direkte Übertragung dieses Konzepts auf das äußere Lebesgue-Maß würde keine viel größere Klasse von messbaren Mengen liefern, da viele interessante Mengen zwar ein nicht-triviales äußeres Maß haben, sich aber nicht durch Intervallsummen von *innen* approximieren lassen (z. B.: $A := [0,1] \setminus \mathbb{Q}$). Dazu behilft man sich des Tricks, die Messbarkeit einer Menge mit Hilfe ihres äußeren Maßes und das ihrer Komplementmenge zu definieren.

Definition 3.4 (Lebesgue-Maß): *Eine Menge $A \subset \mathbb{R}^n$ heißt „Lebesgue-messbar" (oder kurz „messbar"), wenn mit jeder Menge $E \subset \mathbb{R}^n$ gilt:*

$$\mu^*(E) = \mu^*(E \cap A) + \mu^*(E \cap A^c). \tag{3.1.4}$$

In diesem Fall wird $\mu(A) := \mu^*(A)$ das „Lebesgesche Maß" (oder kurz „Maß") von A genannt. Die Menge der Lebesgue-messbaren Teilmengen des $\mathbb{R}^n$ sei mit $\mathcal{L}_\mu$ bezeichnet.

Lemma 3.4: *Für die Menge $\mathcal{L}_\mu \subset \mathcal{P}(\mathbb{R}^n)$ der Lebesgue-messbaren Mengen des $\mathbb{R}^n$ gelten die folgenden Aussagen:*

i) Jede Lebesgue-Nullmenge ist in $\mathcal{L}_\mu$.

ii) Die Menge $\mathcal{L}_\mu$ ist eine Algebra.

iii) $\mathcal{L}_\mu$ enthält alle Jordan-quadrierbaren Mengen.

Beweis: i) Mit $\mu^*(A) = 0$ ist für jedes $E \subset \mathbb{R}^n$ auch $\mu^*(A \cap E) = 0$. Wegen der Monotonie von $\mu^*(\cdot)$ ergibt sich somit:

$$\mu^*(E) \geq \mu^*(E \cap A^c) = \mu^*(E \cap A^c) + \mu^*(E \cap A).$$

Wegen der Subadditivität von $\mu^*(\cdot)$ gilt ferner

$$\mu^*(E) = \mu^*\big((E \cap A)) \cup (E \cap A^c)\big) \leq \mu^*(E \cap A) + \mu^*(E \cap A^c).$$

Die L-Nullmenge A ist also messbar.

ii) Nach Lemma 3.3 genügt es, zu zeigen, dass mit $A, B \in \mathcal{L}_\mu$ auch $A^c \in \mathcal{L}_\mu$ und $A \cup B \in \mathcal{L}_\mu$ ist. Die Messbarkeit von A^c ergibt sich unmittelbar aus der Definition. Sei weiter $E \subset \mathbb{R}^n$ beliebig. Wir wollen zeigen, dass

$$\mu^*(E) = \mu^*\big(E \cap (A \cup B)\big) + \mu^*\big(E \cap (A \cup B)^c\big).$$

Da A messbar ist, gilt mit $E' := E \cap (A \cup B)$:

$$\begin{aligned}\mu^*(E \cap (A \cup B)) &= \mu^*(E') = \mu^*(E' \cap A) + \mu^*(E' \cap A^c)\\ &= \mu^*\big(E \cap (A \cup B) \cap A\big) + \mu^*\big(E \cap (A \cup B) \cap A^c\big)\\ &= \mu^*(E \cap A) + \mu^*(E \cap B \cap A^c).\end{aligned}$$

Ferner ist $(A \cup B)^c = A^c \cap B^c$ und somit

$$\mu^*\big(E \cap (A \cup B)^c\big) = \mu^*(E \cap A^c \cap B^c).$$

Kombination dieser Gleichungen und Verwendung der Gleichung (3.1.4) erst für B und dann für A ergibt

$$\begin{aligned}\mu^*\big(E \cap (A \cup B)\big) + \mu^*\big(E \cap (A \cup B)^c\big) &= \mu^*(E \cap A) + \mu^*(E \cap A^c \cap B) + \mu^*(E \cap A^c \cap B^c)\\ &= \mu^*(E \cap A) + \mu^*(E \cap A^c) = \mu^*(E).\end{aligned}$$

iii) Sei $A \subset \mathbb{R}^n$ J-quadrierbar sowie $E \subset \mathbb{R}^n$ und $\varepsilon > 0$ beliebig gegeben. Wir wählen eine Intervallsumme $\cup_i I_i \supset E$ mit $\sum_i |I_i| \le \mu^*(E) + \varepsilon$. Die Mengen $J_i := I_i \cap A$ sowie $K_i := I_i \cap A^c$ sind disjunkt und J-quadrierbar, und es gilt $E \cap A \subset \cup_i J_i$ und $E \cap A^c \subset \cup_i K_i$. Wegen der σ-Subadditivität von $\mu^*(\cdot)$ folgt also mit $|I_i| = |J_i| + |K_i|$:

$$\mu^*(E \cap A) + \mu^*(E \cap A^c) \le \sum_i |J_i| + \sum_i |K_i| = \sum_i |I_i| \le \mu^*(E) + \varepsilon.$$

Da $\varepsilon > 0$ beliebig wählbar ist, folgt

$$\mu^*(E \cap A) + \mu^*(E \cap A^c) \le \mu^*(E),$$

und weiter wie in (i) die Messbarkeit von A. Q.E.D.

Satz 3.1: *i) Die Menge $\mathcal{L}_\mu \subset \mathcal{P}(\mathbb{R}^n)$ der Lebesgue-messbaren Mengen des $\mathbb{R}^n$ bildet eine σ-Algebra, d. h. mit $A, B, A_i \in \mathcal{L}_\mu$ sind auch*

$$A^c,\ A \cup B,\ A \cap B,\ A \setminus B,\ \cap_i A_i,\ \cup_i A_i \in \mathcal{L}_\mu.$$

Diese enthält alle Jordan-quadrierbaren Mengen.

ii) Das Lebesgue-Maß ist auf $\mathcal{L}_\mu$ bewegungs-invariant und stimmt auf den Jordan-quadrierbaren Mengen mit dem Jordan-Inhalt überein. Für $A, B, A_i \in \mathcal{L}_\mu$ gilt ferner:

$$\begin{aligned}\mu(A \setminus B) &= \mu(A) - \mu(B), \quad \textit{für } B \subset A,\ \mu(B) < \infty,\\ \mu(\cup_i A_i) &= \sum_i \mu(A_i), \quad \textit{für } A_i \cap A_j = \emptyset\ (i \ne j),\\ \mu(\cup_i A_i) &= \lim_{i\to\infty} \mu(A_i), \quad \textit{für } A_i \subset A_{i+1},\\ \mu(\cap_i A_i) &= \lim_{i\to\infty} \mu(A_i), \quad \textit{für } A_i \supset A_{i+1},\ \mu(A_1) < \infty.\end{aligned}$$

Beweis: i) Wir haben in Lemma 3.4 bereits gezeigt, dass $\mathcal{L}_\mu$ eine Algebra ist. Es bleibt, die Abgeschlossenheit von $\mathcal{L}_\mu$ bzgl. abzählbar unendlicher, disjunkter Vereinigung zu zeigen. O.b.d.A. seien $A_i \in \mathcal{L}_\mu, \in \mathbb{N}$, paarweise disjunkt und $S := \cup_{i=1}^\infty A_i$. Für beliebiges $E \subset \mathbb{R}^n$ gilt dann wegen der σ-Subadditvität des äußeren L-Maßes:

$$\mu^*(E \cap S) \le \sum_{i=1}^\infty \mu^*(E \cap A_i). \tag{3.1.5}$$

Wir stellen nun ein Hilfsresultat bereit. Für disjunkte $A, B \in \mathcal{L}_\mu$, $A \cap B = \emptyset$, gilt mit $E' := E \cap (A \cup B)$ wegen $A \in \mathcal{L}_\mu$ und $B \cap A^c = B$:

$$\begin{aligned}\mu^*(E \cap (A \cup B)) &= \mu^*(E') \\ &= \mu^*(E' \cap A) + \mu^*(E' \cap A^c) \\ &= \mu^*(E \cap (A \cup B) \cap A) + \mu^*(E \cap (A \cup B) \cap A^c) \\ &= \mu^*(E \cap A) + \mu^*(E \cap B \cap A^c) = \mu^*(E \cap A) + \mu^*(E \cap B).\end{aligned}$$

Durch vollständige Induktion erschließen wir damit für $S_m := \cup_{i=1}^m A_i$ die Gleichung

$$\mu^*(E \cap S_m) = \mu^*(E \cap A_1) + \ldots + \mu^*(E \cap A_m).$$

Weiter gilt wegen $S_m \in \mathcal{L}_\mu$ und der Monotonie von $\mu^*(\cdot)$:

$$\begin{aligned}\mu^*(E) &= \mu^*(E \cap S_m) + \mu^*(E \cap S_m^c) \ge \mu^*(E \cap S_m) + \mu^*(E \cap S^c) \\ &= \mu^*(E \cap A_1) + \ldots + \mu^*(E \cap A_m) + \mu^*(E \cap S^c).\end{aligned}$$

Für $m \to \infty$ ergibt sich

$$\mu^*(E) \ge \sum_{i=1}^\infty \mu^*(E \cap A_i) + \mu^*(E \cap S^c).$$

Aus der σ-Subadditivität von $\mu^*(\cdot)$ folgt weiter

$$\mu^*(E) = \mu^*((E \cap S) \cup (E \cap S^c)) \le \sum_{i=1}^\infty \mu^*(E \cap A_i) + \mu^*(E \cap S^c)$$

und damit

$$\mu^*(E) = \sum_{i=1}^\infty \mu^*(E \cap A_i) + \mu^*(E \cap S^c). \tag{3.1.6}$$

Kombination von (3.1.5) mit (3.1.6) ergibt nun

$$\mu^*(E) \ge \mu^*(E \cap S) + \mu^*(E \cap S^c).$$

Mit der Umkehrung

$$\mu^*(E) = \mu^*((E \cap S) \cup (E \cap S^c)) \le \mu^*(E \cap S) + \mu^*(E \cap S^c)$$

folgt schließlich

$$\mu^*(E) = \mu^*(E \cap S) + \mu^*(E \cap S^c),$$

d. h.: $S \in \mathcal{L}_\mu$.

ii) Setzt man in (3.1.6) $E := S = \cup_{i=1}^\infty A_i$ ergibt sich die σ-Additivität des L-Maßes:

$$\mu^*(S) = \sum_{i=1}^\infty \mu^*(S \cap A_i) + \mu^*(S \cap S^c) = \sum_{i=1}^\infty \mu^*(A_i).$$

Die Bewegungsinvarianz des L-Maßes folgt unmittelbar aus der des äußeren L-Maßes. Da J-quadrierbare Mengen A nach Lemma 3.4 in $\mathcal{L}_\mu$ sind, gilt für diese $|A| = \mu^*(A) = \mu(A)$. Aus der Additivität von $\mu(\cdot)$ folgt für $B \subset A \in \mathcal{L}_\mu$ direkt

$$\mu(A) = \mu((A \setminus B) \cup B) = \mu(A \setminus B) + \mu(B)$$

und somit $\mu(A \setminus B) = \mu(A) - \mu(B)$. Ist die Mengenfolge $(A_i)_{i\in\mathbb{N}}$ monoton wachsend, so sind die Mengen $B_1 := A_1$, $B_2 := A_2 \setminus A_1, \dots$, $B_m := A_m \setminus A_{m-1}, \dots$, messbar und paarweise disjunkt. Aus $A_m = B_1 \cup \ldots \cup B_m$ folgt also

$$\mu(A_m) = \mu(B_1) + \ldots + \mu(B_m),$$

und aus $S := \cup_{i=1}^\infty B_i$ ergibt sich

$$\mu(S) = \sum_{i=1}^\infty \mu(B_i) = \lim_{m\to\infty} \mu(A_m).$$

Sei nun die Mengenfolge $(A_i)_{i\in\mathbb{N}}$ monoton fallend. Für Teilmengen $A \subset A_1$ definieren wir $A' := A_1 \setminus A$. Für $D = \cap_{i=1}^\infty A_i \subset A_1$ ist $D' = A_1 \setminus D = \cup_{i=1}^\infty A_i'$, also

$$\mu(D') = \lim_{i\to\infty} \mu(A_i'),$$

da die Folge $(A_i')_{i\in\mathbb{N}}$ monoton wachsen ist. Mit Hilfe der Identität $\mu(A') = \mu(A_1) - \mu(A)$ angewendet für D und A_i folgt hieraus

$$\mu(A_1) - \mu(D) = \mu(D') = \lim_{i\to\infty} \mu(A_i') = \lim_{i\to\infty} \{\mu(A_1) - \mu(A_i)\}$$

bzw. $\mu(D) = \lim_{i\to\infty} \mu(A_i)$.

Bemerkung: Auf die Voraussetzung $\mu(A_1) < \infty$ in der letzten Aussage von (ii) kann nicht verzichtet werden, wie das Beispiel $A_i := \mathbb{R} \times (0, 1/i) \subset \mathbb{R}^2$ zeigt. Q.E.D.

Lemma 3.5: *i) Für die Differenz beliebiger Intervalle $I, J \subset \mathbb{R}^n$ gibt es eine endliche, disjunkte Darstellung $I \setminus J = \cup_{i=1}^m I_i$ als Intervallsumme.*

ii) Jede endliche oder abzählbar unendliche Vereinigung von Intervallen $S = \cup_i I_i$ besitzt eine Darstellung als Vereinigung $S = \cup_j J_j$ endlich bzw. abzählbar unendlich vieler paarweise disjunkter Intervalle J_j

Beweis: i) Der Beweis erfolgt durch Induktion nach der Dimension n. Für $n = 1$ ist die Richtigkeit der Behauptung klar. Sei nun $n = 2$ und entsprechend $I = I^1 \times I^2$, $J = J^1 \times J^2$. Dann ist $I \cap J = (I^1 \cap J^1) \times (I^2 \cap J^2)$ und $I \setminus J = I \setminus I_0$ mit $I_0 = I_0^1 \times I_0^2 := I \cap J \subset I$. Nach dem Ergebnis für $n = 1$ gibt es disjunkten Darstellungen $I^1 \setminus I_0^1 = \cup_{i=1}^{m_1} I_i^1$ und $I^2 \setminus I_0^2 = \cup_{i=1}^{m_2} I_i^2$ durch eindimensionale Intervalle. O.B.d.A. kann hier $m_1 = m_2$ angenommen werden. Also ist $I \setminus I_0$ die disjunkte Vereinigung aller Intervalle $I_i^1 \times I_j^2$ $(i, j = 0, 1, \dots, m)$, $(i, j) \neq (0, 0)$, und für $i = j = 0$ ergibt sich I_0. Dies beweist die Richtigkeit der Behauptung für $n = 2$. Dieses Argument lässt sich fortführen für $n \geq 3$, wobei dann die I^1, J^1 als $(n-1)$-dimensionale und die I^2, J^2 als eindimensionale Intervalle gewählt werden.

ii) Sei $S = \cup_i I_i$ eine Intervallsumme. Dann besteht auch die Darstellung

$$S = \cup_i K_i, \quad K_1 := I_1, K_2 := I_2 \setminus I_1, \dots, K_m = I_m \setminus \cup_{i=1}^{m-1} I_i.$$

Es genügt zu zeigen, dass jede der Mengen K_i Vereinigung von endlich vielen, paarweise disjunkten Intervallen ist. Das ist für K_1 klar und folgt für K_2 aus (i). Durch mehrmalige Anwendung von (i) ergibt sich dies auch für $K_3 = I_3 \setminus (I_1 \cup I_2) = (I_3 \setminus I_1) \setminus I_2$ und genauso für alle weiteren K_i. Q.E.D.

Lemma 3.6: *Jede offene Menge $A \subset \mathbb{R}^n$ lässt sich als Vereinigung von höchstens abzählbar vielen, paarweise disjunkten Intervallen I_i darstellen, so dass gilt:*

$$A = \cup_i I_i, \quad I_i \cap I_j = \emptyset \ (i \neq j), \quad \overline{I}_i \subset A. \tag{3.1.7}$$

Beweis: Wir betrachten Intervalle $I = [a,b] = [a_1,b_1] \times \ldots \times [a_n,b_n] \subset \mathbb{R}^n$ mit rationalen Eckpunkten $a, b \in \mathbb{Q}^n$. Es gibt abzählbar viele solcher „rationaler“ Intervalle. Zu jedem Punkt $x \in A$ gibt es eine ε-Kugel $K_\varepsilon(x) \subset A$. Also gibt es auch ein rationales Intervall $I \subset A$ mit $x \in I$. Folglich ist A die Vereinigung aller in A enthaltenen rationalen Intervalle, $A = \cup_i I_i$. Nach Lemma 3.5 ist dann A auch Vereinigung von abzählbar vielen, paarweise disjunkten Intervallen. Q.E.D.

Korollar 3.1: *Die Menge $\mathcal{L}_\mu \subset \mathcal{P}(\mathbb{R}^n)$ enthält alle offenen und abgeschlossenen Mengen des $\mathbb{R}^n$ sowie deren abzählbaren Schnitte (sog. „G_δ-Mengen“) und Vereinigungen (sog. „F_σ-Mengen“).*

Beweis: Die Richtigkeit der Behauptung ergibt sich mit Hilfe von Lemma 3.6 aus der Tatsache, dass $\mathcal{L}_\mu$ σ-Algebra ist. Q.E.D.

Satz 3.2: *Für eine beliebige Menge $A \subset \mathbb{R}^n$ ist*

$$\mu^*(A) = \inf\{\mu^*(O),\ O \supset A \text{ offen}\}. \tag{3.1.8}$$

Die Menge A ist genau dann Lebesgue-messbar, wenn zu jedem $\varepsilon > 0$ eine offene Menge $O_\varepsilon \supset A$ existiert mit

$$\mu^*(O_\varepsilon \setminus A) < \varepsilon. \tag{3.1.9}$$

Beweis: i) Zu $\varepsilon > 0$ gibt es eine Intervallsumme $\cup_k I_k \supset A$ mit $\sum_k |I_k| \leq \mu^*(A) + \varepsilon$. Zu jedem I_k gibt es ein etwas größeres *offenes* Intervall $J_k \supset I_k$ mit $|J_k| \leq |I_k| + \varepsilon_k$ und $\sum_k \varepsilon_k = \varepsilon$. Die offene Menge $G := \cup_k J_k$ enthält dann A, und es gilt

$$\mu^*(G) \leq \sum_k \mu^*(J_k) \leq \sum_k \big(|I_k| + \varepsilon_k\big) \leq \mu^*(A) + \varepsilon.$$

Für jede offene Obermenge G von A ist wegen der Monotonie des äußeren Lebesgue-Maßes $\mu^*(A) \le \mu^*(G)$. Dies impliziert mit dem eben Gezeigten $\mu^*(A) = \inf\{\mu^*(G) : G \supset A\}$.

ii) Wenn zu jedem $\varepsilon > 0$ eine offene (messbare) Menge $G \supset A$ mit $\mu^*(G \setminus A) < \varepsilon$ existiert, so gibt es eine Folge solcher offener Mengen G_k mit $\mu^*(G_k \setminus A) \le 1/k$. Für die Menge $G := \cap_k G_k$ ist dann $\mu^*(G \setminus A) \le \mu^*(G_k \setminus A) \le 1/k$ und somit $\mu^*(G \setminus A) = 0$. Als Nullmenge ist $G \setminus A$ messbar und damit auch $A = (A \setminus G) \cup G$.

iii) Sei umgekehrt A messbar und $\varepsilon > 0$ vorgegeben. Für unbeschränktes A gibt es eine Zerlegung $A = \cup_k A_k$, wobei die A_k messbar und beschränkt sind. Sei weiter $\varepsilon_k > 0$ mit $\sum_k \varepsilon_k = \varepsilon$. Zu jedem k gibt es nach (i) eine offene Menge $G_k \supset A_k$ mit

$$\mu^*(G_k) < \mu^*(A_k) + \varepsilon_k, \qquad \mu^*(G_k \setminus A_k) < \varepsilon_k.$$

Hier wird eine Aussage aus Satz 3.1 (ii) verwendet, für die $\mu^*(A_k) < \infty$ benötigt wird. Die Menge $G := \cup_k G_k$ ist offen und enthält A. Aus $G \setminus A \subset \cup_k (G_k \setminus A_k)$ folgt

$$\mu^*(G \setminus A) \le \sum_k \mu^*(G_k \setminus A_k) < \sum_k \varepsilon_k = \varepsilon.$$

Dies vervollständigt den Beweis. Q.E.D.

Bemerkung 3.2: Es ist $\mathcal{L}_\mu \ne \mathcal{P}(\mathbb{R}^n)$, d. h.: Es gibt nicht-messbare Mengen. Der Beweis dieser Aussage, d. h. die Konstruktion von nicht-messbaren Mengen in $\mathbb{R}^n$ erfordert aber die Verwendung eines Arguments über unendliche Mengen, das sog. „Auswahlaxiom“ (Übungsaufgabe).

3.2 Das Lebesgue-Integral

Das Lebesgue-Integral wird nun ganz analog wie das Riemann-Integral mit Hilfe von Unter- und Obersummen eingeführt, wobei die Arithmentik in $\overline{\mathbb{R}}$ stattfindet, und Zerlegungen in abzählbar viele *messbare* Mengen anstelle von nur endlich vielen *quadrierbaren* verwendet werden.

3.2.1 Lebesgue-integrierbare Funktionen in $\mathbb{R}^n$

Sei $D \subset \mathbb{R}^n$ eine messbare Menge. Wir betrachten abzählbare Zerlegungen $Z = \{B_i\}$ von D in messbare Teilmengen $B_i \subset M$, welche paarweise disjunkt sind, d. h.:

$$D = \cup_i^\infty B_i, \qquad B_i \cap B_j = \emptyset, \ i \ne j.$$

Die Menge aller solcher Zerlegungen von D sei mit $\mathcal{Z}(D)$ bezeichnet. Dabei sind natürlich auch *endliche* Zerlegungen zugelassen; dieser „endliche“ Fall wird aber notationsmäßig nicht vom „unendlichen“ unterschieden. Für eine Zerlegung $Z = \{B_i\} \in \mathcal{Z}(D)$ ist die

„Feinheit“ $|Z|$ definiert durch $|Z| := \sup_{B_i \in Z} \mu(B_i)$. Eine Zerlegung $Z' = \{B'_j\}$ ist eine „Verfeinerung“ von $Z = \{B_i\}$, wenn alle B'_j Teilmengen gewisser der B_i sind; in Symbolen wird dies durch $Z' \succ Z$ (bzw. $Z \prec Z'$) ausgedrückt. Für zwei Zerlegungen $Z = \{B_i\}$, $Z' = \{B'_j\} \in \mathcal{Z}(D)$ bezeichnet $Z * Z' := \{B_i \cap B'_j\}$ die durch Schnittbildung entstehende gemeinsame Verfeinerung.

Sei nun $f : D \to \overline{\mathbb{R}}$ eine gegebene Funktion und $Z \in \mathcal{Z}(D)$. Wir definieren die zugehörige „Untersumme“ und „Obersumme“

$$\underline{S}_Z(f) := \sum_{i=1}^{\infty} \inf_{x \in B_i} f(x)\mu(B_i), \qquad \overline{S}_Z(f) := \sum_{i=1}^{\infty} \sup_{x \in B_i} f(x)\mu(B_i),$$

sowie mit gewissen Folgen $\xi = (\xi_i)$ von Punkten $\xi_i \in B_i$, die „Lebesguesche Summe“

$$LS_Z(f, \xi) := \sum_{i=1}^{\infty} f(\xi_i)\mu(B_i).$$

Dabei sind für die einzelnen Summanden und die Summen die Werte $\pm\infty$ möglich, wobei allerdings das Auftreten von Ausdrücken der Art „$\infty - \infty$“ ausgeschlossen ist.

Die Werte der Unter- und Obersummen sollen unabhängig von der Reihenfolge, d. h. der Indizierung, der Summanden sein. Daher werden wir die *absolute* Konvergenz der Reihen fordern. Die Lebesgue-Integrierbarkeit einer Funktion $f : D \to \overline{\mathbb{R}}$ wird dann wieder über den Vergleich von Ober- und Untersummen definiert werden. Dabei ergibt sich das Problem, dass es für eine durchaus „harmlose“ (unbeschränkte) Funktion f Zerlegungsfolgen $(Z_k)_{k\in\mathbb{N}}$ mit $|Z_k| \to 0$, geben kann, bzgl. derer die Obersummen $\overline{S}_{Z_k}(f) = \infty$ sind, während für andere Zerlegungsfolgen $(Z'_k)_{k\in\mathbb{N}}$ mit $|Z'_k| \to 0$, durchaus $\sup_{k\in\mathbb{N}} \overline{S}_{Z_k}(f) < \infty$ sein kann. Ein Beispiel ist im Folgenden beschrieben.

Beispiel 3.2: Auf dem Intervall $D = (0, 1]$ wird die Funktion $f(x) := 1/\sqrt{x}$ betrachtet. I. Allg. wird $\overline{S}_Z(f) = \infty$ sein; dies gilt insbesondere für jede Zerlegung, welche ein Intervall der Form $(0, b]$ enthält, insbesondere also für jede endliche Zerlegung. Für die Zerlegung

$$Z^* := \Big\{B_i = \Big(\frac{1}{i+1}, \frac{1}{i}\Big], \, i \in \mathbb{N}\Big\}, \qquad \sup_{x \in B_i} f(x) = \sqrt{i+1},$$

ist jedoch

$$\overline{S}_{Z^*}(f) = \sum_{i=1}^{\infty} \Big(\frac{1}{i} - \frac{1}{i+1}\Big)\sqrt{i+1} = \sum_{i=1}^{\infty} \frac{1}{i\sqrt{i+1}} \le \sum_{i=1}^{\infty} \frac{1}{i^{3/2}} < \infty.$$

Die Einbeziehung unbeschränkter Funktionen erfordert also besondere Vorkehrungen, um zu einem sinnvollen Integralbegriff zu kommen. Dies wird durch die folgende Bedingung geleistet.

Definition 3.5 (Bedingung (Z)): *Sei $D \subset \mathbb{R}^n$ Lebesgue-messbar. Wir sagen, dass eine Funktion $f : D \to \overline{\mathbb{R}}$ die Eigenschaft (Z) besitzt, wenn es eine Zerlegung $Z^* = \{B^*_i\} \in \mathcal{Z}(D)$ gibt, so dass die zugehörige Obersumme von $|f|$ endlich ist:*

$$\overline{S}_{Z^*}(|f|) < \infty.$$

Damit sind dann auch die Ober- und Untersummen von f zu jeder Verfeinerung von Z^* endlich und konvergieren absolut. Die Klasse aller Zerlegungen $Z^* \in \mathcal{Z}(D)$ mit dieser Eigenschaft wird mit $\mathcal{Z}_f^*(D)$ bezeichnet.

Lemma 3.7: *a) Die Eigenschaft (Z) einer Funktion $f : D \to \overline{\mathbb{R}}$ impliziert, dass die Menge der Singularitäten $\Sigma_f := \{x \in D : f(x) = \pm\infty\}$ eine Lebesgue-Nullmenge ist, d. h.: $\mu^*(\Sigma_f) = 0$.*

b) Ferner gilt mit einer Zerlegung Z^* aus $\mathcal{Z}_f^*(D)$:

i) Für Verfeinerungen $Z, Z' \in \mathcal{Z}(D)$ von Z^* mit $Z' \succ Z$ gilt:

$$-\infty < \underline{S}_Z(f) \leq \underline{S}_{Z'}(f) \leq \overline{S}_{Z'}(f) \leq \overline{S}_Z(f) < \infty.$$

ii) Für beliebige Verfeinerungen $Z, Z' \in \mathcal{Z}(D)$ von Z^* gilt:

$$\underline{S}_Z(f) \leq \overline{S}_{Z'}(f).$$

iii) Für jede Verfeinerung $Z \in \mathcal{Z}(D)$ von Z^* gilt:

$$\underline{S}_Z(f) \leq LS_Z(f, \xi) \leq \overline{S}_Z(f),$$

und zu jedem $\varepsilon > 0$ gibt es Sätze von Punkten $\xi_i \in B_i^*$ und $\eta_i \in B_i^*$, so dass für die zugehörigen Lebesgue-Summen gilt:

$$\overline{S}_Z(f) - LS_Z(f; \xi) < \varepsilon, \qquad LS_Z(f; \eta) - \underline{S}_Z(f) < \varepsilon.$$

Beweis: a) Ist $Z^* \in \mathcal{Z}_f^*(D)$ und $\sup_{x \in B_i^*} f(x) = \infty$ für ein $B_i^* \in Z^*$, so muss $\mu^*(B_i^*) = 0$ sein. Die Singularitätenmenge Σ_f ist also in der Vereinigung von höchstens abzählbar vielen Nullmengen enthalten und damit wegen der σ-Subadditvität des äußeren L-Maßes selbst eine Nullmenge.

b) Der Beweis für (i) und (ii) ist evident. Zum Beweis von (iii) wählen wir $\varepsilon_i > 0$ mit $\sum_{i=1}^\infty \varepsilon_i = \varepsilon$ und für jedes $i \in \mathbb{N}$ mit $0 < \mu(B_i) < \infty$ die Punkte $\xi_i, \eta_i \in B_i$ derart dass

$$\sup_{x \in B_i} f(x) - f(\xi_i) < \frac{\varepsilon_i}{\mu(B_i)}, \qquad f(\eta_i) - \inf_{x \in B_i} f(x) < \frac{\varepsilon_i}{\mu(B_i)}.$$

Aus $\mu(B_i) = \infty$ würde $f \equiv 0$ auf B_i folgen, denn andernfalls wäre $\overline{S}_Z(|f|) = \infty$. Summanden mit $\mu(B_i) = 0$ oder $\mu(B_i) = \infty$ sind also Null. Damit erhalten wir die zweite Ungleichung

$$LS_Z(f; \eta) - \underline{S}_Z(f) = \sum_{i=1}^\infty \big(f(\eta_i) - \inf_{B_i} f(x)\big)\mu(B_i) \leq \sum_{i=1}^\infty \varepsilon_i = \varepsilon$$

und analog auch die erste. Q.E.D.

Mit den obigen Bezeichnungen werden nun für Funktionen f mit der Eigenschaft (Z) wieder das „Unterintegral“ und das „Oberintegral“ definiert durch

$$\underline{J}(f) = \underline{\int_D} f(x)\,dx := \sup_{Z\in\mathcal{Z}(D), Z\succ Z^*} \underline{S}_Z, \qquad \overline{J}(f) = \overline{\int_D} f(x)\,dx := \inf_{Z\in\mathcal{Z}(D), Z\succ Z^*} \overline{S}_Z.$$

Aus diesen Definitionen ergeben sich unmittelbar die folgenden Beziehungen:

$$\underline{J}(f) \le \overline{J}(f), \qquad \overline{J}(f) = -\underline{J}(-f). \tag{3.2.10}$$

Die Definition des Unter- und Oberintegerals ist unabhängig von der speziellen Wahl der Zerlegung $Z^* \in \mathcal{Z}_f^*(D)$, denn zu jeder anderen Zerlegung $Z^{**} \in \mathcal{Z}_f^*(D)$ ist $Z^{**} * Z^*$ gemeinsame Verfeinerung von Z^{**} und Z^*, d. h.:

$$\sup_{Z\succ Z^*} \underline{S}_Z = \sup_{Z\succ Z^{**}} \underline{S}_Z, \qquad \inf_{Z\succ Z^*} \overline{S}_Z = \inf_{Z\succ Z^{**}} \overline{S}_Z.$$

Definition 3.6 (Lebesgue-Integral): *Sei $D \subset \mathbb{R}^n$ L-messbar. Sind für eine Funktion $f : D \to \overline{\mathbb{R}}$ mit der Eigenschaft (Z) ihr Ober- und Unterintegral gleich, so heißt der gemeinsame (endliche) Wert das „Lebesgue-Integral“ (kurz „L-Integral“) von f über D,*

$$\int_D f(x)\,dx := J(f) = \underline{J}(f) = \overline{J}(f), \tag{3.2.11}$$

und die Funktion f wird „Lebesgue-integrierbar“ (kurz „L-integrierbar“) genannt. Die Menge der über D Lebesgue-integrierbaren Funktionen wird mit $L(D)$ bezeichnet. Im Folgenden beinhaltet die Annahme der „Lebesgue-Integrierbarkeit“ einer Funktion implizit auch das Vorliegen der Eigenschaft (Z).

Die folgenden Aussagen werden ganz anlog wie die entsprechenden für das Riemann-Integral bewiesen.

Lemma 3.8: *Das Lebesgue-Integral hat die folgenden Eigenschaften:*

i) Es ist $f \in L(D)$ genau dann, wenn die Bedingung (Z) gilt und zu beliebigem $\varepsilon > 0$ eine Zerlegung $Z_\varepsilon \in \mathcal{Z}(D)$ existiert mit (Lebesguesche Integrabilitätskriterium):

$$\overline{S}_{Z_\varepsilon}(f) - \underline{S}_{Z_\varepsilon}(f) < \varepsilon. \tag{3.2.12}$$

ii) Ist $f \in L(D)$ f.ü. in D gleich einer Funktion $g : D \to \overline{\mathbb{R}}$, so ist auch $g \in L(D)$, und es gilt:

$$J(f) = J(g). \tag{3.2.13}$$

iii) Für $f, g \in L(D)$ mit $f \le g$ f.ü. in D gilt (Monotonie)

$$J(f) \le J(g). \tag{3.2.14}$$

iv) Die Menge $L(D)$ ist ein Vektorraum, und das Lebesgue-Integral ist ein lineares Funktional auf $L(D)$, d. h.: Für $f, g \in L(D)$ und $\alpha, \beta \in \mathbb{R}$ ist $\alpha f + \beta g \in L(D)$, und es gilt:

$$J(\alpha f + \beta g) = \alpha J(f) + \beta J(g). \tag{3.2.15}$$

v) Ist $f \in L(D)$ und $\varphi : \mathbb{R} \to \mathbb{R}$ Lipschitz-stetig mit $\varphi(0) = 0$, so ist $\varphi \circ f \in L(D)$. Speziell sind auch $|f|$, $f^+ = \max\{f, 0\}$, $f^- = \min\{f, 0\} \in L(D)$. Hieraus folgt insbesondere, dass eine Funktion $f : D \to \overline{\mathbb{R}}$ genau dann in $L(D)$ ist, wenn $f^+, f^- \in L(D)$ sind, und es gilt dann

$$\int_D f(x)\,dx = \int_D f^+(x)\,dx + \int_D f^-(x)\,dx. \tag{3.2.16}$$

vi) Sei $Z = \{B_k\} \in \mathcal{Z}(D)$ eine (disjunkte) Zerlegung und $f : D \to \overline{R}_+ \cup \{0\}$ eine beliebige Funktion. Ist $f \in L(D)$, so ist auch $f \in L(B_k)$, $k \in \mathbb{N}$, und umgekehrt, und in diesem Falle gilt

$$\int_D f(x)\,dx = \sum_{k=1}^{\infty} \int_{B_k} f(x)\,dx. \tag{3.2.17}$$

Beweis: i) Der Beweis verläuft analog wie beim entsprechenden Integrabilitätskriterium für das R-Integral, wobei anstelle der Linearität *endlicher Sumen* die von *absolut konvergenten Reihen* verwendet wird.

ii) Die Menge $N := \{x \in D : f(x) \neq g(x)\}$ ist eine L-Nullmenge. Für eine Zerlegung $Z = \{A_i\} \succ \{N, D \setminus N\}$ ist entweder $A_i \subset N$ oder $A_i \subset D \setminus N$. Im ersten Fall ist $\mu^*(A_i) = 0$, und der entsprechende Summand tritt in den zugehörigen Lebesgueschen Summen $LS_Z(f, \xi)$ und $LS_Z(g, \xi)$ nicht auf. Im zweiten Fall ist $f(\xi_i) = g(\xi_i)$. Also ist $LS_Z(f, \xi) = LS_Z(g, \xi)$. Dies impliziert

$$J(f) = \lim_{|Z| \to 0} LS_Z(f, \xi) = \lim_{|Z| \to 0} LS_Z(f, \xi) = J(g).$$

iii) Die Monotonie des L-Integrals ergibt sich wieder analog wie die des R-Integrals.

iv) Es sei $N := \{x \in D : |f(x)| = \infty \text{ oder } |g(x)| = \infty\}$. Ähnlich wie in (ii) folgt für jede Zerlegung $Z = \{A_i\} \succ \{N, D \setminus N\}$ für die zugehörigen L-Summen:

$$LS_Z(\alpha f + \beta g, \xi) = \alpha LS_Z(f, \xi) + \beta LS_Z(g, \xi).$$

Die Behauptung folgt nun wieder aus der Konvergenz dieser L-Summen für $|Z| \to 0$ gegen die entsprechenden L-Integrale.

v) Nach (ii) können wir o.B.d.A. annehmen, dass $|f(x)| < \infty$ auf D ist. Aus $\varphi(0) = 0$ und

$$|\varphi(s) - \varphi(t)| \leq \gamma |s - t|$$

folgt zunächst $|\varphi(s)| \leq \gamma |s|$, und damit für die Zerlegung Z^* aus Bedingung (Z):

$$\overline{S}_{Z^*}(|\varphi \circ f|) \leq \gamma \overline{S}_{Z^*}(|f|) < \infty.$$

Nach (i) gibt es zu $\varepsilon > 0$ eine Zerlegung $Z_\varepsilon \in \mathcal{Z}(D)$ mit $\overline{S}_{Z_\varepsilon}(f) - \underline{S}_{Z_\varepsilon}(f) < \varepsilon$. Wegen

$$|\varphi(f(x)) - \varphi(f(y))| \le \gamma|f(x) - f(y)| \le \gamma\big(\sup_{x\in A_i} f(x) - \inf_{x\in A_i} f(x)\big), \quad x,y \in A_i,$$

gilt

$$\sup_{x\in A_i}(\varphi\circ f)(x) - \inf_{x\in A_i}(\varphi\circ f)(x) \le \gamma\big(\sup_{x\in A_i} f(x) - \inf_{x\in A_i} f(x)\big)$$

und folglich $\overline{S}_{Z_\varepsilon}(\varphi\circ f) - \underline{S}_{Z_\varepsilon}(\varphi\circ f) < \gamma\varepsilon$. Also ist $\varphi\circ f \in L(D)$, wieder nach (i). Die Aussagen für die speziellen Fälle erhalten wir mit $\varphi(s) = |s|, s^+, s^-$.

vi) Aus Zerlegungen $Z_k = \{B_i^k\} \in \mathcal{Z}(B_k)$, $k \in \mathbb{N}$, lässt sich eine Zerlegung $Z = \{B_i^k\}_{ik} \in \mathcal{Z}(D)$ zusammensetzen, und umgekehrt induziert jede Zerlegung $Z = \{A_i\} \in \mathcal{Z}(D)$, welche Verfeinerung von $\{B_k\}$ ist, Zerlegungen $Z^k = \{A_i \cap B_k\} \in \mathcal{Z}(B_k)$. Aufgrund des Doppelreihensatzes (3.1.2) gilt dann in beiden Fällen:

$$\underline{S}_Z(f) = \sum_{k=1}^{\infty} \underline{S}_{Z_k}(f), \qquad \overline{S}_Z(f) = \sum_{k=1}^{\infty} \overline{S}_{Z_k}(f).$$

Hieraus folgt unmittelbar

$$\underline{S}_Z(f) \le \sum_{k=1}^{\infty} \underline{\int}_{B_k} f(x)\,dx, \qquad \underline{\int}_D f(x)\,dx \le \sum_{k=1}^{\infty} \underline{\int}_{B_k} f(x)\,dx,$$

da Z beliebig ist. Umgekehrt erhält man aus obiger Beziehung für beliebiges $m \in \mathbb{N}$:

$$\underline{\int}_D f(x)\,dx \ge \sum_{k=1}^{m} \underline{S}_{Z_k}(f).$$

Da hier die Zerlegungen Z_k beliebig sind, folgt

$$\underline{\int}_D f(x)\,dx \ge \sum_{k=1}^{m} \underline{\int}_{B_k} f(x)\,dx.$$

Dies impliziert zusammen mit dem eben Bewiesenen

$$\underline{\int}_D f(x)\,dx \ge \sum_{k=1}^{\infty} \underline{\int}_{B_k} f(x)\,dx \ge \underline{\int}_D f(x)\,dx.$$

Auf analoge Weise gewinnt man die entsprechende Aussage auch für die Oberintegrale, woraus dann die Behauptung folgt. Q.E.D.

Satz 3.3: *Ist $D \subset \mathbb{R}^n$ quadrierbar und die Funktion $f : D \to \mathbb{R}$ Riemann-integrierbar, so ist f auf D auch Lebesgue-integrierbar, und die entsprechenden Integrale haben denselben Wert.*

Beweis: Bei der hier verwendeten Definition von R-Integral und L-Integral ist die Aussage des Satzes eine Trivialität. Für jede endliche Zerlegung Z von D in quadrierbare Mengen ist das untere R-Integral kleiner oder gleich dem unteren L-Integral und das obere R-Integral größer oder gleich dem oberen L-Integral. Die Gleichheit von unterem und oberem R-Integral impliziert also auch die Gleichheit von unterem und oberem L-Integral. Q.E.D.

Bemerkung 3.3: Das Lebesgue-Integral ist eine echte Erweiterung des (eigentlichen) Riemann-Integrals und für nicht-negative Funktionen in einer Dimension auch des *uneigentlichen* Riemann-Integrals. Die durch

$$f(x) := \begin{cases} 1, & x \in \mathbb{Q} \cap [0,1], \\ 0, & x \in [0,1] \setminus \mathbb{Q}, \end{cases}$$

definierte Funktion $f : [0,1] \to \mathbb{R}$ ist nicht Riemann-integrierbar (Übungsaufgabe), aber wegen $f = 0$ f. ü. Lebesgue-integrierbar mit dem Integralwert

$$\int_0^1 f(x)\,dx = 0.$$

Bemerkung 3.4: Beim Lebesgue-Integral wird nicht zwischen *eigentlich* und *uneigentlich* integerierbar unterschieden. Dies wird dadurch erreicht, dass von vornherein unbeschränkte Integrationsbereiche sowie unbeschränkte Integranden zugelassen sind. Die notwendige Beschränkung auf sinnvolle Situationen wird durch die Bedingung (Z) erreicht. Diese führt zu einigen Besonderheiten des Lebesgue-Integrals:

i) Mit $f \in L(D)$ ist notwendig auch $|f| \in L(D)$. Das ist beim uneigentlichen Riemann-Integral in einer Dimension anders. Die Funktion $f(x) = \sin(x)/x$ ist auf dem Intervall $[0,\infty)$, wie wir schon gesehen haben, *uneigentlich* Riemann-integrierbar, ihr Absolutbetrag $|f|$ ist es aber nicht (Übungsaufgabe).

ii) Beim Lebesgue-Integral folgt aus $f \in L(D)$ i. Allg. nicht, dass auch $f^2 \in L(D)$. Ein Beispiel bietet die über dem Intervall $(0,1]$ uneigentlich Riemann-integrierbare (und Lebesgue-integrierbare) Funktion $f(x) = 1/\sqrt{x}$, deren Quadrat $f^2(x) = 1/x$, wie wir wissen, nicht integrierbar ist.

Das Lebesgue-Integral lässt sich analog zum Riemann-Integral auch für vektorwertige Funktionen $f = (f_1,\dots,f_d) : D \to \overline{\mathbb{R}}^d$ definieren. Eine solche Funktion ist L-integrierbar, wenn es ihre Komponenten sind, und als Integral wird der Vektor $J(f) := (J(f_1),\dots,J(f_d))$ bezeichnet.

Satz 3.4 (Dreiecksungleichung): *Ist $D \subset \mathbb{R}^n$ messbar und die Funktion $f : D \to \overline{\mathbb{R}}^d$ Lebesgue-integrierbar, so ist für jede Norm $\|\cdot\|$ auf $\mathbb{R}^d$ auch die Funktion $\|f(\cdot)\|$ Lebesgue-integrierbar, und es gilt*

$$\Big\| \int_D f(x)\,dx \Big\| \le \int_D \|f(x)\|\,dx. \tag{3.2.18}$$

Beweis: Es sei $f = (f_1, \dots, f_d)$. Sind die Komponenten $f_i(\cdot)$ integrierbar, so sind es auch die Betragsfunktionen $|f_i(\cdot)|$ und somit auch $\|f(\cdot)\|_\infty$. Wegen der Äquivalenz aller Normen auf $\mathbb{R}^d$ ist dann auch die Funktion $\|f(\cdot)\|$ L-integrierbar. Für jede Zerlegung $Z \succ Z^* \in \mathcal{Z}_f^*(D)$ ist wegen der Dreicksungleichung:

$$\|LS_Z(f,\xi)\| = \Big\| \sum_{i=1}^{\infty} f(\xi_i)\,\mu(B_i)\Big\| \le \sum_{i=1}^{\infty} \|f(\xi_i)\|\,\mu(B_i) = LS_Z(\|f\|,\xi).$$

Durch Grenzübergang $|Z| \to 0$ folgt damit die behauptete Ungleichung. Q.E.D.

3.2.2 Integrabilitätskriterien

Die folgende Untersuchung des Lebesgue-Integrals und seiner Eigenschaften erfordert möglichst einfache Kriterien für die Lebesgue-Integrierbarkeit. Dazu dient das Konzept der „Messbarkeit" von Funktionen.

Definition 3.7 (messbare Funktion): *Sei $D \subset \mathbb{R}^n$ Lebesgue-messbar. Eine Funktion $f : D \to \overline{\mathbb{R}}$ heißt „Lebesgue-messbar (oder kurz „messbar"), wenn für jedes $\alpha \in \mathbb{R}$ die folgenden Mengen Lebesgue-messbar sind:*

$$N_\alpha^>(f) := \{x \in D : \ f(x) > \alpha\}.$$

Aufgrund der Eigenschaften messbarer Mengen kann dies äquivalent auch mit $\ge$, $<$ und $\le$ definiert werden.

Lemma 3.9: *Sind die Funktionen $f_k : D \to \mathbb{R}$ messbar, so sind auch die folgenden Funktionen messbar:*

$$f_{\inf}(x) := \inf_k f_k(x), \qquad f_{\sup}(x) := \sup_k f_k(x),$$
$$f_{\liminf}(x) := \liminf_k f_k(x), \qquad f_{\limsup}(x) := \limsup_k f_k(x).$$

Beweis: Aufgrund der Beziehungen

$$\{x \in D : \ f_{\inf}(x) > \alpha\} = \cap_k \{x \in D : \ f_k(x) > \alpha\}$$
$$\{x \in D : \ f_{\sup}(x) > \alpha\} = \cup_k \{x \in D : \ f_k(x) > \alpha\}$$

und der σ-Algebra-Eigenschaft von $\mathcal{L}_\mu$ folgt die Messbarkeit von $f_{\inf}$ und $f_{\sup}$. Mit

$$f_{\liminf}(x) = \sup_k \inf_{i \ge k} f_i(x), \qquad f_{\limsup}(x) = \inf_k \sup_{i \ge k} f_i(x)$$

ergibt sich weiter auch die Messbarkeit von $f_{\liminf}$ und $f_{\limsup}$. Q.E.D.

Lemma 3.10: *Ist $D \subset \mathbb{R}^n$ Lebesgue-messbar und die Funktion $f : D \to \overline{\mathbb{R}}$ Lebesgue-integrierbar, so ist f messbar.*

Beweis: Da f L-integrierbar ist, gibt es aufgrund der Bedingung (Z) eine Zerlegung $Z^* = \{B_i^*\}$ von D mit $\overline{S}_{Z^*}(|f|) < \infty$. Seien $Z_k = \{B_i^k\}_i$ Zerlegungen mit $Z^* \prec Z_1 \prec Z_2 \prec \dots$ und $\overline{S}_{Z_k}(f) - \underline{S}_{Z_k}(f) < 1/k$. Es ist dann

$$\lim_{k\to\infty} \underline{S}_{Z_k}(f) = J(f) = \lim_{k\to\infty} \overline{S}_{Z_k}(f).$$

Den Zerlegungen Z_k ordnen wir die folgenden beiden Treppenfunktionen zu (χ_B die charakteristische Funktion der Menge B):

$$g_k(x) := \sum_{i=1}^{\infty} \inf{}_{B_i^k} f\, \chi_{B_i^k}(x), \qquad G_k(x) := \sum_{i=1}^{\infty} \sup{}_{B_i^k} f\, \chi_{B_i^k}(x).$$

Für diese sind $N_\alpha^>(g_k)$ und $N_\alpha^>(G_k)$ für jedes $\alpha \in \mathbb{R}$ L-messbar, d. h.: g_k und G_k sind messbar. Ferner gilt:

$$\underline{S}_{Z_k}(f) = \underline{S}_{Z_k}(g_k), \qquad \overline{S}_{Z_k}(f) = \overline{S}_{Z_k}(G_k).$$

Die Treppenfunktionen g_k und G_k bilden monoton wachsende bzw. fallende Folgen. Ihre punktweisen Grenzwerte $g := \lim_{k\to\infty} g_k$ und $G := \lim_{k\to\infty} G_k$ sind nach Lemma 3.9 ebenfalls messbar. Es ist $g \le f \le G$ und

$$\underline{S}_{Z_k}(f) = \underline{S}_{Z_k}(g_k) \le \underline{S}_{Z_k}(g) \le \overline{S_{Z_k}}(g) = \underline{S_{Z_k}}(G) \le \overline{S}_{Z_k}(G) \le \overline{S}_{Z_k}(G_k) = \overline{S}_{Z_k}(f).$$

Dies impliziert, dass $g, G \in L(D)$ mit $J(f) = J(g) = J(G)$. Aus $0 \le G - g \in L(D)$ und $J(G-g) = 0$ folgt $G - g = 0$ f.ü. in D (Übungsaufgabe). Also ist $f = g$ f. ü. in D und folglich ebenfalls messbar. Q.E.D.

Lemma 3.11: *Ist $f : D \to \mathbb{R}$ messbar und $\varphi : \mathbb{R} \to \mathbb{R}$, stetig, so ist die Komposition $\varphi \circ f$ ebenfalls messbar. Damit sind für messbare Funktionen $f, g : D \to \overline{\mathbb{R}}$ auch die folgenden Funktionen messbar (Sofern sie als Funktionen von D nach $\overline{\mathbb{R}}$ wohl definiert sind.).*

$$f^+, \quad f^-, \quad |f|^p \ (p > 0), \quad \alpha f \ (\alpha \in \mathbb{R}), \quad 1/f \ (\text{für } f \ne 0), \quad f + g, \quad fg.$$

Beweis: i) Sei $f : D \to \mathbb{R}$. Für $\varepsilon > 0$ definieren wir die Mengen

$$B_k^\varepsilon := \{x \in D : \varepsilon k < f(x) \le \varepsilon(k+1)\}, \quad k \in \mathbb{Z},$$

und bilden die messbaren Treppenfunktion

$$t_\varepsilon(x) := \sum_{k\in\mathbb{Z}} m_k^\varepsilon \chi_{B_k^\varepsilon}(x), \quad m_k^\varepsilon := \inf{}_{x\in B_k^\varepsilon} f(x).$$

Für diese gilt $t_\varepsilon \le f \le t_\varepsilon + \varepsilon$ und folglich $t_\varepsilon(x) \to f(x)$ $(\varepsilon \to 0)$. Nun ist

$$\{x \in D : (\varphi \circ t_\varepsilon)(x) > \alpha\} = \cup\{B_k^\varepsilon : \varphi(m_k^\varepsilon) > \alpha\},$$

woraus die Messbarkeit von $\varphi \circ t_\varepsilon$ folgt. Wegen der Stetigkeit von φ konvergiert auch $(\varphi \circ t_\varepsilon)(x) \to (\varphi \circ f)(x)$ $(\varepsilon \to 0)$. Nach Lemma 3.9 ist also auch $\varphi \circ f$ messbar.

ii) Die Mengen $D' := \{x \in D : |f(x)| < \infty\}$ und $\Sigma_{\pm\infty} := \{x \in D : f(x) = \pm\infty\}$ sind messbar. Die Messbarkeit der anderen Funktionen ergibt sich dann aus Teil (i) (angewendet für $f : D' \to \mathbb{R}$) mit den entsprechenden stetigen Funktionen $\varphi(\cdot)$. Dieses Argument ist aber nicht auf den Fall $1/f$ anwendbar, wenn f nicht von Null wegbeschränkt ist. In diesem Fall ist eine subtilere Argumentation unter Verwendung von Lemma 3.9 erforderlich. Diese wird als Übungsaufgabe gestellt. Q.E.D.

Satz 3.5: *Ist $D \subset \mathbb{R}^n$ Lebesgue-messbar. Eine messbare Funktion $f : D \to \overline{\mathbb{R}}$ mit der Eigenschaft (Z), für die $\underline{J}(f) < \infty$ gilt, ist Lebesgue-integrierbar. Insbesondere ist eine messbare Funktion $f : D \to \overline{\mathbb{R}}$ Lebesgue-integrierbar, wenn sie eine Lebesgue-integrierbare Majorante $g \in L(D)$, besitzt, d. h.: $|f| \le g$.*

Beweis: i) Zunächst wird $\mu(D) < \infty$ angenommen. Es sei $\varepsilon > 0$ beliebig und

$$B_k^\varepsilon := \{x \in D : \varepsilon k \le f(x) < \varepsilon(k+1)\}, \quad k \in \mathbb{Z}, \qquad B_\infty := \{x \in D : |f(x)| = \infty\}.$$

Die Mengen B_k^ε sind messbar, und die Menge B_∞ ist wegen Bedingung (Z) L-Nullmenge. Die Mengen B_k^ε und B_∞ bilden eine (disjunkte) Zerlegung Z_ε der Menge D, und es gilt

$$\varepsilon k \le \inf_{x \in B_k^\varepsilon} f(x) \le \sup_{x \in B_k^\varepsilon} f(x) \le \varepsilon(k+1).$$

Wegen der σ-Additivität des L-Maßes folgt

$$\overline{S}_{Z_\varepsilon}(f) = \sum_{k \in \mathbb{Z}} \sup_{x \in B_k^\varepsilon} f(x)\, \mu(B_k^\varepsilon) \le \sum_{k \in \mathbb{Z}} \big(\inf_{x \in B_k^\varepsilon} f(x) + \varepsilon\big)\, \mu(B_k^\varepsilon) \le \underline{S}_{Z_\varepsilon}(f) + \varepsilon\, \mu(D).$$

Wegen der Voraussetzung $\sup_Z \underline{S}_Z(f) = \underline{J}(f) < \infty$ ist f nach dem Integrabilitätskriterium aus Lemma 3.8(i) also L-integrierbar.

ii) Im Fall $\mu(D) = \infty$ sei $\{B_i\} \in \mathcal{Z}(D)$ eine Zerlegung in L-messbare Mengen $B_i \subset D$ mit $\mu(B_i) < \infty$. Die auf D messbare Funktion $f : D \to \mathbb{R}$ ist auch auf jeder Teilmenge B_i messbar, und das zugehörige Unterintegral ist kleiner ∞. Anwendung von Teil (i) auf die einzelnen B_i ergibt $f|_{B_i} \in L(B_i)$. Die Behauptung folgt dann mit Hilfe der Aussage von Lemma 3.8(vi). Q.E.D.

3.2.3 Konvergenzsätze

Im Folgenden untersuchen wir die Vertauschbarkeit des Lebesgue-Integrals mit Konvergenzprozessen. Wir beginnen mit einem fundamentalen Satz von Beppo Levi[1]

[1]Beppo Levi (1875–1961): Italienischer Mathematiker; Professor in Cagliari und später in Rosario (Argentinien); Beiträge zur Geometrie, Logik und Analysis, u.a. zur Begründung des Dirichletschen Prinzips.

Satz 3.6 (Satz von Beppo Levi: montone Konvergenz): *Sei $D \subset \mathbb{R}^n$ messbar und $(f_k)_{k\in\mathbb{N}}$ eine monoton wachsende Folge nicht negativer Funktionen $f_k \in L(D)$ mit*

$$\sup_{k\in\mathbb{N}} \int_D f_k(x)\,dx < \infty. \tag{3.2.19}$$

Dann konvergieren die f_k f.ü. in D gegen eine Lebesgue-integrierbare Grenzfunktion $f \in L(D)$, und es gilt:

$$\lim_{k\to\infty} \int_D f_k(x)\,dx = \int_D \lim_{k\to\infty} f_k(x)\,dx = \int_D f(x)\,dx. \tag{3.2.20}$$

Beweis: a) Aus der Monotonie der Folge $(f_k(x))_{k\in\mathbb{N}}$ für jedes $x \in D$ folgt die Existenz der Limiten $f(x) := \lim_{k\to\infty} f_k(x) = \sup_{k\in\mathbb{N}} f_k(x)$, wodurch eine messbare Funktion $f : D \to \overline{\mathbb{R}}$ mit $f \geq 0$ definiert ist. Nach Voraussetzung ist, wegen der Monotonie des L-Integrals,

$$\beta := \sup_{k\in\mathbb{N}} \int_D f_k\,dx = \lim_{k\to\infty} \int_D f_k\,dx < \infty.$$

b) Wir stellen folgendes Hilfsresultat bereit: Sei $A \subset D$ messbar und $f(x) \geq m \geq 0$ für $x \in A$. Dann gilt:

$$m\mu(A) \leq \lim_{k\to\infty} \int_A f_k\,dx := \beta(A). \tag{3.2.21}$$

Für $m = 0$ ist dies trivial. Sei also $m > 0$. Für $0 < \alpha < m$ setzen wir

$$Q_k^\alpha := \{x \in D : f_k(x) > \alpha\} \cap A.$$

Die Mengen Q_k^α sind wegen $f_k \in L(D)$ messbar, und es gilt:

$$\alpha\mu(Q_k^\alpha) \leq \int_{Q_k^\alpha} f_k\,dx \leq \int_A f_k\,dx \leq \sup_{k\in\mathbb{N}} \int_A f_k\,dx = \beta(A).$$

Die Mengenfolge $(Q_k^\alpha)_{k\in n}$ ist monoton zunehmend mit $\cup_{k\in\mathbb{N}} Q_k^\alpha = A$. Für $k \to \infty$ folgt daher mit Hilfe von Satz 3.1 $\alpha\mu(A) \leq \beta(A)$, und somit (3.2.21) für $\alpha \to m$.

c) Sei nun $Z = \{B_i\} \in \mathcal{Z}(D)$ eine (disjunkte) Zerlegung und $\underline{S}_Z(f) = \sum_i m_i\mu(B_i)$ die zugehörige Untersumme mit $m_i := \inf_{x\in B_i} f(x)$. Durch Anwendung von (3.2.21) auf B_i ergibt sich mit $D_j := \cup_{i=1}^j B_i$:

$$\sum_{i=1}^j m_i\mu(B_i) \leq \sum_{i=1}^j \lim_{k\to\infty} \int_{B_i} f_k\,dx = \lim_{k\to\infty} \sum_{i=1}^j \int_{B_i} f_k\,dx = \lim_{k\to\infty} \int_{D_j} f_k\,dx \leq \beta.$$

Für $j \to \infty$ folgt hieraus $\underline{S}_Z(f) \leq \beta$ und damit, da die Zerlegung Z beliebig gewählt ist, $\underline{J}(f) = \sup_{Z\in\mathcal{Z}(D)} \underline{S}_Z(f) \leq \beta$. Nach Satz 3.5 ist dann f L-integrierbar, und es gilt wegen $f_k \leq f$:

$$\beta = \lim_{k\to\infty} \int_D f_k\,dx \leq \int_D f\,dx = \underline{\int}_D f\,dx \leq \beta.$$

Dies vervollständigt den Beweis. Q.E.D.

Der Satz von Beppo Levi hat einige wichtige Folgerungen. Als erstes ergibt sich die folgende Aussage über die Vertauschbarkeit von Integration und Summation.

Korollar 3.2: *Sei* $D \subset \mathbb{R}^n$ *quadrierbar und* $(f_k)_{k\in\mathbb{N}}$ *eine Folge nicht-negativer, Lebesgue-integrierbarer Funktionen* $f_k : D \to \overline{\mathbb{R}}$ *mit der Eigenschaft*

$$\sup_{n\in\mathbb{N}} \int_D \sum_{k=1}^n f_k(x)\,dx < \infty\,.$$

Dann stellt die Reihe $s(x) := \sum_{k=1}^\infty f_k(x)$ *eine Funktion aus* $L(D)$ *dar, und es gilt:*

$$\int_D s(x)\,dx = \sum_{k=1}^\infty \int_D f_k(x)\,dx. \tag{3.2.22}$$

Beweis: Der Beweis ergibt sich unmittelbar aus dem Satz von Beppo Levi. Q.E.D.

Weiter haben wir die folgende Variante des Satz von Beppo Levi für allgemeine Funktionen ohne Vorzeichenbedingung.

Korollar 3.3: *Sei* $D \subset \mathbb{R}^n$ *messbar und* $(f_k)_{k\in\mathbb{N}}$ *eine monotone Folge von Funktionen* $f_k \in L(D)$ *mit*

$$\sup_{k\in\mathbb{N}} \Big| \int_D f_k(x)\,dx \Big| < \infty. \tag{3.2.23}$$

Dann ist $f := \lim_{k\to\infty} f_k$ *Lebesgue-integrierbar, und es gilt:*

$$\lim_{k\to\infty} \int_D f_k(x)\,dx = \int_D \lim_{k\to\infty} f_k(x)\,dx = \int_D f(x)\,dx. \tag{3.2.24}$$

Beweis: Sei o.B.d.A. die Folge $(f_k)_k$ monoton wachsend; andernfalls wird die Folge $(-f_k)_k$ betrachtet. Die Singularitätenmenge $U_1 := \{x \in D : f_1(x) = \pm\infty\}$ ist L-Nullmenge. Durch die Setzung

$$g_k(x) := f_k(x) - f_1(x), \quad x \in D \setminus U_1, \quad g_k(x) := 0, \quad x \in U_1,$$

erhalten wir eine monoton wachsende Folge $(g_k)_k$ nicht-negativer, L-integrierbarer Funktionen. Die zugehörige Folge von L-Integralen $J(g_k) = J(f_k) - J(f_1)$ ist beschränkt. Nach dem Satz von Beppo Levi ist also $g := \lim_{k\to\infty} g_k$ L-integrierbar, und es gilt

$$\lim_{k\to\infty} \int_D g_k(x)\,dx = \int_D g(x)\,dx.$$

Hieraus folgt die L-Integrabilität von $f = g + f_1$ und die Beziehung

$$\lim_{k\to\infty} \int_D f_k(x)\,dx = \int_D f(x)\,dx,$$

was zu zeigen war. Q.E.D.

Das folgende sog. Lemma von Fatou[2] ist eine etwas tiefer gehende Folgerung des Satz von Beppo Levi.

[2]Pierre Joseph Louis Fatou (1878–1929): Französischer Mathematiker und Astronom; wirkte an der Pariser Sternwarte; wichtige Beiträge zur Analysis, insbesondere zur Integrations- und komplexen Funktionentheorie sowie zur Theorie des Mehrkörperproblems der Planetenbahnen.

Korollar 3.4 (Lemma von Fatou): *Sei* $D \subset \mathbb{R}^n$ *messbar und* $(f_k)_{k\in\mathbb{N}}$ *eine Folge nicht negativer Funktionen* $f_k \in L(D)$ *mit der Eigenschaft*

$$\sup_{k\in\mathbb{N}} \int_D f_k(x)\,dx < \infty\,.$$

Dann gilt:

$$\int_D \liminf_{k\to\infty} f_k(x)\,dx \le \liminf_{k\to\infty} \int_D f_k(x)\,dx. \tag{3.2.25}$$

Ist zusätzlich $\sup_{k\in\mathbb{N}} f_k \le g$ *mit einem* $g \in L(D)$, *so gilt*

$$\int_D \limsup_{k\to\infty} f_k(x)\,dx \ge \limsup_{k\to\infty} \int_D f_k(x)\,dx. \tag{3.2.26}$$

Beweis: Da dieses Lemma im Folgenden nicht verwendet wird, verzichten wir auf die Angabe seines Beweises und verweisen hierfür auf die einschlägige Literatur. Q.E.D.

Der wichtigste Konvergenzsatz für das Lebesgue-Integral ist der folgende Satz über die majorisierte Konvergenz nach Lebesgue.

Satz 3.7 (Satz von Lebesgue zur majorisierten Konvergenz): *Sei* $D \subset \mathbb{R}^n$ *messbar und* $(f_k)_{k\in\mathbb{N}}$ *eine Folge von Funktionen* $f_k \in L(D)$, *die f. ü. gegen eine Funktion* f *auf* D *konvergieren. Die Folge* $(f_k)_{k\in\mathbb{N}}$ *besitze eine Lebesgue-integrierbare Majorante, d. h. eine Funktion* g *auf* D *mit* $|f_k| \le g$, *f. ü. auf* D. *Dann ist auch der Limes* $f = \lim_{k\to\infty} f_k$ *Lebesgue-integrierbar auf* D, *und es gilt:*

$$\lim_{k\to\infty} \int_D f_k(x) = \int_D \lim_{k\to\infty} f_k(x)\,dx = \int_D f(x)\,dx. \tag{3.2.27}$$

Beweis: Wir können wieder o.B.d.A. annehmen, dass die Funktionen f_k und g überall in D endlich sind, und dass die Folge $(f_k)_{k\in\mathbb{N}}$ überall gegen f konvergiert. Andernfalls werden die betreffenden Funktionswerte in Null umgeändert, was die Werte der auftretenden L-Integrale nicht ändert. Der Limes f ist messbar, durch $g \in L(D)$ beschränkt und daher nach Satz 3.5 L-integrierbar. Die nicht-negativen Funktionen

$$h_m(x) := \sup\{|f_k(x) - f(x)| : k \ge m\}$$

sind dann wegen $|h_m(x)| \le 2g(x)$ ebenfalls L-integrierbar, und streben monoton fallend gegen Null. Nach dem Korollar 3.3 zum Satz von Beppo Levi folgt

$$|J(f_k) - J(f)| = |J(f_k - f)| \le J(|f_k - f|) \to 0 \quad (k \to \infty),$$

was den Beweis vervollständigt. Q.E.D.

3.2.4 Satz von Fubini und Transformationsregeln

Die wichtigsten Sätze zur praktischen Berechnung von Integralen sind der Satz von Fubini und der Transformationssatz (Substitutionsregel). Im Folgenden formulieren wir diese Sätze in ihrer Version für das Lebesgue-Integral. Auf die Ausarbeitung der Beweise wird aber verzichtet, da in Anwendungen meist nur ihre Versionen für das Riemann-Integral benötigt werden.

Satz 3.8 (Satz von Fubini): *Seien* $I_x \subset \mathbb{R}^n$ *und* $I_y \subset \mathbb{R}^m$ *(möglicherweise unbeschränkte) Intervalle mit dem kartesischen Produkt* $I = I_x \times I_y \in \mathbb{R}^{n+m}$ *und* $f \in L(I)$. *Dann gilt:*

i) Für fast alle $x \in I_x$ *ist die Funktion* $f(x,\cdot) : I_y \to \mathbb{R}$ *auf* I_y *Lebesgue-integrierbar.*

ii) Die Funktion $\int_{I_y} f(\cdot, y)\,dy : I_x \to \mathbb{R}$ *ist Lebsgue-integrierbar auf* I_x.

iii) Es gilt:

$$\int_I f(x,y)\,d(x,y) = \int_{I_x} \left(\int_{I_y} f(x,y)\,dy \right) dx = \int_{I_y} \left(\int_{I_x} f(x,y)\,dx \right) dy. \tag{3.2.28}$$

Beweis: Der Beweis wird ausgelassen. Q.E.D.

Bemerkung 3.5: Die Lebesguesche Version des Satzes von Fubini unterscheidet sich von der Riemannschen im wesentlichen in den folgenden Punkten:

1. Integrationsintervall sowie Integrand dürfen beim L-Integral unbeschränkt sein.
2. Die Funktion $f(x,\cdot) : I_y \to \mathbb{R}$ ist i. Allg. nicht R-integrierbar; es existieren aber ihre Unter- und Oberintegrale.
3. Für das R-Integral gilt

$$\int_I f(x,y)\,d(x,y) = \int_{I_x} \left(\overline{\int}_{I_y} f(x,y)\,dy \right) dx = \int_{I_y} \left(\underline{\int}_{I_x} f(x,y)\,dx \right) dy.$$

Der folgende Satz von Tonelli[3] beinhaltet in gewissem Sinne die Umkehrung der Aussage des Satzes von Fubini.

Satz 3.9 (Satz von Tonelli): *Seien* $I_x \subset \mathbb{R}^n$ *und* $I_y \subset \mathbb{R}^m$ *Intervalle mit dem kartesischen Produkt* $I = I_x \times I_y \in \mathbb{R}^{n+m}$ *und* f *messbar auf* I. *Existiert mindestens eines der beiden iterierten Integrale*

$$\int_{I_y} \left(\int_{I_x} |f(x,y)|\,dx \right) dy, \qquad \int_{I_x} \left(\int_{I_y} |f(x,y)|\,dy \right) dx,$$

so ist f *Lebesgue-integrierbar, und es gilt die Aussage des Satzes von Fubini.*

[3] Leonida Tonelli (1885–1946): Italienische Mathematiker; Prof. in Cagliari, Parma, Bologna und Pisa; Beiträge zur Analysis, zur Integrationstheorie und Varationsrechnung.

Beweis: Der Beweis wird ausgelassen. Q.E.D.

Als nächstes diskutieren wir die Substitutionsregel für das Lebesgue-Integral. Beim Riemann-Integral erfordert die Formulierung der Voraussetzungen der Substitutionsregel einige Subtilität. Sei $D \subset \mathbb{R}^n$ der messbare (bzw. quadrierbare) Integrationsbereich.

- Die starke, aber beweistechnisch bequemste Bedingung verlangt, dass die Transformation Φ auf einer offenen Umgebung $O \supset \overline{D}$ von $\overline{D}$ injektiv und regulär , d. h. stetig differenzierbar mit $\det \Phi' \neq 0$, ist. Damit werden aber die Transformation auf Polar- und Kugelkoordinaten nicht erfasst.
- Die praktisch leichter anwendbare Bedingung verlangt, dass die Transformation Φ auf der offenen Menge D injektiv, regulär und *Lipschitz-stetig* ist.

Im Falle des Lebesgue-Integrals ergeben sich die Voraussetzungen der Substitutionsregel dagegen auf ganz natürliche Weise.

Satz 3.10 (Substitutionsregel): *Sei die Menge $D \subset \mathbb{R}^n$ offen und $\Phi : D \to \mathbb{R}^n$ eine injektive und stetig differenzierbare Abbildung mit $\det \Phi' \neq 0$ in D. Dann ist auch die Bildmenge $\Phi(D)$ offen und damit L-messbar. Ist $f : \Phi(D) \to \mathbb{R}$ L-integrierbar, so ist auch die Funktion $(f \circ \Phi)|\det \Phi'| : D \to \mathbb{R}$ L-integrierbar, und es gilt*

$$\int_{\Phi(D)} f(y)\,dy = \int_D f(\Phi(x))|\det \Phi'(x)|\,dx. \tag{3.2.29}$$

Beweis: Der Beweis wird ausgelassen. Q.E.D.

Zum Schluss betrachten wir noch parameterabhängige Lebesgue-Integrale.

Satz 3.11 (Parameterintegral): *Sei $B \subset \mathbb{R}^m$ messbar und $A \subset \mathbb{R}^n$ offen. Ferner sei die Funktion $f : A \times B \to \mathbb{R}$ für jedes feste $x \in A$ L-integrierbar auf B und für fast alle $y \in B$ auf A nach x stetig differenzierbar. Weiter gebe es eine auf B L-integrierbare Funktion $g : B \to \mathbb{R}$ mit $\|\nabla_x f(x, y)\| \leq g(y)$ für alle $x \in A$ und für fast alle $y \in B$. Dann gilt:*

i) $\nabla_x f(x, y)$ ist für jedes feste $x \in A$ L-integrierbar auf B.

ii) Das Parameterintegral $F(x) = \int_B f(x, y)\,dy$ ist stetig differenzierbar mit der Ableitung

$$\nabla F(x) = \int_B \nabla_x f(x, y)\,dy. \tag{3.2.30}$$

Entsprechende Aussagen gelten auch für höhere Ableitungen.

Beweis: Der Beweis wird ausgelassen. Q.E.D.

3.2.5 Lebesgue-integrierbare Funktionen in $\mathbb{R}^1$

Wir wollen noch zwei fundamentale Aspekte der Lebesgueschen Integrationstheorie behandeln: den Fundamentalsatz der Differential- und Integralrechnung und die Charakterisierung der Lebesgue-integrierbaren Funktionen.

Definition 3.8 (absolut-stetig): *Auf einem Intervall $I \subset \mathbb{R}$ heißt eine Funktion $f : I \to \mathbb{R}$ „absolut-stetig", wenn zu beliebigem $\varepsilon \in \mathbb{R}_+$ ein $\delta \in \mathbb{R}_+$ existiert, so dass für jede endliche Menge $\{I_k = (a_k, b_k),\ k = 1, \dots, m\}$ von offenen, disjunkten Intervallen $I_k \subset I$ gilt:*

$$\sum_{k=1}^{m} |I_k| < \delta \quad \Rightarrow \quad \sum_{k=1}^{m} |f(b_k) - f(a_k)| < \varepsilon. \tag{3.2.31}$$

Lemma 3.12: *Es gelten die folgenden Aussagen:*

i) Absolut-stetige Funktionen sind gleichmäßig stetig.

ii) Lipschitz-stetige Funktionen sind absolut-stetig.

iii) Die Komposition $\varphi \circ f$ einer absolut-stetigen Funktion $f : I \to \mathbb{R}$ und einer auf $f(I)$ Lipschitz-stetigen Funktion φ ist wieder absolut-stetig.

iv) Eine absolut-stetige Funktion f ist von beschränkter Variation und folglich darstellbar als Differenz $f = g - h$ zweier monotoner Funktionen g, h.

Beweis: Der Beweis wird ausgelassen. Q.E.D.

Satz 3.12 (Hauptsatz der Differential- und Integralrechnung): *Für beliebige Funktionen $f : I = [a, b] \to \mathbb{R}$ gilt:*

i) Ist f absolut-stetig, so ist es fast f. ü. in I differenzierbar, f' ist Lebesgue-integrierbar, und es ist:

$$f(b) - f(a) = \int_a^b f'(x)\, dx. \tag{3.2.32}$$

ii) Ist f Lebesgue-integrierbar, so ist die Funktion $F(t) := \int_a^t f(s)\, ds$ absolut-stetig mit $f = F'$ f. ü. in I, d. h.: Es ist:

$$F(t) = \int_a^t f(s)\, ds \quad \Rightarrow \quad F'(t) = f(t). \tag{3.2.33}$$

Beweis: Der Beweis wird ausgelassen. Q.E.D.

3.3 Übungen

Übung 3.1: Man zeige, dass jede Hyperebene $H(a,b) = \{x \in \mathbb{R}^n : a + b \cdot x = 0\}$ mit $b \in \mathbb{R}^n \setminus \{0\}$ eine Lebesgue-Nullmenge (bzgl. $\mathbb{R}^n$) ist. (Hinweis: Man beachte die Argumentation im Beweis der entsprechenden Aussage für abzählbare Mengen.)

Übung 3.2: Sei X eine beliebige unendliche Menge und

$$\mathcal{A} := \{A \subset X : A \text{ oder } X \setminus A \text{ sind endlich.}\}.$$

Man zeige, dass $\mathcal{A}$ eine Mengen-Algebra, aber keine σ-Algebra ist.

Übung 3.3: a) Man zeige die Richtigkeit der folgenden Aussagen:

i) Durch $x \sim y :\Leftrightarrow x - y \in \mathbb{Q}^n$ wird eine Äquivalenzrelation im $\mathbb{R}^n$ erklärt.

ii) Der Einheitswürfel $[0,1]^n \subset \mathbb{R}^n$ enthält aus jeder der Äquivalenzklassen von $\sim$ abzählbar unendlich viele Elemente.

b) Sei $A \subset [0,1]^n$ eine Menge, die aus jeder der Äquivalenzklassen von $\sim$ genau ein Element enthält (Die Annahme der Existenz einer solchen Menge folgt aus einem eigenständigen mengentheoretischen Axiom, dem sog. „Auswahlaxiom", dessen Verwendung unter Mathematikern umstritten ist.). Man zeige die Richtigkeit der folgenden Aussagen:

iii) Für $r, s \in \mathbb{Q}^n$ mit $r \neq s$ gilt: $(r + A) \cap (s + A) = \emptyset$.

iv) Für die Menge $S := \cup\{r + A : r \in \mathbb{Q}^n \cap [-1,1]^n\}$ gilt: $[0,1]^n \subset S \subset [-1,2]^n$.

v) Die Menge A ist nicht Lebesgue-messbar. (Hinweis: Das Lebesgue-Maß ist translationsinvariant.)

Übung 3.4: Man begründe die folgenden Aussagen aus dem Text:

i) Die Menge $[0,1]^n \cap \mathbb{Q}^n \subset \mathbb{R}^n$ ist Lebesgue-messbar aber nicht Jordan-quadrierbar.

ii) Die durch $f(x) := 1$ für $x \in [0,1] \cap \mathbb{Q}$ und $f(x) := 0$ für $x \in [0,1] \setminus \mathbb{Q}\}$ definierte beschränkte Funktion $f : [0,1] \to \mathbb{R}$ ist nicht Riemann-integrierbar.

iii) Die Ordinatenmenge der auf dem Intervall $(0,1]$ definierten unbeschränkten Funktion $f(x) := x^{-1/2}$ ist Lebesgue-messbar. Wie groß ist ihr Maß?

Übung 3.5: Man bestimme das äußere Maß der folgenden Mengen und entscheide ob diese Lebesgue-messbar sind:

i) $A := \{(x,y) \in \mathbb{R}^2 \mid x \geq 0,\ -e^{-x} \leq y \leq e^{-x}\}$

ii) $A := \{(x,y) \in \mathbb{R}^2 \mid x \in \mathbb{Q}, y \in \mathbb{R}\}$

iii) $A := [0,1] \times \mathbb{R} \subset \mathbb{R}^2$

Übung 3.6: Sei $D \subset \mathbb{R}^n$ eine beschränkte, Lebesgue-messbare Menge mit $\mu(D) > 0$ und $f : D \to \mathbb{R}$ eine Lebesgue-integrierbare Funktion. Man zeige, dass die folgende Implikation gilt:

$$f(x) > 0 \text{ f. ü. auf } D \quad \Rightarrow \quad \int_D f(x)\,dx > 0,$$

und dass dies die folgende Äquivalenz impliziert:

$$f(x) = 0 \text{ f. ü. auf } D \quad \Leftrightarrow \quad \int_D |f(x)|\,dx = 0.$$

(Hinweis: Man betrachte die Mengen $B_k := \{x \in D : f(x) \geq 1/k\}$ und zeige, dass $\mu(B_k) > 0$ für mindestens ein $k \in \mathbb{N}$ ist. Die erste Behauptung folgt dann mit Hilfe der Monotonie des L-Integrals.)

Übung 3.7: Sei $D \subset \mathbb{R}^n$ L-messbar mit $\mu(D) > 0$, und seien $f, g : D \to \mathbb{R}$ L-integrierbare Funktionen. Man beweise oder widerlege die folgende Aussage: *Stimmen f und g auf einer dichten Teilmenge von D überein, so sind ihre Integrale gleich.*

Übung 3.8: Man betrachte die folgenden Beispiele von Funktionenfolgen $(f_k)_{k\in\mathbb{N}}$ auf den Definitionsbereichen $D \subset \mathbb{R}^n$:

i) Sei $D = [0,1]$ und $(r_i)_{i\in\mathbb{N}}$ eine Abzählung der rationalen Zahlen in D und $f_k : D \to \mathbb{R}$ definiert durch

$$f_k(r_i) = 1 \text{ für } i = 1, \dots, k, \quad \text{und} \quad f_k(x) = 0 \text{ sonst.}$$

ii) Sei $D = \mathbb{R}$ und $f_k : D \to \mathbb{R}$ definiert durch

$$f_k(x) = 1/k \text{ für } -k \leq x \leq k, \quad \text{und} \quad f_k(x) = 0 \text{ sonst.}$$

iii) Sei $D = [0,1]$ und $f_k : D \to \mathbb{R}$ definiert durch

$$f_k(x) = k \text{ für } 0 \leq x \leq 1/k, \quad \text{und} \quad f_k(x) = 0 \text{ sonst.}$$

Welche Voraussetzungen der Sätze von Beppo Levi und Lebesgue und des Lemmas von Fatou werden in diesen Beispielen erfüllt und welche nicht. Man überprüfe anhand dieser Beispiele, ob die Konvergenzsätze auch für das Riemann-Integral gelten.

Übung 3.9: Man zeige, dass die durch

$$f(x) := \frac{\sin(x)}{x}, \quad x > 0, \qquad f(0) := 1,$$

definierte Funktion auf dem Intervall $D = [0, \infty)$ zwar im Sinne der eindimensionalen Integrationstheorie (s. Band Analysis 1) *uneigentlich* Riemann-integrierbar aber nicht Lebesgue-integrierbar ist. Man diskutiere dieselbe Frage im Rahmen der mehrdimensionalen Integrationstheorie (s. Band Analysis 2)

Übung 3.10: Sind für eine auf einem Gebiet $\Omega \subset \mathbb{R}^n$ L-integrierbare Funktion $f : \Omega \to \bar{\mathbb{R}}$ auch $|f|$, f^2, $\sin(f)$ und fg mit einem $g \in C(\overline{\Omega})$ L-integrierbar?

Übung 3.11: Sei $(\delta_k)_{k\in\mathbb{N}}$ die im Text konstruierte „Dirac-Folge", $\delta_k(x) := k\delta_1(kx)$, $\delta_1(x) := (2\pi)^{-1/2}e^{-x^2/2}$. Man zeige, dass damit für jede Funktion $f \in L^1(\mathbb{R})$, die im Punkt $x = 0$ stetig ist, gilt $(f, \delta_k)_2 \to f(0) \quad (k \to \infty)$. Im Limes $k \to \infty$ hat diese Folge also die Wirkung der „Dirac-Distribution", die einer stetigen Funktion den Wert in $x = 0$ zuordnet, was die Bezeichnung „Dirac-Folge" erklärt.

4 Anwendungen des Lebesgue-Integrals

In diesem Kapitel wollen wir als Anwendung der Theorie des Lebesgue-Integrals einen Ausflug in das Gebiet der sog. „Funktionalanalysis" unternehmen. Ziele sind die Ausdehnung der im Band Analysis 1 diskutierten Fourier-Entwicklungen von *periodischen* Riemann-integrierbaren Funktionen für möglichst allgemeine, nicht notwendig periodische Funktionen und die Rechtfertigung des in Kapitel 2 betrachteten Dirichletschen Prinzips über die Existenz von Minima des Dirichlet-Integrals

$$D[u] := \int_\Omega \|\nabla u(x)\|^2 \, dx$$

bei vorgegeben Randwerten $u_{|\partial\Omega} = g$. Grundlage hierfür ist das Studium gewisser Räume Lebesgue-integrierbarer und in einem verallgemeinerten Sinne differenzierbarer Funktionen.

4.1 Der Lebesgue-Raum $L^p(\Omega)$

Als Vorbereitung betrachten wir „Funktionenräume" von Lebesgue-integrierbaren Funktionen auf offenen (d. h. messbaren) Mengen $\Omega \subset \mathbb{R}^n$. In diesem Abschnitt ist $1 \le p < \infty$, wenn nichts Anderes gesagt ist.

Lemma 4.1: *Die folgende Funktionenmenge ist ein Vektorraum*

$$\tilde{L}^p(\Omega) := \big\{ f : \Omega \to \overline{\mathbb{R}} \text{ messbar} : \, |f|^p \in L(\Omega) \big\}.$$

Beweis: Für $f, g \in \tilde{L}^p(\Omega)$ sind f, g und somit auch $|f+g|^p$ messbar. Die Ungleichung $|f+g|^p \le 2^p\big(|f|^p + |g|^p\big)$ impliziert dann das Integrabilitätskriterium von Satz 3.5, dass auch $f + g \in \tilde{L}^p(\Omega)$ ist. Ferner ist für $f \in \tilde{L}^p(\Omega)$ und $\alpha \in \mathbb{R}$ auch $\alpha f \in \tilde{L}^p(\Omega)$. Q.E.D.

Im Sinne dieser Definition ist $\tilde{L}^1(\Omega) = L(\Omega)$. Auf $\tilde{L}^p(\Omega)$ definieren wir

$$\|f\|_p := \Big(\int_\Omega |f(x)|^p \, dx \Big)^{1/p}.$$

Es handelt sich hier nur um eine „Semi-Norm" und nicht eine Norm, da aus $\|f\|_p = 0$ nur $f = 0$ „fast überall" (kurz: „f. ü.") in Ω folgt. Die anderen Normeigenschaften sind aber gegeben. Die Homogenität folgt aus der Linearität des Integrals,

$$\|\alpha f\|_p = \Big(\int_\Omega |\alpha f(x)|^p \, dx \Big)^{1/p} = |\alpha| \Big(\int_\Omega |f(x)|^p \, dx \Big)^{1/p} = |\alpha| \, \|f\|_p. \tag{4.1.1}$$

Die Dreiecksungleichung ist teilweise Inhalt des folgenden Lemmas.

Lemma 4.2 (Höldersche und Minkowskische Ungleichung): *Für* $1 \le p, q < \infty$ *mit* $1/p + 1/q = 1$ *seien* $f \in \tilde{L}^p(\Omega)$ *und* $g \in \tilde{L}^q(\Omega)$. *Dann ist* $fg \in L(\Omega)$, *und es gilt die Höldersche Ungleichung*

$$\int_\Omega |f(x)g(x)|\, dx \le \Big(\int_\Omega |f(x)|^p \Big)^{1/p} \Big(\int_\Omega |g(x)|^q \Big)^{1/q}. \tag{4.1.2}$$

Für $1 \le p < \infty$ *und* $f, g \in \tilde{L}^p(\Omega)$ *gilt die Minkowskische Ungleichung*

$$\Big(\int_\Omega |f(x) + g(x)|^p \Big)^{1/p} \le \Big(\int_\Omega |f(x)|^p \Big)^{1/p} + \Big(\int_\Omega |g(x)|^p \Big)^{1/p}. \tag{4.1.3}$$

Die Höldersche und die Minkowskische Ungleichung lauten in kurzer Notation:

$$\|fg\|_1 \le \|f\|_p \|g\|_q, \qquad \|f + g\|_p \le \|f\|_p + \|g\|_p.$$

Beweis: i) O.B.d.A. sei $f, g \ge 0$. Im Fall $\|f\|_p = 0$ oder $\|g\|_q = 0$ ist $fg = 0$ f. ü. und somit $\|fg\|_1 = 0$. Die Höldersche Ungleichung ist in diesem Fall also trivialerweise erfüllt. Sei also nun $0 < \|f\|_p, \|g\|_q < \infty$ angenommen. Mit f, g ist auch fg messbar. Wir setzen

$$\varphi(x) := \frac{f(x)^p}{\|f\|_p^p}, \qquad \psi(x) := \frac{g(x)^q}{\|g\|_q^q}.$$

Es ist dann $\varphi, \psi \in L(\Omega)$ mit $\|\varphi\|_1 = 1 = \|\psi\|_1$. Für beliebige reelle Zahlen $a, b \ge 0$ gilt:

$$a^{1/p} b^{1/q} \le \frac{a}{p} + \frac{b}{q}.$$

Dies folgt aus der Konkavität der Logarithmusfunktion, $\ln''(x) = -1/x^2 < 0$, und der Monotonie der Exponentialfunktion durch beidseitiges Exponieren der Ungleichung

$$\ln\Big(\frac{a}{p} + \frac{b}{q}\Big) \ge \frac{1}{p} \ln(a) + \frac{1}{q} \ln(b) = \ln(a^{1/p} b^{1/q}).$$

Mit Hilfe dieser Ungleichung mit $a := \varphi(x)$ und $b := \psi(x)$ ergibt sich

$$\frac{f(x)g(x)}{\|f\|_p \|g\|_q} \le \frac{\varphi(x)}{p} + \frac{\psi(x)}{q}.$$

Folglich ist nach dem Integrabilitätskriterium von Satz 3.5 $fg \in L(D)$. Integration auf beiden Seiten ergibt dann

$$\frac{1}{\|f\|_p \|g\|_q} \int_\Omega f(x)g(x)\, dx \le \frac{\|\varphi\|_1}{p} + \frac{\|\psi\|_1}{q} = 1,$$

woraus die Höldersche Ungleichung folgt.

ii) Für $p = 1$ folgt die behauptete Ungleichung aus der Dreiecksungleichung für den Absolutbetrag und der Monotonie und Linearität des L-Integrals:

$$\int_\Omega |f + g|\, dx \le \int_\Omega (|f| + |g|)\, dx = \int_\Omega |f|\, dx + \int_\Omega |g|\, dx.$$

Sei nun $p > 1$ und $q := p/(p-1)$, d. h.: $1/p + 1/q = 1$. Wir definieren die Funktion $h := |f+g|^{p-1}$, welche samt ihrer Potenzen messbar ist. Dann ist $h^q = |f+g|^p$, also

$$\|h\|_q = \|f+g\|_p^{p/q}.$$

Ferner ist

$$|f+g|^p = |f+g|h \le |fh| + |gh|.$$

Die Höldersche Ungleichung liefert also

$$\begin{aligned}\|f+g\|_p^p &= \int_\Omega |f+g|^p\,dx \le \|fh\|_1 + \|gh\|_1 \\ &\le \big(\|f\|_p + \|g\|_p\big)\|h\|_q \le \big(\|f\|_p + \|g\|_p\big)\|f+g\|_p^{p/q}.\end{aligned}$$

Wegen $p - p/q = 1$ ergibt sich die Behauptung. Q.E.D.

Um aus der Seminorm $\|\cdot\|_p$ eine richtige Norm zu machen, bedienen wir uns eines Kunstgriffs. Auf $\tilde{L}^p(\Omega)$ wird durch

$$f \sim g \quad :\Leftrightarrow \quad f = g \text{ f. ü. in } \Omega$$

eine Äquivalenzrelation definiert. Zwei Funktionen $f, g \in \tilde{L}^p(\Omega)$ sind also „äquivalent", wenn sie sich nur auf einer Menge mit Maß Null unterscheiden; ihre Integrale und Seminormen stimmen dann überein. Die Menge der zugehörigen Äquivalenzklassen

$$[f] := \{g \in \tilde{L}^p(\Omega) : g \sim f\}$$

bildet dann wieder einen Vektorraum. Auf diesem ist durch

$$\|[f]\|_p := \sup\big\{\|g\|_p,\ g \in [f]\big\} = \|f\|_p$$

eine Norm definiert. Homogenität und Dreiecksungleichung überträgt sich unmittelbar von den entsprechenden Eigenschaften der Seminnorm auf $\tilde{L}^p(\Omega)$. Im Gegensatz zu letzterer liegt nun aber auch Definitheit vor, denn $\|[f]\|_p = 0$ bedeutet $f = 0$ f. ü., d. h.: $[f] = [0]$. Damit wird der Vektorraum der Äquivalenzklassen zu einem normierten Raum. Durch Zuordnung eines (beliebigen) Repräsentanten f zur Äquivalenzklasse $[f]$ kann dieser normierte Raum als Funktionenraum interpretiert werden. Wir werden im Folgenden nicht mehr zwischen Äquivalenzklasse und (beliebigem) Repräsentanten unterscheiden.

Definition 4.1: *Der normierte Raum der bis auf Mengen vom Maß Null definierten und zur p-ten Potenz integrierbaren Funktionen $f : \Omega \to \overline{\mathbb{R}}$, mit der Norm $\|\cdot\|_p$, wird als „Lebesgue-Raum" $L^p(\Omega)$ bezeichnet.*

Der folgende für die Theorie der Lebesgue-Räume fundamentale Satz geht auf Resultate zur Fourier-Analyse (s. den nächsten Abschnitt) zurück, die 1907 von Ernst Sigismund Fischer[1] und von Frigyes Riesz[2] unabhängig voneinander bewiesen wurden. In der Literatur finden sich heute unterschiedliche Sätze, die ihren Namen tragen und Varianten oder Verallgemeinerungen dieses Satzes sind.

[1]Ernst Sigismund Fischer (1875–1954): Österreichischer Mathematiker, Prof. an der Universität Köln, Beiträge zur Analysis und Algebra.

[2]Frigyes Riesz (1880–1956): Ungarischer Mathematiker; Prof. in Kolozsvr (heute Cluj-Napoca, Rumnien) und Budapest; wesentliche Beiträge zur Funktionalanalysis.

Satz 4.1 (Satz von Fischer-Riesz): *Der normierte Raum $L^p(\Omega)$ ist vollständig, d. h. ein Banach-Raum.*

Beweis: i) Sei (f_k) eine Cauchy-Folge von Funktionen $f_k \in L^p(\Omega)$. Wir haben zu zeigen, dass es ein $f \in L^p(\Omega)$ gibt mit $\|f_k - f\|_p \to 0$ $(k \to \infty)$. Sei dazu $(\varepsilon_k)_{k\in\mathbb{N}}$ eine Folge positiver Zahlen mit $\sum_{k=1}^{\infty} \varepsilon_k < \infty$. Dazu gibt es eine monoton wachsende Indexfolge $(i_k)_{k\in\mathbb{N}}$ mit

$$\|f_i - f_j\|_p < \varepsilon_k, \quad i, j \geq i_k.$$

Wir betrachten die Teilfolge $(f_{i_k})_{k\in\mathbb{N}}$ und setzen $u_1 := f_{i_1}$ und $u_k := f_{i_k} - f_{i_{k-1}}$, $k \geq 2$. Dann gilt

$$\sigma := \sum_{k=1}^{\infty} \|u_k\|_p \leq \|f_{i_1}\|_p + \sum_{k=2}^{\infty} \|f_{i_k} - f_{i_{k-1}}\|_p \leq \|f_{i_1}\|_p + \sum_{k=2}^{\infty} \varepsilon_{k-1} < \infty.$$

ii) Wir wollen zeigen, dass hieraus $f := \sum_{k=1}^{\infty} u_k \in L^p(\Omega)$ folgt, sowie

$$\|f - f_{i_k}\|_p \to 0 \quad (k \to \infty).$$

Zunächst ist $v_k := |u_1| + \cdots + |u_k| \in L^p(\Omega)$ und

$$\|v_k\|_p \leq \|u_1\|_p + \cdots + \|u_k\|_p.$$

Also ist

$$\int_\Omega |v_k|^p \, dx \leq \sigma^p.$$

Die Funktion $v := \lim_{k\to\infty} v_k = \sum_{i=1}^{\infty} |u_i|$ ist messbar, und aus dem Satz von Beppo Levi (Satz 3.6) folgt

$$\int_\Omega |v|^p \, dx \leq \sigma^p.$$

Also ist $v \in L^p(\Omega)$ mit $\|v\|_p \leq \sigma$. Insbesondere ist $v(x) < \infty$ f. ü. in Ω, d. h. für $x \in \Omega \setminus N$ mit einer Nullmenge $N \subset \Omega$. Dies impliziert die absolute Konvergenz der Reihe

$$f(x) = \sum_{k=1}^{\infty} u_k(x), \quad x \in \Omega \setminus N.$$

Aus der Ungleichung $|f| \leq v$ f. ü. in Ω folgt weiter, dass $f \in L^p(\Omega)$. Für die Partialsummen $u_1 + \cdots + u_k = f_{i_1} + f_{i_2} - f_{i_1} + \cdots + f_{i_k} - f_{i_{k-1}} = f_{i_k}$ gilt

$$|f - f_{i_k}| \leq |f| + |f_{i_k}| \leq 2v.$$

Wegen $|f - f_{i_k}|^p \leq 2^p v^p \in L(\Omega)$ kann der Satz zur majorisierten Konvergenz (Satz 3.7) angewendet werden und liefert die Konvergenz der Teilfolge $(f_{i_k})_{k\in\mathbb{N}}$:

$$\lim_{k\to\infty} |f - f_{i_k}|^p = 0 \text{ f.ü. in } \Omega \quad \Rightarrow \quad \lim_{k\to\infty} \int_\Omega |f - f_{i_k}|^p \, dx = 0.$$

iii) Aus der Abschätzung

$$\|f_i - f\|_p \leq \|f_i - f_{i_k}\|_p + \|f_{i_k} - f\|_p \leq \varepsilon_k + \|f_{i_k} - f\|_p, \quad i \geq i_k,$$

ergibt sich die Konvergenz der ganzen Folge $f = \lim_{i\to\infty} f_i$ in $L^p(\Omega)$. Q.E.D.

Als Folgerung aus dem Beweis von Satz 4.1 erhalten wir die wichtige Aussage, dass Konvergenz einer Funktionenfolge in $L^p(\Omega)$ die f. ü. punktweise Konvergenz einer Teilfolge impliziert. Die punktweise Konvergenz der gesamten Folge liegt i. Allg. nicht vor.

Korollar 4.1: *Ist $(f_i)_{i\in\mathbb{N}}$ eine Folge in $L^p(\Omega)$ mit $f = \lim_{i\to\infty} f_i$ in $L^p(\Omega)$, so gibt es eine Teilfolge $(f_{i_k})_{k\in\mathbb{N}}$, welche f. ü. in Ω punktweise gegen f konvergiert.*

Bemerkung 4.1: Die Aussage von Korollar 4.1 kann i. Allg. nicht verbessert werden, denn es gibt Folgen $(f_k)_{k\in\mathbb{N}} \subset L^1(\Omega)$, welche in keinem Punkt $x \in \Omega$ konvergieren, aber dennoch in $L^1(\Omega)$ gegen Null konvergieren. Zur Konstruktion eines Beispiels unterteilen wir für $n \in \mathbb{N}$ das Einheitsintervall $\Omega = [0,1] \subset \mathbb{R}^1$ in 2^n Teilintervalle gemäß

$$[0,1] = \cup_{m=1}^{2^n} [(m-1)2^{-n}, m2^{-n}],$$

und ordnen jedem der Teilintervalle $[(m-1)2^{-n}, m2^{-n}]$ die zugehörige charakteristische Funktion zu:

$$f_{nm} := \chi_{[(m-1)2^{-n}, m2^{-n}]}, \qquad n \in \mathbb{N},\, m = 1, \dots, 2^n.$$

Sei nun $(f_k)_{k\in\mathbb{N}}$ eine Durchnummerierung dieser Funktionen nach aufsteigendem $n = 1, 2, 3, \dots$ und $m = 1, \dots, 2^n$. Für diese Funktionen $f_k \in L^1(0,1)$ gilt dann

$$\lim_{k\to\infty} \int_0^1 f_k(x)\,dx = \lim_{n,m\to\infty} \int_0^1 f_{nm}(x)\,dx = \lim_{n,m\to\infty} \int_{(m-1)2^{-n}}^{m2^{-n}} dx = \lim_{n\to\infty} 2^{-n} = 0.$$

Nun ist jedes $x \in [0,1]$ sicherlich in unendlich vielen der Teilintervalle $[(m-1)2^{-n}, m2^{-n}]$ enthalten. Für eine Teilfolge $(f_{k_i})_{i\in\mathbb{N}}$ ist dann $f_{k_i}(x) = 1$, d. h.: Die gesamte Folge $(f_k)_{k\in\mathbb{N}}$ konvergiert in x nicht gegen Null.

Für $p = 2$ steht die Norm $\|\cdot\|_2$ in engem Zusammenhang mit dem L^2-Produkt

$$(f,g)_2 := \int_\Omega f(x)g(x)\,dx, \qquad \|f\|_2 = (f,f)_2^{1/2}.$$

Dieses ist ein Skalarprodukt auf dem Lebesgue-Raum $L^2(\Omega)$, der damit zu einem sog. „Hilbert-Raum" wird.

Ein wichtiges Hilfsmittel der Variationsrechnung und der Theorie partieller Differentialgleichungen ist die Approximierbarkeit von L^p-Funktionen durch glatte Funktionen. Der folgende Satz stellt ein solches Resultat für den Funktionenraum

$$C_0^\infty(\Omega) := \{f \in C^\infty(\Omega) \text{ mit kompaktem Träger } \mathrm{supp}(f) \subset \Omega\}$$

bereit. Dabei ist der „Träger" einer Funktion $f : \Omega \to \mathbb{R}$ definiert durch

$$\mathrm{supp}(f) := \overline{\{x \in \Omega;\ f(x) \neq 0\}} \subset \overline{\Omega}.$$

Der Raum $C_0^\infty(\Omega)$ wird als Teilraum von $L^p(\Omega)$ aufgefasst.

Satz 4.2 (Approximationssatz): *Der Teilraum* $C_0^\infty(\Omega)$ *ist dicht in* $L^p(\Omega)$, *d. h.: Zu jedem* $f \in L^p(\Omega)$ *gibt es eine Folge* $(f_k)_{k\in\mathbb{N}} \subset C_0^\infty(\Omega)$ *mit* $\|f_k - f\|_p \to 0 \ (k \to \infty)$.

Beweis: Sei $f \in L^p(\Omega)$. Wegen $f = f^+ + f^-$ genügt es, die Behauptung für nicht-negatives f zu beweisen. Ferner können wir o.B.d.A. wieder $f(x) < \infty$ annehmen. Der Beweis wird nun in mehreren Schritten geführt.

i) Wir konstruieren zunächst eine approximierende Folge von Treppenfunktionen. Dazu definieren wir für $\varepsilon > 0$ die Mengen

$$M_k^\varepsilon := \{x \in \Omega : \ \varepsilon k \le f(x) < \varepsilon(k+1)\}, \quad k \in \mathbb{N},$$

und die zugehörige Treppenfunktion

$$t_\varepsilon(x) := \sum_{k=1}^\infty m_k \chi_{M_K^\varepsilon}, \qquad m_k := \inf_{x \in M_k^\varepsilon} f(x).$$

Mit letzterer gilt nach Konstruktion $0 \le t_\varepsilon \le f \le t_\varepsilon + \varepsilon$. Dieselbe Definition mit $\varepsilon/2$ ergibt Mengen $M_k^{\varepsilon/2}$ und eine zugehörige Treppenfunktion $t_{\varepsilon/2}$ mit $t_\varepsilon \le t_{\varepsilon/2}$. Anwendung dieser Konstruktion für $\varepsilon_k := 2^{-k}$ ergibt dann eine Folge von Treppenfunktionen $t_k := t_{\varepsilon_k}$ mit den Eigenschaften $0 \le t_1 \le \cdots \le t_k \le f$ und $\lim_{k\to\infty} t_k(x) = f(x)$. Die durch

$$s_k(x) := \min\{k, t_k(x)\}, \quad |x| \le k, \qquad s_k(x) := 0, \quad |x| > k,$$

definierten Treppenfunktionen nehmen nun nur endlich viele Werte an, und erfüllen ebenfalls $0 \le s_k \le f$ und $\lim_{k\to\infty} s_k(x) = f(x)$. Nach dem Satz von Lebesgue folgt also

$$\int_\Omega |s_k - f|^p \, dx \to 0 \quad (k \to \infty).$$

Die Treppenfunktionen s_k sind endliche Superpositionen von charakteristischen Funktionen χ_A zu beschränkten Mengen $A \subset \Omega$. Es genügt also zu zeigen, dass solche charakteristische Funktionen in $L^p(\Omega)$ durch Funktionen aus $C_0^\infty(\Omega)$ approximiert werden können.

ii) Sei $A \subset \Omega$ meßbar und beschränkt. Nach Satz 3.2 gibt es zu jedem $\varepsilon > 0$ eine offene Menge O mit $A \subset O \subset \Omega$ und $\mu(O \setminus A) < \varepsilon^p$. Für die zugehörigen charakteristischen Funktionen folgt

$$\|\chi_O - \chi_A\|_p = \Big(\int_{O\setminus A} dx \Big)^{1/p} = \mu(O \setminus A)^{1/p} < \varepsilon.$$

Es genügt also, die charakteristische Funktion χ_O zur offenen Menge $O \subset \Omega$ zu approximieren. Die Mengen

$$A_k := \{x \in O : \ \mathrm{dist}(x, \partial O) \ge 1/k\}, \quad k \in \mathbb{N},$$

sind kompakt, und erfüllen $\cup_{k=1}^\infty A_k = O$. Unten werden wir zeigen, dass es zu jedem A_k eine Funktion $\varphi_k \in C_0^\infty(\Omega)$ gibt mit den Eigenschaften $0 \le \varphi_k \le 1$, $\varphi_k(x) = 1, \ x \in A_k$

und $\operatorname{supp}(\varphi_k) \subset O$. Es gilt also $|\varphi_k| \le \chi_O$ und $\lim_{k\to\infty} \varphi_k = \chi_O$. Hieraus folgt wieder mit dem Satz von Lebesgue, dass $\|\varphi_k - \chi_O\|_p \to 0\ (k \to \infty)$.

iii) Zur Vervollständigung des Beweises konstruieren wir zu einer kompakten Menge $A \subset \Omega$ eine Funktion $\varphi \in C_0^\infty(\Omega)$ mit den Eigenschaften

$$0 \le \varphi \le 1, \quad \varphi(x) = 1, \ x \in A.$$

Die kompakte Menge $A \subset \Omega$ hat einen positiven Abstand $\delta := \operatorname{dist}(A, \partial\Omega)$ zum Rand von Ω. Wir definieren die stetigen Funktionen $d(x) := \operatorname{dist}(x, \partial\Omega)$ und

$$h(t) = \begin{cases} 0, & t < \frac{1}{3}\delta, \\ \frac{3}{\delta}t - 1, & \frac{1}{3} \le t \le \frac{2}{3}\delta, \\ 1, & \frac{2}{3}\delta < t. \end{cases}$$

Die stetige Funktion $f(x) := h(d(x))$ hat dann die Eigenschaften $0 \le f \le 1$ und

$$f \equiv 0 \quad \text{in } A^c_{2\delta/3}, \qquad f \equiv 1 \quad \text{in } A_{\delta/3},$$

mit $A_\varepsilon := \{x \in \mathbb{R}^n : \operatorname{dist}(x, A) < \varepsilon\}$. Damit bilden wir das sog. „Faltungsintegral"

$$\varphi(x) := \Big(\frac{\delta}{6}\Big)^n \int_{\mathbb{R}^n} f(y)\psi\Big(\frac{x-y}{\delta/6}\Big)\, dy$$

mit einer Funktion $\psi \in C_0^\infty(\mathbb{R}^n)$ mit den Eigenschaften $\psi \ge 0$ und

$$\int_{\mathbb{R}^n} \psi(x)\, dx = 1.$$

Dieses hat dann als Funktion $\varphi : \Omega \to \mathbb{R}$ alle geforderten Eigenschaften (Übungsaufgabe), womit der Beweis vervollständigt ist. Q.E.D.

Bemerkung 4.2: Aus Satz 4.2 folgt, dass der Lebesgue-Raum $L^p(\Omega)$ auch durch Vervollständigung des Teilraumes $C_0^\infty(\Omega)$ gewonnen werden kann. Die Menge der Äquivalenzklassen von L^p-Cauchy-Folgen in $C_0^\infty(\Omega)$ ist nach Konstruktion ein vollständiger normierter Raum und lässt sich mit dem Lebesgue-Raum $L^p(\Omega)$ identifizieren.

Korollar 4.2: *Eine Funktion $f \in L^2(\Omega)$, für die gilt*

$$(f, \varphi)_2 = 0, \quad \varphi \in C_0^\infty(\Omega), \tag{4.1.4}$$

erfüllt $f = 0$ f. ü. in Ω.

Beweis: Zu der Funktion $f \in L^2(\Omega)$ gibt es nach Satz 4.2 eine approximierende Folge $(f_k)_{k\in\mathbb{N}} \subset C_0^\infty(\Omega)$ mit $\|f_k - f\|_2 \to 0\ (k \to \infty)$. Dies impliziert

$$\|f\|_2^2 = (f, f)_2 = (f, f - f_k)_2 \le \|f\|_2 \|f - f_k\|_2 \to 0 \quad (k \to \infty)$$

und folglich $f = 0$ f. ü. in Ω. Q.E.D.

Bemerkung 4.3: Für den Grenzfall $p = \infty$ erhält man zunächst den Vektorraum $\tilde{L}^\infty(\Omega)$ der auf $\Omega \subset \mathbb{R}^n$ sog. „wesentlich beschränkten" Funktionen. Dies sind messbare Funktionen $f : \Omega \to \overline{\mathbb{R}}$, für die mit einer Konstante $K \in \mathbb{R}$ gilt:

$$\mu\{x \in \Omega \,|\, |f(x)| > K\} = 0,$$

d. h.: Durch geeignete Modifikation von f auf einer Nullmenge erhält man eine im klassischen Sinne beschränkte Funktion. Jedes solches K wird als „wesentliche Schranke" von f bezeichnet. Das „wesentliche Supremum" von f ist dann

$$\operatorname{ess\,sup}_\Omega |f| := \inf\{K > 0 \,|\, K \text{ wesentliche Schranke}\}.$$

Auf $\tilde{L}^\infty(\Omega)$ wird durch

$$f \sim g \quad :\Leftrightarrow \quad \operatorname{ess\,sup} |f - g| = 0,$$

wieder eine Äquivalenzrelation erklärt. Die Menge der Äquivalenzklassen $\{[f],\ f \in \tilde{L}^\infty(\Omega)\}$ bildet dann analog wie im Fall $1 \le p < \infty$ einen Vektorraum, dessen Elemente mit geeignet gewählten Repräsentanten der jeweiligen Äquivalenzklasse identifiziert werden, $f \approx [f]$, und der mit der Norm

$$\|f\|_\infty := \inf_{g \in [f]} \{\operatorname{ess\,sup}_\Omega |g|\}$$

versehen wird. Dieser normierte Raum wird mit $L^\infty(\Omega)$ bezeichnet; er ist ebenfalls ein Banach-Raum. Man beachte aber, dass der Teilraum $C_0^\infty(\Omega)$ nicht dicht in $L^\infty(\Omega)$ liegt (Übungsaufgabe).

4.2 Fourier-Analyse

In Kapitel 7 „Fourier-Analyse" des Bandes Analysis 1 wurde die Darstellung periodischer Funktionen durch sog. „Fourier-Reihen" untersucht. Es wurde insbesondere gezeigt, dass für jede 2π-periodische, stückweise stetige (und damit Riemann-integrierbare) Funktion $f : [0, 2\pi] \to \mathbb{R}$ die zugehörige „Fourier-Summen" in *reeller* Darstellung

$$F_n^f(t) = \tfrac{1}{2}a_0 + \sum_{k=1}^{n} \{a_k \cos(kt) + b_k \sin(kt)\} \tag{4.2.5}$$

mit den Koeffizienten

$$a_0 = \frac{1}{\pi}\int_0^{2\pi} f(t)\,dt\,, \quad a_k = \frac{1}{\pi}\int_0^{2\pi} f(t)\cos(kt)\,dt \quad b_k = \frac{1}{\pi}\int_0^{2\pi} f(t)\sin(kt)\,dt\,,$$

oder in ihrer äquivalenten *komplexen* Darstellung

$$F_n^f(t) := \sum_{k=-n}^{n} c_k e^{ikt} \tag{4.2.6}$$

mit den Koeffizienten

$$c_0 := \tfrac{1}{2}a_0, \qquad c_k := \tfrac{1}{2}(a_k - ib_k), \quad c_{-k} := \tfrac{1}{2}(a_k + ib_k), \quad k \in \mathbb{N},$$

im Sinne der L^2-Konvergenz gegen f konvergiert, d. h.:

$$\lim_{n\to\infty} \|F_n^f - f\|_2 = 0. \tag{4.2.7}$$

Diese Analyse bediente sich der „komplexen“ Version der Lebesgue-Raumes $L^2(0, 2\pi)$ mit dem zugehörigen Skalarprodukt

$$(f, g)_2 := \int_0^{2\pi} f(t)\bar{g}(t)\,dt.$$

Hier gilt $(c_j, c_k)_2 = 2\pi\,\delta_{jk},\ j, k \in \mathbb{Z}$.

Wir wollen dieses Resultat auf Funktionen aus $L^2(0, 2\pi)$ ausdehnen. Dieser Verallgemeinerungsschritt ist vergleichsweise einfach. Der „harte“ Teil der Arbeit ist bereits beim Nachweis der Fourier-Approximierbarkeit glatter Funktionen geleistet worden.

Definition 4.2: *Eine Menge $A = \{e\} \subset L^2(0, 2\pi)$ heißt „Orthonormalsystem“ (ONS), wenn für $e, e' \in A$ gilt:*

$$(e, e)_2 = 1 \quad \text{und} \quad (e, e')_2 = 0 \;\; \text{für } e \neq e'.$$

Sie heißt „vollständig“, wenn ihre lineare Hülle $\operatorname{span}(A)$ dicht in $L^2(0, 2\pi)$ ist, d. h.: Wenn es für jedes $f \in L^2(0, 2\pi)$ zu beliebigem $\varepsilon \in \mathbb{R}_+$ ein $f_\varepsilon \in \operatorname{span} A$ gibt, so dass

$$\|f - f_\varepsilon\|_2 < \varepsilon.$$

Lemma 4.3: *Die (abzählbare) Menge der Exponentialfunktionen $A = \{e^{ikx},\ k \in \mathbb{Z}\}$, bildet ein vollständiges Orthonormalsystem in $L^2(0, 2\pi)$.*

Beweis: Nach dem oben Gesagten konvergiert die Fourier-Reihe einer Funktion $f \in R[0, 2\pi]$ im quadratischen Mittel gegen f, d. h.: Die lineare Hülle der Menge der Exponentialfunktionen ist bzgl. der L^2-Norm dicht in $R[0, 2\pi]$. Wegen $C_0^\infty(0, 2\pi) \subset R[0, 2\pi]$ und der Dichtheit von $C_0^\infty(0, 2\pi) \subset L^2(0, 2\pi)$ ist dann aber auch $\operatorname{span}(A) \subset L^2(0, 2\pi)$ dicht. Q.E.D.

Lemma 4.4: *Sei $A = \{e_k, k \in \mathbb{Z}\}$ ein vollständiges Orthonormalsystem in $L^2(0, 2\pi)$. Für ein $f \in L^2(0, 2\pi)$ seien die (verallgemeinerten) Fourier-Summen definiert durch*

$$F_n^f := \sum_{k=-n}^{n} c_k e_k, \qquad c_k := (f, e_k)_2.$$

Dann gilt bzgl. des Unterraumes $E_n := \operatorname{span}\{e_k, -n \le k \le n\} \subset L^2(0, 2\pi)$:

$$\|f - F_n^f\|_2 = \min_{g\in E_n} \|f - g\|_2, \tag{4.2.8}$$

$$\|f - F_n^f\|_2^2 = \|f\|_2^2 - \sum_{k=-n}^{n} |c_k|^2. \tag{4.2.9}$$

Beweis: Für beliebiges $g = \sum_{k=-n}^{n} \alpha_k e_k \in E_n$ gilt:

$$\begin{aligned}
\|f-g\|_2^2 &= \|f\|_2^2 - (f,g)_2 - (g,f)_2 + \|g\|_2^2 \\
&= \|f\|_2^2 - \sum_{k=-n}^{n} \overline{\alpha}_k (f,e_k)_2 - \sum_{k=-n}^{n} \alpha_k (e_k,f)_2 + \sum_{j,k=-n}^{n} \alpha_k \overline{\alpha}_j (e_k,e_j)_2 \\
&= \|f\|_2^2 - \sum_{k=-n}^{n} \overline{\alpha}_k c_k - \sum_{k=-n}^{n} \alpha_k \overline{c}_k + \sum_{k=-n}^{n} |\alpha_k|^2 \\
&= \|f\|_2^2 - \sum_{k=-n}^{n} |c_k|^2 + \sum_{k=-n}^{n} |c_k|^2 - \sum_{k=-n}^{n} \overline{\alpha}_k c_k - \sum_{k=-n}^{n} \alpha_k \overline{c}_k + \sum_{k=-n}^{n} |\alpha_k|^2 \\
&= \|f\|_2^2 - \sum_{k=-n}^{n} |c_k|^2 + \sum_{k=-n}^{n} |c_k - \alpha_k|^2 .
\end{aligned}$$

Die rechte Seite wird offenbar minimal für $\alpha_k = c_k$, d. h. für $g = F_n^f$. Für diese Wahl gilt dann auch (4.2.9). Q.E.D.

Nach diesen Vorbereitungen können wir das Hauptergebnis zur Fourier-Analyse periodischer Funktionen beweisen.

Satz 4.3 (Satz von Fischer-Riesz): *Für jede 2π-periodische Funktion $f \in L^2(0,2\pi)$ konvergiert die zugehörige Fourier-Reihe im L^2-Sinne gegen f,*

$$\lim_{n\to\infty} \|F_n(f) - f\|_2 = \lim_{n\to\infty} \Big\| \sum_{k=-n}^{n} c_k e^{ikx} - f \Big\|_2 = 0, \tag{4.2.10}$$

und mit ihren Fourier-Koeffizienten c_k gilt die sog. „Vollständigkeitsrelation“ (auch „Parsevalsche[3] *Gleichung“ genannt)*

$$\sum_{-\infty}^{\infty} |c_k|^2 = \|f\|_2^2. \tag{4.2.11}$$

Beweis: Zu jedem $f \in L^2(0,2\pi)$ gibt es wegen der Vollständigkeit des Exponentialsystems in $L^2(0,2\pi)$ zu beliebigem $\varepsilon \in \mathbb{R}_+$ eine Linearkombination $g_n = \sum_{k=-n}^{n} \alpha_k e_k$ mit

$$\|f - g_n\|_2 < \varepsilon.$$

Aufgrund der Bestapproximationseigenschaft (4.2.8) der Fourier-Summe F_n^f zu f gilt dann

$$\|f - F_n^f\|_2 \le \|f - g_n\|_2 < \varepsilon.$$

Dies impliziert für $\varepsilon \to 0$ die Konvergenz (4.2.10). Durch Grenzübergang $n \to \infty$ in (4.2.9) erhalten wir bei Beachtung der Monotonie der Folge der Partialsummen $\sum_{k=-n}^{n} |c_k|^2$ die Parsevalsche Identität. Q.E.D.

[3] Marc-Antoine Parseval des Chênes (1755–1836): Französischer Mathematiker; Arbeiten über partielle Differentialgleichungen der Physik (nur fünf mathematische Publikationen); bekannt durch die nach ihm benannte Gleichung, die er aber ohne Beweis und Bezug zu Fourier-Reihen angegeben hat.

Bemerkung 4.4: Der klassischer Satz von Fischer-Riesz besagt, dass der Raum $L^2(0,2\pi)$ der im Lesgueschen Sinne quadrat-integrablen Funktionen isometrisch isomorph zum Raum $l^2(\mathbb{N})$ der quadrat-summierbaren Folgen ist:

$$L^2(0,2\pi) \cong l^2(\mathbb{N}).$$

Der Isomorphismus zwischen $L^2(0,2\pi)$ und $l^2(\mathbb{N})$ ist gerade die Transformation in eine Fourier-Reihe, d. h.: Jede L^2-Funktion lässt sich aus der Folge ihrer Fourier-Koeffizienten rekonstruieren. Dies besagt u. a., dass eine messbare Funktion genau dann in $L^2(0,2\pi)$ liegt, wenn ihre Fourier-Reihe bezüglich der L^2-Norm konvergiert. Oftmals findet man auch folgende, allgemeinere Aussage unter dem Namen Satz von Fischer-Riesz: *Ist H ein abstrakter Hilbert-Raum und $(e_i)_{i\in I}$ eine Orthonormalbasis von H, d. h. ein abzählbares, paarweise orthonormales Erzeugendensystem (dicht liegende lineare Hülle), so ist die Abbildung*

$$\Phi: H \to l^2(I), \quad x \mapsto ((x,e_i)_H)_{i\in I}$$

ein isometrischer Isomorphismus. Ein Hilbert-Raum, welcher ein abzählbares Erzeugendensystem und damit auch eine Orthonormalbasis besitzt, wird „separabel" genannt. Es gibt nicht-separable Hilbert-Räume, z. B. der Hilbert-Raum der sog. „fast-periodischen Funktionen" (s. Literatur).

4.3 Die Fourier-Transformation

Für 2π-periodische, quadrat-integrable Funktionen ist die L^2-Konvergenz der Fourier-Reihe gesichert. Im Folgenden wollen wir diese Analyse für auf ganz $\mathbb{R}^1$ definierte, nicht notwendig periodische Funktionen erweitern. Dies führt auf „Fourier-Integrale" und in diesem Zusammenhang auf die „Fourier-Transformation". Dabei wird die Entwicklung nach „diskret verteilten" Exponentialfunktionen $e_k(x) = e^{ikx}$, $k \in \mathbb{Z}$, ersetzt durch solche nach „kontinuierlich verteilten" $e_t(x) = e^{itx}$, $t \in \mathbb{R}$.

Definition 4.3: *Für eine Funtion $f \in L^1(\mathbb{R})$ ist die „Fourier-Transformierte" $\hat{f}: \mathbb{R} \to \mathbb{C}$ definiert durch*

$$\hat{f}(x) := \frac{1}{\sqrt{2\pi}} \int_{\mathbb{R}} f(t)e^{-ixt}\, dt, \quad x \in \mathbb{R}.$$

Die Fourier-Transformierte ist wohl definiert, da der Integrand die L^1-Majorante $|f|$ hat.

Nach dem Satz über Parameterintegrale ist die Fourier-Transformierte stetig. Ferner gilt

$$|\hat{f}(x)| \le \frac{1}{\sqrt{2\pi}}\|f\|_1, \tag{4.3.12}$$

d. h.: Die Fourier-Transformierte einer L^1-Funktion ist beschränkt.

Beispiel 4.1: Die Fourier-Transformierte der charakteristischen Funktion $f := \chi_{[-1,1]}$ des Intervalls $[-1,1]$ ergibt sich zu

$$\begin{aligned}\hat{f}(x) &= \frac{1}{\sqrt{2\pi}}\int_{-1}^{1} e^{-\mathrm{i}xt}\,dt = \frac{1}{\sqrt{2\pi}}\int_{-1}^{1}\{\cos(-xt)+\mathrm{i}\sin(-xt)\}\,dt\\ &= \frac{1}{\sqrt{2\pi}}\Big[\frac{\sin(xt)}{x}+\mathrm{i}\frac{\cos(xt)}{x}\Big]_{-1}^{1} = \frac{2}{\sqrt{2\pi}}\,\frac{\sin x}{x}, \qquad x\in\mathbb{R}.\end{aligned}$$

Dieses Beispiel zeigt, dass i. Allg. die Fourier-Transformierte einer L^1-Funktion nicht automatisch wieder in $L^1(\mathbb{R})$ liegt. Für allgemeine L^1-Funktionen werden wir dies daher bei der weiteren Analyse als zusätzliche Voraussetzung verwenden.

Beispiel 4.2: Für die Fourier-Transformierte der Funktion $f(t) := e^{-t^2/2}$ ergibt sich mit Hilfe der Koordinatentransformation $s := t/\sqrt{2} + \mathrm{i}x/\sqrt{2}$ mit $ds = dt/\sqrt{2}$:

$$\begin{aligned}\hat{f}(x) &= \frac{1}{\sqrt{2\pi}}\int_{-\infty}^{\infty} e^{-t^2/2}e^{-\mathrm{i}xt}\,dt = \frac{e^{-x^2/2}}{\sqrt{2\pi}}\int_{-\infty}^{\infty} e^{-(t^2/2+\mathrm{i}xt-x^2/2)}\,dt\\ &= \frac{e^{-x^2/2}}{\sqrt{2\pi}}\int_{-\infty}^{\infty} e^{-(t/\sqrt{2}+\mathrm{i}x/\sqrt{2})^2}\,dt = \frac{e^{-x^2/2}}{\sqrt{\pi}}\int_{-\infty+\mathrm{i}x/\sqrt{2}}^{\infty+\mathrm{i}x/\sqrt{2}} e^{-s^2}\,ds = \frac{e^{-x^2/2}}{\sqrt{\pi}}\int_{-\infty}^{\infty} e^{-s^2}\,ds.\end{aligned}$$

Auf der rechten Seite steht das „Gauß-" oder auch „Euler-Poisson-Integral" (s. Literatur)

$$\int_{-\infty}^{\infty} e^{-s^2}\,ds = \sqrt{\pi}.$$

Damit erhalten wir

$$\hat{f}(x) = e^{-x^2/2},$$

d. h.: In diesem speziellen Fall haben f und $\hat{f}$ dieselbe Form.

Der folgende „Umkehrsatz" der Fourier-Transformation ist das *kontinuierliche* Analogon zur *diskreten* Entwicklung einer 2π-periodischen L^2-Funktion in eine Fourier-Reihe:

$$f(x) = \sum_{k\in\mathbb{Z}} \hat{f}(k)e^{\mathrm{i}kx}, \quad \text{f. f. a. } x\in[0,2\pi], \quad \hat{f}(k) := \frac{1}{\sqrt{2\pi}}\int_0^{2\pi} f(t)e^{-\mathrm{i}kt}\,dt.$$

Satz 4.4 (Umkehrsatz): *Sei $f\in L^1(\mathbb{R})$ mit $\hat{f}\in L^1(\mathbb{R})$. Dann gilt für fast alle $t\in\mathbb{R}$:*

$$f(t) = \frac{1}{\sqrt{2\pi}}\int_{\mathbb{R}} \hat{f}(x)e^{\mathrm{i}tx}\,dx. \tag{4.3.13}$$

Insbesondere ist $\hat{\hat{f}}(t) = f(-t)$. Gleichheit besteht in jedem Punkt t, in dem f stetig ist.

Beweis: i) Wir verwenden die spezielle „Dirac-Folge“

$$\delta_1(t) := \frac{1}{\sqrt{2\pi}} e^{-t^2/2}, \qquad \delta_k(t) := k\delta_1(kt), \quad k \in \mathbb{N},$$

mit der Normierungseigenschaft (Koordinatentransformation $s := kt/\sqrt{2}$)

$$\int_{-\infty}^{\infty} \delta_k(t)\, dt = \frac{k}{\sqrt{2\pi}} \int_{-\infty}^{\infty} e^{-k^2t^2/2}\, dt = \frac{1}{\sqrt{\pi}} \int_{-\infty}^{\infty} e^{-s^2/2}\, ds = 1, \quad k \in \mathbb{N},$$

und der Invarianzeigenschaft $\hat{\delta}_1 = \delta_1$ (Koordinatentransformation $s := kt$), d. h.:

$$\delta_k(x) = k\delta_1(kx) = k\hat{\delta}_1(kx) = \frac{k}{2\pi} \int_{-\infty}^{\infty} e^{-t^2/2} e^{-ikxt}\, dt = \frac{1}{2\pi} \int_{-\infty}^{\infty} e^{-s^2/(2k^2)} e^{-ixs}\, ds.$$

Faltung von f mit δ_k ergibt dann bei Beachtung von $\delta_k(t-x) = \delta_k(x-t)$:

$$\begin{aligned}
(f * \delta_k)(t) &:= \int_{-\infty}^{\infty} f(t-x)\delta_k(x)\, dx \\
&= \int_{-\infty}^{\infty} f(x)\delta_k(t-x)\, dx = \int_{-\infty}^{\infty} f(x)\delta_k(x-t)\, dx \\
&= \int_{-\infty}^{\infty} f(x)\Big(\frac{1}{2\pi} \int_{-\infty}^{\infty} e^{-s^2/(2k^2)} e^{-i(x-t)s}\, ds\Big)\, dx \\
&= \frac{1}{2\pi} \int_{-\infty}^{\infty} \Big(\int_{-\infty}^{\infty} f(x) e^{-s^2/(2k^2)} e^{-i(x-t)s}\, ds\Big)\, dx.
\end{aligned}$$

Der (messbare) Integrand dieses Doppelintegrals hat als Funktion von $(s,x) \in \mathbb{R} \times \mathbb{R}$ die integrierbare Majorante $|f(x)|e^{-s^2}$. Folglich kann nach dem Satz von Fubini die Reihenfolge der Integrationen vertauscht werden und wir erhalten durch Auswertung des inneren Integrals:

$$\begin{aligned}
(f * \delta_k)(t) &= \frac{1}{2\pi} \int_{-\infty}^{\infty} \Big(\int_{-\infty}^{\infty} f(x) e^{-s^2/(2k^2)} e^{-i(x-t)s}\, dx\Big)\, ds \\
&= \frac{1}{2\pi} \int_{-\infty}^{\infty} \Big(\int_{-\infty}^{\infty} f(x) e^{-ixs}\, dx\Big) e^{-s^2/(2k^2)} e^{its}\, ds \\
&= \frac{1}{\sqrt{2\pi}} \int_{-\infty}^{\infty} \hat{f}(s) e^{-s^2/(2k^2)} e^{its}\, ds.
\end{aligned}$$

Für $k \to \infty$ konvergieren die Integranden punktweise gegen $\hat{f}(s)e^{its}$ und werden durch die integrierbare Funktion $\hat{f}$ majorisiert. Nach dem Satz über die majorisierte Konvergenz (Satz von Lebesgue) konvergiert also

$$(f * \delta_k)(t) \to_{k\to\infty} \frac{1}{\sqrt{2\pi}} \int_{-\infty}^{\infty} \hat{f}(s) e^{its}\, ds, \quad t \in \mathbb{R}.$$

Andererseits konvergiert die linke Seite im L^1-Sinne

$$\|f * \delta_k - f\|_1 \to 0 \quad (k \to \infty). \tag{4.3.14}$$

Nach dem Korollar 4.1 zum Satz von Riesz-Fischer existiert eine Teilfolge $(f * \delta_{k'})_{k' \in \mathbb{N}}$, welche f. ü. gegen f konvergiert. Dies impliziert die erste Behauptung.

ii) Die Konvergenzaussage (4.3.14) sieht man wie folgt: Sei $\varepsilon > 0$ beliebig gewählt. Da der Teilraum $C_0^\infty(\mathbb{R})$ dicht in $L^1(\mathbb{R})$ liegt, gibt es ein $f_\varepsilon \in C_0^\infty(\mathbb{R})$ mit $\|f - f_\varepsilon\|_1 < \varepsilon$. Weiter gilt

$$\begin{aligned} \|f_\varepsilon * \delta_k - f_\varepsilon\|_1 &= \int_{-\infty}^{\infty} \Big| \int_{-\infty}^{\infty} f_\varepsilon(t)\delta_k(t-x)\,dx - f_\varepsilon(t)\Big|\,dt \\ &\le \|f_\varepsilon\|_\infty \int_{-\infty}^{\infty}\int_{-\infty}^{\infty} |\delta_k(t-x) - \delta_k(x)|\,dx\,dt \\ &= \frac{k}{\sqrt{2\pi}}\|f_\varepsilon\|_\infty \int_{-\infty}^{\infty}\int_{-\infty}^{\infty} \big|e^{-k^2(t-x)^2/2} - e^{-k^2x^2/2}\big|\,dx\,dt. \end{aligned}$$

Die Koordinatentransformationen $y = kx,\ s = kt$ ergeben dann mit einer gewissen Konstante $C > 0$:

$$\|f_\varepsilon * \delta_k - f_\varepsilon\|_1 = \frac{1}{k\sqrt{2\pi}}\|f_\varepsilon\|_\infty \int_{-\infty}^{\infty}\int_{-\infty}^{\infty} \big|e^{-(s-y)^2/2} - e^{-y^2/2}\big|\,dy\,ds \le \frac{C}{k}\|f_\varepsilon\|_\infty.$$

Für hinreichend großes $k \ge k_\varepsilon$ gilt dann $\|f_\varepsilon * \delta_k - f_\varepsilon\|_1 < \varepsilon$. Mit Hilfe der Abschätzung

$$\begin{aligned} \|f * \delta_k\|_1 &\le \int_{-\infty}^{\infty} \Big|\int_{-\infty}^{\infty} f(x)\,\delta_k(t-x)\,dx\Big|\,dt \le \int_{-\infty}^{\infty}\int_{-\infty}^{\infty} |f(x)|\,\delta_k(t-x)\,dx\,dt \\ &= \int_{-\infty}^{\infty} |f(x)| \int_{-\infty}^{\infty} \delta_k(t-x)\,dt\,dx = \int_{-\infty}^{\infty} |f(x)|\,dx = \|f\|_1 \end{aligned}$$

erschließen wir weiter für $k \ge k_\varepsilon$:

$$\begin{aligned} \|f * \delta_k - f\|_1 &\le \|(f - f_\varepsilon) * \delta_k\|_1 + \|f_\varepsilon * \delta_k - f_\varepsilon\|_1 + \|f_\varepsilon - f\|_1 \\ &\le \|(f - f_\varepsilon)\|_1 + \|f_\varepsilon * \delta_k - f_\varepsilon\|_1 + \|f_\varepsilon - f\|_1 < 3\varepsilon. \end{aligned}$$

Da $\varepsilon > 0$ beliebig gewählt ist, folgt die behauptete Konvergenzaussage (4.3.14).

iii) Sei f stetig in $t_* \in \mathbb{R}$. Da die Gleichung (4.3.13) f. ü. gilt, gibt es eine Folge $(t_k)_{k\in\mathbb{N}}$ mit $t_k \to t_*\ (k \to \infty)$, so dass in allen t_k die Gleichung (4.3.13) gilt. Ferner definiert das Integral in (4.3.13) als parameterabhängiges Integral eine in t_* stetige Funktion. Damit folgt die Gültigkeit von (4.3.13) in t_*. Q.E.D.

Wir haben schon gesehen, dass die Fourier-Transformierte einer L^1-Funktion nicht unbedingt wieder in $L^1(\mathbb{R})$ liegen muss. Dies ist aber für L^2-Funktionen der Fall. Zum Studium der Eigenschaften der Fourier-Transformation auf $L^2(\mathbb{R})$ betrachten wir zunächst die folgende Funktionenklasse.

Definition 4.4: *Eine Funktion $f \in C^\infty(\mathbb{R})$ heißt „schnell abfallend“, wenn für beliebige $k, m \in \mathbb{N}_0$ die Funktionen $t^k f^{(m)}$ auf $\mathbb{R}$ gleichmäßig beschränkt sind. Der Vektorraum der schnell abfallenden Funtionen wird „Schwartz[4]-Raum“ genannt und mit $\mathcal{S}(\mathbb{R})$ bezeichnet.*

[4]Laurent Schwartz (1915–2002: Französischer Mathematiker; Fields-Medaille 1950, Begründer der Theorie der „Distributionen“; wirkte an der Universität Nancy und an der Sorbonne und Ecole Polytechnique in Paris.

Beispiele „schnell abfallender" Funktionen sind alle C_0^∞-Funktionen sowie die Funktion $f(t) := e^{-ct^2}$, $c > 0$. Mit $f, g \in \mathcal{S}(\mathbb{R})$ sind auch die Funktionen fg, $t^r f$, $f^{(s)}$, $fe^{\mathrm{i}xt}$ in $\mathcal{S}(\mathbb{R})$. Ferner ist jede Funktion $f \in \mathcal{S}(\mathbb{R})$ über $\mathbb{R}$ integrierbar, d. h. $f \in L^1(\mathbb{R})$, da f auf kompakten (messbaren) Teilmengen glatt ist und für $|t| > 1$ eine integrable Majorante der Form $|t|^{-2}$ hat. Der Schwarz-Raum $\mathcal{S}(\mathbb{R})$ versehen mit der L^2-Norm ist als Teilraum von $L^2(\mathbb{R})$ nicht vollständig.

Lemma 4.5: *i) Sei $f \in L^1(\mathbb{R})$ mit $t^k f \in L^1(\mathbb{R})$ für $0 \le k \le m$. Dann existieren die Ableitungen $\mathrm{d}_x^k \hat{f} := \hat{f}^{(k)}$, $0 \le k \le m$, und es gilt*

$$\mathrm{d}_x^k \hat{f} = (-\mathrm{i})^k \widehat{t^k f}, \quad \widehat{t^k f} = (\mathrm{id}_x)^k \hat{f}, \quad 0 \le k \le m. \tag{4.3.15}$$

ii) Sei $f \in C^m(\mathbb{R})$ mit $\mathrm{d}_t^k f \in L^1(\mathbb{R})$ für $0 \le k \le m$. Dann gilt

$$\widehat{\mathrm{d}_t^k f} = (\mathrm{i}x)^k \hat{f}, \quad 0 \le k \le m; \tag{4.3.16}$$

insbesondere sind die gewichteten Fourier-Transformierten $x^k \hat{f}$ beschränkt.

Beweis: Es genügt, die Behauptungen jeweils für eine Ableitung zu zeigen.

i) Differentiation unter dem Integral ergibt

$$d_x \hat{f}(t) = d_x \int_{-\infty}^{\infty} f(t) e^{-\mathrm{i}xt}\, dt = \int_{-\infty}^{\infty} (-\mathrm{i}t) f(t) e^{-\mathrm{i}xt}\, dt = (-\mathrm{i})\widehat{tf}(x).$$

Dies ist erlaubt, da der entstehende Integrand die in x gleichmäßige Majorante $|tf(t)|$ besitzt.

ii) Aus der Darstellung

$$f(t) = f(0) + \int_0^t d_t f'(s)\, ds$$

und der Voraussetzung $d_t f \in L^1(\mathbb{R})$ folgt, dass f für $t \to \pm\infty$ Grenzwerte hat. Beide sind Null, da sonst f nicht über $\mathbb{R}$ integrierbar wäre. Mittels partieller Integration ergibt sich daher

$$\widehat{d_t f}(x) = \frac{1}{\sqrt{2\pi}} \int_{-\infty}^{\infty} d_t f(t) e^{-\mathrm{i}xt}\, dt = \frac{\mathrm{i}x}{\sqrt{2\pi}} \int_{-\infty}^{\infty} f(t) e^{-\mathrm{i}xt}\, dt = \mathrm{i}x \hat{f}(x),$$

was zu zeigen war. Q.E.D.

Satz 4.5: *Die Fourier-Transformation definiert einen isometrischen Isomorphismus des Schwartz-Raumes $\mathcal{S}(\mathbb{R})$ auf sich. Insbesondere gilt die sog. „Formel von Plancherel[5]"*

$$(\hat{f}, \hat{g})_2 = (f, g)_2, \qquad \|\hat{f}\|_2 = \|f\|_2. \tag{4.3.17}$$

[5]Michel Plancherel (1903–1967): Schweizer Mathematiker; wirkte an den Universitäten Genf, Freiburg und Zürich; Beiträge zur Analysis, mathematischen Physik und Algebra.

Beweis: i) Zunächst zeigen wir, dass die Fourier-Transformation den Schwartz-Raum $\mathcal{S}(\mathbb{R})$ in sich abbildet. Für $f \in \mathcal{S}(\mathbb{R})$ ist $\hat{f}$ nach Lemma 4.5 beliebig oft stetig differenzierbar, und für beliebige $k, m \in \mathbb{N}_0$ ist $t^k d_t^m \hat{f}$ beschränkt. Also ist $\hat{f} \in \mathcal{S}(\mathbb{R})$.

ii) Für $f, g \in \mathcal{S}(\mathbb{R})$ ist die Funktion $h(x,t) := \hat{f}(x)g(t)e^{\mathrm{i}xt}$ über $\mathbb{R}^2$ integrierbar. Daher folgt mit Hilfe des Satzes von Fubini und des Umkehrsatzes für die Fourier-Transformation:

$$\begin{aligned}(\hat{f}, \hat{g})_2 &= \frac{1}{\sqrt{2\pi}} \int_{\mathbb{R}} \hat{f}(x) \overline{\Big(\int_{\mathbb{R}} g(t) e^{-\mathrm{i}xt}\, dt \Big)}\, dx \\ &= \frac{1}{\sqrt{2\pi}} \int_{\mathbb{R}} \Big(\int_{\mathbb{R}} \hat{f}(x) e^{\mathrm{i}xt}\, dx \Big) \overline{g(t)}\, dt = (f, g)_2.\end{aligned}$$

Speziell gilt also $\|\hat{f}\|_2 = \|f\|_2$, d. h.: Die Fourier-Transformation ist eine Isometrie.

iii) Nach dem Umkehrsatz 4.4 gilt $\hat{\hat{f}}(t) = f(-t)$, d. h.: Jedes $f(\cdot) \in \mathcal{S}$ ist Fourier-Transformation von $\hat{f}(-\cdot) \in \mathcal{S}$. Folglich ist die Fourier-Transformation auch surjektiv und damit ein Isomorphismus des Schwartz-Raumes auf sich. Dies vervollständigt den Beweis. Q.E.D.

Bemerkung 4.5: Die Aussage von Satz 4.5 lässt sich erweitern zu: *Die Fourier-Transformation definiert einen isometrischen Isomorphismus des Lebesgue-Raumes $L^2(\mathbb{R})$ auf sich.* Dies ergibt sich aus der Dichtheit des Teilraums $C_0^\infty(\mathbb{R}) \subset \mathcal{S}(\mathbb{R})$ in $L^2(\mathbb{R})$. (Beweis Übungsaufgabe)

Bemerkung 4.6: Nach Lemma 4.5 transformiert die Fourier-Transformation die Anwendung von Ableitungen d_t^k einer Funktion in die Multiplikation ihrer Fourier-Transformierten mit $(\mathrm{i}x)^k$. Diese „Algebraisierung“ macht die Fourier-Transformation zu einem wichtigen Werkzeug in der Theorie der Differentialgleichungen. Dieser Kalkül hat eine natürliche Verallgemeinerung auf höhere Dimensionen, d. h. auf *partielle* Ableitungen.

4.4 Der abstrakte Hilbert-Raum

Sei H ein allgemeiner Hilbert-Raum, d. h. ein vollständiger (reeller oder komplexer) Vektorraum mit einem Skalarprodukt $(x,y)_H : H \times H \to \mathbb{C}$ und der zugehörigen Norm $\|x\|_H := (x,x)_H^{1/2}$. Für jedes $x \in H$ wird durch

$$l_x(y) := (y,x)_H, \quad y \in H,$$

ein lineares „Funktional“ auf H definiert. Aufgrund der Schwarzschen Ungleichung gilt

$$|l_x(y)| = |(y,x)_H| \le \|y\|_H \|x\|_H, \quad x, y \in H.$$

Dies impliziert die „Beschränktheit“ des Funktionals l_x:

$$\|l_x\|_{H^*} := \sup_{y \in H} \frac{|l_x(y)|}{\|y\|_H} = \sup_{y \in H} \frac{|(y,x)_H|}{\|y\|} \le \|x\|_H, \quad x \in H. \tag{4.4.18}$$

Beschränkte *lineare* Funktionale $l(\cdot)$ sind automatisch stetig (sogar Lipschitz-stetig):

$$|l(y) - l(y')| = |l(y - y')| \leq \|l\|_{H^*}\|y - y'\|_H, \quad , y, y' \in H.$$

Die Menge der beschränkten linearen Funktionale auf H bildet einen Vektorraum, den sog. „Dualraum“ H^* von H. Durch (4.4.18) wird auf H^* eine Norm $\|\cdot\|_{H^*}$ definiert. Der folgende „Darstellungssatz von Frechét[6]-Riesz ist die Ausdehnung des klassischen Riesz'schen Darstellungssatzes, der zunächst für die L^p-Räume bewiesen worden war, auf allgemeine Hilbert-Räume.

Satz 4.6 (Darstellungssatz von Frechét-Riesz): *Sei H ein Hilbert-Raum mit Dualraum H^*. Versehen mit der natürlichen Norm $\|\cdot\|_{H^*}$ wird H^* zu einem Banach-Raum. Dieser ist in folgendem Sinne (anti-linear) isometrisch isomorph zum Raum H selbst: Zu jedem Funktional $l \in H^*$ existiert ein eindeutig bestimmtes Element $x \in H$, so dass*

$$l(y) = (y, x)_H, \quad y \in H, \tag{4.4.19}$$

und $\|x\|_H = \|l\|_{H^*}$.

Beweis: i) Wir zeigen als erstes die Vollständigkeit von H^*. Sei $(l_k)_{k\in\mathbb{N}}$ eine Cauchy-Folge in H^*. Für beliebiges $\varepsilon > 0$ gebe es also ein k_ε, so dass $\|l_k - l_j\|_{H^*} < \varepsilon$ für $k, j \geq k_\varepsilon$. Für jedes $y \in H$ gilt dann auch

$$|l_k(y) - l_j(y)| = |(l_k - l_j)(y)| \leq \|l_k - l_j\|_{H^*}\|y\| < \varepsilon\|y\|,$$

d. h.: $(l_k(y))_{k\in\mathbb{N}}$ ist Cauchy-Folge in $\mathbb{C}$. Durch die Setzung $l(y) := \lim_{k\to\infty} l_k(y)$ erhält man dann ein lineares Funktional auf H, welches wegen

$$l(y) = \lim_{k\to\infty} l_k(y) \leq \limsup_{k\to\infty} \|l_k\|_{H^*}\|y\| \leq c\|y\|$$

auch beschränkt ist und damit in H^* liegt. (Bemerkung: Diese Argumentation basiert auf dem allgemeinen Prinzip, dass der punktweise Limes einer gleichmäßig konvergierenden Folge stetiger Abbildungen ebenfalls stetig ist.)

ii) Als nächstes zeigen wir, dass die durch

$$x \in H \to l_x \in H^*$$

definierte lineare Abbildung $J : H \to H^*$ eine Bijektion ist. Wegen der Implikation

$$l_x(y) - l_{x'}(y) = (y, x - x')_H = 0, \quad y \in H \quad \Rightarrow \quad x = x',$$

ist J injektiv. Sei nun ein $l \in H^*$ fixiert. Wir haben ein zugehöriges $x \in H$ zu bestimmen, mit dem (4.4.19) gilt. Dazu definieren wir das (quadratische) Funktional

$$f(y) := (y, y)_H - 2\mathrm{Re}\, l(y) \in \mathbb{R}, \quad y \in H,$$

[6]Maurice René Fréchet (1878–1973): Französischer Mathematiker; Prof. in Poitiers, Straßburg und Paris; Beiträge zur Topologie von Punktmengen (Konzept des "metrischen Raumes") und zur Wahrscheinlichkeitstheorie.

und betrachten die Variationsaufgabe: *Minimiere* $f(y)$ *für* $y \in H$. Aus der Beziehung

$$f(y) = \|y\|_H^2 - 2\mathrm{Re}\, l(y) \geq \|y\|_H^2 - 2|l(y)| \geq \|y\|_H^2 - 2\|l\|_{H^*}\|y\|$$

erschließen wir mit Hilfe der Abschätzung $ab \leq \frac{1}{2}a^2 + \frac{1}{2}b^2$:

$$f(y) \geq -\|l\|_{H^*}^2, \quad y \in H,$$

d. h. die Beschränktheit von $f(\cdot)$ nach unten. Es existiert also

$$\alpha := \inf_{y \in H} f(y) > -\infty.$$

Sei $(x_k)_{k\in\mathbb{N}} \subset H$ ein Minimalfolge, d. h.: $\alpha = \lim_{k\to\infty} f(x_k)$. Mit Hilfe der Parallelogrammregel auf Hilbert-Räumen,

$$\|x - y\|_H^2 + \|x + y\|_H^2 = 2\|x\|_H^2 + 2\|y\|_H^2, \quad x, y \in H,$$

folgt

$$\begin{aligned}\|x_k - x_l\|_H^2 &= 2\|x_k\|_H^2 + 2\|x_l\|_H^2 - \|x_k + x_l\|_H^2 \\ &= 2\|x_k\|_H^2 - 4\mathrm{Re}\, l(x_k) + 2\|x_l\|_H^2 - 4\mathrm{Re}\, l(x_l) - 4\left\|\frac{x_k + x_l}{2}\right\|_H^2 + 8\mathrm{Re}\, l\Big(\frac{x_k + x_l}{2}\Big).\end{aligned}$$

Also gilt

$$\begin{aligned}\|x_k - x_l\|_H^2 &= 2f(x_k) + 2f(x_l) - 4f\Big(\frac{x_k + x_l}{2}\Big) \leq 2f(x_k) + 2f(x_l) - 4\alpha \\ &\to 0 \quad (k, l \to \infty).\end{aligned}$$

Also ist $(x_k)_{k\in\mathbb{N}}$ eine Cauchy-Folge im Hilbert-Raum H und besitzt folglich einen Limes $x := \lim_{k\to\infty} x_k \in H$. Wegen der Stetigkeit von f folgt

$$f(x) = \lim_{k\to\infty} (x_k) = \alpha,$$

und x ist ein Minimum von f auf H. Insbesondere gilt für alle $t \in \mathbb{C}$ und $y \in H$:

$$f(x) = \|x\|_H^2 - 2\mathrm{Re}\, l(x) \leq f(x + ty) = (x + ty, x + ty)_H - 2\mathrm{Re}\, l(x + ty)$$

und folglich

$$\begin{aligned}0 &\leq t(y, x)_H + \bar{t}(x, y)_H + t\bar{t}(y, y)_H - 2\mathrm{Re}\, l(ty) \\ &= 2\mathrm{Re}\{t(y, x)_H\} - 2\mathrm{Re}\,\{tl(y)\} + |t|^2\|y\|_H^2.\end{aligned}$$

Wir wählen $t = \pm s$, $s \in \mathbb{R}_+$, und erhalten nach Division der Gleichung durch s im Limes $s \to 0$:

$$2\mathrm{Re}\,(y, x)_H - 2\mathrm{Re}\, l(y) \leq 0 \leq 2\mathrm{Re}\,(y, x)_H - 2\mathrm{Re}\, l(y).$$

Wählen wir $t = \pm is$, $s \in \mathbb{R}_+$, so ergibt sich analog

$$2\mathrm{Im}\,(y, x)_H - 2\mathrm{Im}\, l(y) \leq 0 \leq 2\mathrm{Im}\,(y, x)_H - 2\mathrm{Im}\, l(y).$$

Also ist

$$(y, x)_H = l(y), \quad y \in H,$$

bzw. $l(\cdot) = (x, \cdot)_H$. Wegen der Injektivität der Abbildung J ist das erzeugende Element $x \in H$ zu $l(\cdot)$ eindeutig bestimmt. Weiter gelten die Beziehungen

$$\|l\|_{H^*} = \sup_{y \in H} \frac{l(y)}{\|y\|_H} = \sup_{y \in H} \frac{(y, x)_H}{\|y\|_H} \le \|x\|_H,$$
$$\|x\|_H^2 = (x, x)_H = l(x) \le \|l\|_{H^*} \|x\|_H,$$

d. h.: $\|x\|_H = \|l\|_{H^*}$. Die Bijektion $J : H \to H^*$ ist also eine Isometrie. Sie ist antilinear, weil das Skalarprodukt antilinear ist im zweiten Argument:

$$(x, \beta y + \gamma z)_H = \overline{\beta}(x, y)_H + \overline{\gamma}(x, z)_H, \quad x, y \in H, \alpha, \beta \in \mathbb{C}. \tag{4.4.20}$$

Dies vervollständigt den Beweis. Q.E.D.

Für *reelle* Hilbert-Räume ist der Isomorphismus J aus dem Beweis von Satz 4.6 linear und damit eine im strengen Sinne isometrische Isomorphie zwischen H und seinem Dualraum H^*; diese können also identifiziert werden. Der Riesz'sche Darstellungssatz besitzt eine sehr nützliche Verallgemeinerung das sog. „Lemma von Lax[7]-Milgram[8]", für nicht notwendig symmetrische Sesquilinearformen.

Satz 4.7 (Lemma von Lax-Milgram): *Sei $b(\cdot,\cdot)$ eine Sesquilinearform auf einem (reellen oder komplexen) Hilbert-Raum H mit den folgenden Eigenschaften (α, $\beta \in \mathbb{R}_+$):*

$$b(\cdot, y) \text{ linear}, \quad b(x, \cdot) \text{ antilinear (s. (4.4.20))}, \tag{4.4.21}$$
$$|b(x, y)| \le \beta \|x\|_H \|y\|_H, \quad x, y \in H \quad \text{(Beschränktheit)}, \tag{4.4.22}$$
$$b(x, x) \in \mathbb{R}, \quad b(x, x) \ge \alpha \|x\|_H^2, \quad x \in H \quad \text{(Definitheit)}. \tag{4.4.23}$$

Dann gibt es eine Bijektion $R : H \to H$, $x \mapsto Rx$, so dass

$$b(y, Rx) = (y, x)_H, \quad y \in H. \tag{4.4.24}$$

Insbesondere besitzt für jedes Funktional $l \in H^*$ die Aufgabe

$$b(y, x) = l(y), \quad y \in H, \tag{4.4.25}$$

eine eindeutig bestimmte Lösung $x \in H$, und diese genügt der Abschätzung

$$\|x\|_H \le \alpha^{-1} \|l\|_{H^*}. \tag{4.4.26}$$

[7]Peter David Lax (1926–): Ungarischer Mathematiker und Träger des Wolf-Preises für Mathematik von 1987, sowie des Abelpreises 2005; derzeit am Courant Institute of Mathematical Sciences an der New York; grundlegende Beiträge zur Theorie partieller Differentialgleichungen und deren Numerik.

[8]Arthur Norton Milgram (1912–1961): US-amerikanischer Mathematiker, wirkte seit 1951 an der University of Minnesota in Minneapolis; Beiträge zu partiellen Differentialgleichungen, Funktionalanalysis, Kombinatorik, Differentialgeometrie und Topologie.

Beweis: Für jedes feste $v \in H$ definiert $l_v(\cdot) := b(\cdot, v)$ ein Funktional $l_v \in H^*$:

$$|l_v(y)| = |b(y,v)| \leq \beta \|y\|_H \|v\|_H, \quad y \in H.$$

Nach dem Riesz'schen Darstellungssatz existieren Elemente $Bv \in H$ und $f \in H$, so dass

$$b(\varphi, v) = (\varphi, Bv)_H, \qquad l(\varphi) = (\varphi, f)_H, \quad \varphi \in H.$$

Die Zuordnung $v \mapsto Bv$ definiert eine antilineare Abbildung mit der Eigenschaft

$$\|Bv\|_H = \|l_v\|_{H^*} = \sup_{y \in H} \frac{l_v(y)}{\|y\|_H} = \sup_{y \in H} \frac{b(y,v)}{\|y\|_H} \leq \beta \|v\|_H,$$

d. h.: B ist beschränkt. Die Aufgabe (4.4.25) ist offenbar äquivalent zu der Gleichung

$$Bu = f\,. \tag{4.4.27}$$

Wir wollen zeigen, dass die Abbildung

$$v \in H \;\mapsto\; T_\delta v := v - \delta(Bv - f) \in H$$

für einen geeigneten Wert $\delta > 0$ eine Kontraktion auf ganz H ist. Dann besitzt die Fixpunktgleichung

$$T_\delta v = v$$

eine eindeutige Lösung $u \in H$, welche wegen $0 = u - T_\delta u = \delta(Bu - f)$ dann auch (eindeutige) Lösung von (4.4.27) bzw. (4.4.25) ist. Die Kontraktionseigenschaft ergibt sich für $w = v - v'$ und $T_\delta v - T_\delta v' = v - \delta(Bv - f) - v' + \delta(Bv' - f) = w - T_\delta w$ aus der Beziehung

$$\begin{aligned}\|w - \delta Bw\|_H^2 &= \|w\|_H^2 - 2\delta\, b(w,w) + \delta^2 \|Bw\|_H^2 \\ &\leq (1 - 2\delta\alpha + \delta^2\beta^2)\|w\|_H^2,\end{aligned}$$

für $0 < \delta < 2\alpha/\beta^2$. Die Abschätzung (4.4.26) ergibt sich dann direkt durch Testen mit $\varphi := u$ in der Variationsgleichung (4.4.25). Q.E.D.

4.5 Das Dirichletsche Prinzip

Im Kapitel 2 waren wir mit der Frage konfrontiert worden, ob das „Dirichlet-Integral"

$$D[v] := \int_\Omega \|\nabla v(x)\|^2 \, dx$$

über einem beschränkten Gebiet $\Omega \subset \mathbb{R}^n$ (offene und zusammenhängende Teilmenge) auf einem geeigneten Funktionenraum ein Minimum besitzt. Die Minimierung des Dirichlet-Integrals $D[\cdot]$ sollte dabei für Funktionen mit Randvorgaben $v_{|\partial\Omega} = g$ erfolgen. Das „Dirichletsche Prinzip" postuliert nun die Existenz einer solchen minimierenden Funktion, welche im Falle ausreichender Glattheit notwendig Lösung der folgenden sog. „Poisson-Gleichung" (spezielle „1. Randwertaufgabe des Laplace-Operators") ist:

$$\Delta v = 0 \ \text{ in } \ \Omega, \qquad v = g \ \text{ auf } \partial\Omega. \tag{4.5.28}$$

Zum Nachweis der Existenz einer solchen minimierenden Funktion hatten wir zunächst den folgenden Funktionenraum zugrunde gelegt:

$$V(\Omega) := \big\{v \in C(\overline{\Omega}) \cap C^1(\Omega),\ \nabla u \in L^2(\Omega)\big\}, \qquad V_0(\Omega) := \big\{v \in V(\Omega) :\ v_{|\partial\Omega} = 0\big\},$$

welcher mit der Norm

$$\|u\|_E := \Big(\int_\Omega \|\nabla u(x)\|^2\,dx\Big)^{1/2}$$

versehen wurde. Durch Anwendung der „direkten Methode der Variationsrechnung" für die auf $V_0(\Omega)$ definierten Funktionale $D[u+g]$ waren wir zu Minimalfolgen $(u_k)_{k\in\mathbb{N}}$ in $V_0(\Omega)$ gelangt,

$$D[u_k + g] \to \inf_{u \in V_0(\Omega)} D[u+g] \quad (k \to \infty),$$

die sich als Cauchy-Folgen in $V_0(\Omega)$ erwiesen. Die Randwerte g auf $\partial\Omega$ werden dabei als sog. „Spur" einer auf ganz Ω definierten Funktion $g \in V(\Omega)$ angenommen. An dieser Stelle musste die Argumentation abbrechen, da mit den seinerzeit zur Verfügung stehenden Mitteln diesen Cauchy-Folgen keine Limiten zugeordnet werden konnten. Denn der Funktionenraum $V_0(\Omega)$ ist nicht vollständig bzgl. der durch die Norm $\|\cdot\|_E$ induzierten Konvergenz. Mit Hilfe der nun verfügbaren Theorie des Lebesgue-Integrals und insbesondere des Lebesgue-Raumes $L^2(\Omega)$ können wir diese Argumentation vervollständigen.

Als erstes Hilfsmittel stellen wir die folgende sog. „Poincarésche Ungleichung" bereit.

Lemma 4.6 (Poincarésche Ungleichung): *Auf dem Funktionenraum $V_0(\Omega)$ gilt die Poincarésche Ungleichung*

$$\int_\Omega |v(x)|^2\,dx \le d_\Omega^2 \int_\Omega \|\nabla v(x)\|^2\,dx, \qquad v \in V_0(\Omega). \tag{4.5.29}$$

mit $d_\Omega := \operatorname{diam}(\Omega)$.

Beweis: Sei $Q \subset \mathbb{R}^n$ ein parallel zu den kartesischen Achsen orienter (abgeschlossener) Würfel mit Kantenlänge $L = d_\Omega$, der die Menge G enthält. O.B.d.A. nehmen wir an, dass $Q = [0,L]^n$. Wir setzen die Funktion $v \in V_0(\Omega)$ sowie ihren Gradienten durch Null zu Funktionen $\overline{v} : Q \to \mathbb{R}$ bzw. $\overline{\nabla v} : \Omega \to \mathbb{R}^n$ fort. Für einen Punkt $x \in \Omega$ gilt mit dem Richtungsvektor $e^{(1)}$:

$$v(x + te^{(1)}) - v(x) = \int_0^t \frac{d}{ds} v(x + se^{(1)})\,ds = \int_0^t \partial_1 v(x + se^{(1)})\,ds.$$

Sei nun $t_1 \in \mathbb{R}_+$ die kleinste Zahl mit $x + t_1 e^{(1)} \in \partial\Omega$, d. h.: $v(x + t_1 e^{(1)}) = 0$. Mit Hilfe der Hölderschen Ungleichung folgt

$$|v(x)|^2 \le \Big(\int_0^{t_1} \partial_1 v(x + se^{(1)})\,ds\Big)^2 \le L \int_0^L \|\overline{\nabla v}(\xi_1, x_2 \dots, x_n)\|^2\,d\xi_1.$$

Wir integrieren diese Ungleichung unter Verwendung des Satzes von Fubini nacheinander bzgl. der Variablen $x_1, \dots, x_n$:

$$\begin{aligned}\int_Q |\overline{v}(x)|^2\,dx &= \int_0^L \dots \int_0^L |\overline{v}(x_1,\dots,x_n)|^2\,dx_1\dots dx_n\\ &\le L\int_0^L \dots \int_0^L \Big(\int_0^L \|\overline{\nabla v}(\xi_1,x_2\dots,x_n)\|^2\,d\xi_1\Big)\,dx_1\dots dx_n\\ &= L^2\int_0^L \dots \int_0^L \Big(\int_0^L \|\overline{\nabla v}(\xi_1,x_2\dots,x_n)\|^2\,d\xi_1\Big)\,dx_2\dots dx_n\\ &= L^2\int_Q \|\overline{\nabla v}(x)\|^2\,dx.\end{aligned}$$

Im Hinblick auf die Definition von $\overline{v}$ und $\overline{\nabla v}$ vervollständigt dies den Beweis. Q.E.D.

Die Cauchy-Folge $(u_k)_{k\in\mathbb{N}}$ in $V_0(\Omega)$ ist wegen der Poincaréschen Ungleichung auch Cauchy-Folge im Hilbert-Raum $L^2(\Omega)$:

$$\|u_k - u_j\|_2 \le d_\Omega\|\nabla(u_k - u_j)\|_2 \to 0 \quad (k,j\to\infty).$$

Folglich existiert ein Limes $u \in L^2(\Omega)$ mit

$$\|u_k - u\|_2 \to 0 \quad (k\to\infty).$$

Weiter sind die Folgen der partiellen Ableitungen $(\partial_i u_k)_{k\in\mathbb{N}}$ Cauchy-Folgen in $L^2(\Omega)$ und besitzen daher ebenfalls Limiten $u^{(i)} \in L^2(\Omega)$ mit

$$\|\partial_i u_k - u^{(i)}\|_2 \to 0 \quad (k\to\infty), \quad i = 1,\dots,n.$$

Diese Beobachtung legt die folgende Definition nahe.

Definition 4.5 (Sobolew-Raum $H_0^1(\Omega)$): *Der „Sobolew-Raum“ $H_0^1(\Omega)$ ist definiert als der Teilraum aller Funktionen $u \in L^2(\Omega)$, zu denen es approximierende Folgen $(u_k)_{k\in\mathbb{N}} \subset V_0(\Omega)$ gibt, so dass mit gewissen $u^{(i)} \in L^2(\Omega)$, $i = 1,\dots,n$, gilt:*

$$\|u_k - u\|_2 \to 0, \qquad \|\partial_i u_k - u^{(i)}\|_2 \to 0 \quad (k\to\infty).$$

Der Vektor $(u^{(i)})_{i=1}^n \in L^2(\Omega)^n$ wird der „verallgemeinerte Gradient“ von u genannt und ebenfalls mit ∇u bezeichnet.

Durch ein Stetigkeitsargument überträgt sich die Poincarésche Ungleichung auch auf Funktionen in $H_0^1(\Omega)$, d. h.: Für jedes $u \in H_0^1(\Omega)$ gilt mit einer approximierenden Folge $(u_k)_{k\in\mathbb{N}} \subset V_0(\Omega)$ gemäß Definition 4.5:

$$\|u\|_2 = \lim_{k\to\infty}\|u_k\|_2 \le d_\Omega \lim_{k\in\mathbb{N}}\|\nabla u_k\|_2 = d_\Omega\|\nabla u\|_2. \tag{4.5.30}$$

Lemma 4.7: *Für eine Funktion $u \in H_0^1(\Omega)$ ist der verallgemeinerte Gradient $\nabla u \in L^2(\Omega)^n$ eindeutig bestimmt. Die Menge $H_0^1(\Omega)$ ist ein Vektorrraum, der mit der Norm*

$$\|u\|_{H_0^1} := \|\nabla u\|_2$$

sogar ein Banach-Raum ist.

Beweis: i) Sei $u \in H_0^1(\Omega)$ mit approximierender Folge $(u_k)_{k\in\mathbb{N}} \subset V_0(\Omega)$ und zugehörigem verallgemeinertem Gradienten $\nabla u = (u^{(i)})_{i=1}^n \in L^2(\Omega)^n$. Ist nun $(\tilde{u}_k)_{k\in\mathbb{N}} \subset V_0(\Omega)$ eine zweite approximierende Folge zu u, so folgt mit Hilfe partieller Integration (Satz von Gauß) für beliebiges $\varphi \in V_0(\Omega)$:

$$\begin{aligned}(\tilde{u}^{(i)} - u^{(i)}, \varphi)_2 &= \lim_{k\to\infty} (\partial_i \tilde{u}_k, \varphi)_2 - \lim_{k\to\infty} (\partial_i u_k, \varphi)_2 \\ &= -\lim_{k\to\infty} (\tilde{u}_k, \partial_i\varphi)_2 + \lim_{k\to\infty} (u_k, \partial_i\varphi)_2 = -(u, \partial_i\varphi)_2 + (u, \partial_i\varphi)_2 = 0.\end{aligned}$$

Nach Korollar 4.2 folgt also $\tilde{u}^{(i)} = u^{(i)}$ f. ü. in Ω. Der verallgemeinerte Gradient ist also eindeutig bestimmt.

ii) Seien $u, v \in H_0^1(\Omega)$ mit zugehörigen approximierenden Folgen $(u_k)_{k\in\mathbb{N}}, (v_k)_{k\in\mathbb{N}}$ aus $V_0(\Omega)$ und $\alpha, \beta \in \mathbb{R}$. Dann ist $(\alpha u_k + \beta v_k)_{k\in\mathbb{N}} \subset V_0(\Omega)$ eine approximierende Folge für $\alpha u + \beta v$. Folglich ist $\alpha u + \beta v \in H_0^1(\Omega)$ mit dem verallgemeinerten Gradienten $\nabla(\alpha u + \beta v) = \alpha\nabla u + \beta\nabla v$. Also ist $H_0^1(\Omega)$ ein Vektorraum.

iii) Durch $\|u\|_{H_0^1} := \|\nabla u\|_2 \geq 0$ ist auf $H_0^1(\Omega)$ einen Norm erklärt. Sei $u \in H_0^1(\Omega)$ mit approximierender Folge $(u_k)_{k\in\mathbb{N}} \subset V_0(\Omega)$. Im Fall $\|u\|_{H_0^1} = 0$ ist also

$$0 = \lim_{k\to\infty} \|\partial_i u_k\|_2 = \|u^{(i)}\|_2,$$

und folglich $u^{(i)} = 0$. Mit Hilfe der Poincaréschen Ungleichung folgt dann auch $u = 0$. Die Homogenität sowie die Dreiecksungleichung ergibt sich für $\|\cdot\|_{H_0^1}$ ebenfalls durch Stetigkeit aus den entsprechenden Eigenschaften auf $V_0(\Omega)$.

iv) Sei $(u_k)_{k\in\mathbb{N}}$ eine Cauchy-Folge in $H_0^1(\Omega)$. Die zugehörigen approximierenden Folgen aus $V_0(\Omega)$ seien $(u_{k,j})_{j\in\mathbb{N}}$. Für jedes $k \in \mathbb{N}$ wählen wir $j_k \in \mathbb{N}$ mit $\|u_{k,j_k} - u_k\|_{H^1} < 1/k$. Dann gilt für $l \geq k$:

$$\|u_{k,j_k} - u_{l,j_l}\|_{H^1} \leq \|u_{k,j_k} - u_k\|_{H_0^1} + \|u_k - u_l\|_{H_0^1} + \|u_l - u_{l,j_l}\|_{H_0^1} \leq \frac{2}{k} + \|u_k - u_l\|_{H_0^1}.$$

Dies impliziert, dass die Folge $(u_{k,j_k})_{k\in\mathbb{N}} \subset V_0(\Omega)$ eine Cauchy-Folge bzgl. der H_0^1-Norm ist. Diese besitzt definitionsgemäß einen Limes in $H_0^1(\Omega)$. Q.E.D.

Bemerkung 4.7: Für die verallgemeinerten Ableitungen $\partial_i u := u^{(i)}$ einer Funktion $u \in H_0^1(\Omega)$ mit approximierender Folge $(u_k)_{k\in\mathbb{N}} \subset V_0(\Omega)$ gilt definitionsgemäß

$$\begin{aligned}\int_\Omega u^{(i)}\varphi\,dx &= \int_\Omega \lim_{k\to\infty} \partial_i u_k\varphi\,dx = \lim_{k\to\infty} \int_\Omega \partial_i u_k\varphi\,dx \\ &= -\lim_{k\to\infty} \int_\Omega u_k\partial_i\varphi\,dx = -\int_\Omega \lim_{k\to\infty} u_k\partial_i\varphi\,dx \\ &= -\int_\Omega u\partial_i\varphi\,dx, \quad \varphi \in V_0(\Omega).\end{aligned}$$

Diese Beziehung kann auch zur direkten Definition der verallgemeinerten Ableitung verwendet werden. Man spricht dann von einer „schwachen“ oder auch „distributionellen Ableitung“. Der auf diese Weise über das Konzept der Funktionen mit „verallgemeinerten Ableitungen“ in $L^2(\Omega)$ definierte mit $H_0^1(\Omega) =: H_0^{1,2}(\Omega)$ identische Sobolew-Raum wird in der Regel mit $W_0^{1,2}(\Omega)$ bezeichnet. Die entsprechenden Funktionenräume ohne Einbeziehung von Nullrandwerten sind $H^1(\Omega)$ bzw. $W^{1,2}(\Omega)$. Diese Notation lässt offensichtliche Erweiterungen für allgemeine Integrierbarkeitspotenzen $1 \leq p < \infty$ und Ableitungsordnungen $m \in \mathbb{N}$ zu $H^{m,p}(\Omega) = W^{m,p}(\Omega)$. Die Gültigkeit dieser Gleichheit, d. h. die Äquivalenz der obigen Konstruktion von Sobolew-Räumen über den Vervollständigungsprozess mit dem Konzept der „schwachen Differenzierbarkeit“ ist ein fundamentales, aber nicht-triviales Resultat der Analysis von Funktionenräumen. Dabei bedarf der Grenzfall $p = \infty$ einer gesonderten Betrachtung (s. Übungsaufgabe).

Satz 4.8 (Dirichletsches Prinzip): *Das Dirichlet-Integral besitzt für jede Randvorgabe $g \in V(\Omega)$ ein eindeutiges Minimum in der Menge $H_g^1(\Omega) := g + H_0^1(\Omega)$, d. h.: Das Dirichletsche Prinzip gilt, wenn als Minima Funktionen mit verallgemeinerten Gradienten zugelassen werden. Dieses Minimum $v \in H_g^1(\Omega)$ ist charakterisiert als die eindeutige Lösung der „Variationsgleichung“*

$$(\nabla v, \nabla \varphi)_2 = 0, \quad \varphi \in H_0^1(\Omega). \tag{4.5.31}$$

Beweis: i) *Existenz:* Sei $(u_k)_{k\in\mathbb{N}} \subset V_0(\Omega)$ eine Minimalfolge des Funktionals $D[u+g]$ mit Limes $u \in H_0^1(\Omega)$, d. h.:

$$D[u+g] = \lim_{k\to\infty} D[u_k+g] = \inf_{w\in V_0(\Omega)} D[w+g].$$

Dann gilt für beliebiges $\varphi \in H_0^1(\Omega)$ und $t \in \mathbb{R}$:

$$\begin{aligned} 0 \leq D[u+t\varphi+g] - D[u+g] &= D[u+g] + 2t(\nabla(u+g), \nabla\varphi)_2 + t^2\|\nabla\varphi\|_2^2 - D[u+g] \\ &= 2t(\nabla(u+g), \nabla\varphi)_2 + t^2\|\nabla\varphi\|_2^2. \end{aligned}$$

Dies kann für festes $\varphi \in H_0^1(\Omega)$ nur dann für beliebiges $t \in \mathbb{R}$ gelten, wenn

$$(\nabla v, \nabla\varphi)_2 = (\nabla(u+g), \nabla\varphi)_2 = 0, \quad \varphi \in V_0(\Omega).$$

Umgekehrt folgt aus der Gültigkeit dieser Gleichung für ein $u \in H_0^1(\Omega)$ und $t = 1$ notwendig

$$D[u+\varphi+g] - D[u+g] = \|\nabla\varphi\|_2^2 \geq 0, \quad \varphi \in H_0^1(\Omega),$$

d. h.: $D[u+g] = \min_{w\in H_0^1(\Omega)} D[w+g]$.

ii) *Eindeutigkeit:* Ist nun $u' \in H_0^1(\Omega)$ ein zweites Minimum von $D[\cdot+g]$ bzw. eine zweite Lösung von (4.5.31), so gilt

$$(\nabla(u-u'), \nabla\varphi)_2 = 0, \quad \varphi \in H_0^1(\Omega).$$

Mit $\varphi := u - u'$ ergibt sich $\|\nabla(u-u')\|_2 = 0$ und folglich $u = u'$. Q.E.D.

Bemerkung 4.8: Die Randwerte g in Satz 4.8 werden als „Spur“ einer Funkion aus $V(\Omega)$ angenommen. Dies kann offensichtlich verallgemeinert werden zu $g \in H^1(\Omega)$.

Bemerkung 4.9: Beim Vergleich des Beweises von Satz 4.8 (Dirichletsches Prinzip) mit dem Beweis des Darstellungssatzes von Frechét-Riesz (Satz 4.6) stellt man starke Parallelen fest; beide verwenden u. a. die „direkte Methode der Variationsrechnung“. Daher ist es nicht überraschend, dass man die Aussage von Satz 4.8 im Rahmen eines geeigneten abstrakten Rahmens auch mit Hilfe von Satz 4.6 erhalten kann. Dazu wählen wir den Hilbert-Raum $H := H_0^1(\Omega)$ mit dem speziellen Skalarprodukt $(u, v)_H := (\nabla u, \nabla v)_2$ und definieren ein Funktional $l(\cdot) \in H^*$ durch

$$l(\varphi) := -(g, \varphi)_H, \quad \varphi \in H,$$

wobei $g \in V(\Omega)$ die gegebenen Randdaten sind. Mit Hilfe des allgemeinen Darstellungssatzes von Frechét-Riesz (in seiner „reellen“ Variante) folgt dann die Existenz eines Elements $v \in H$ mit der Eigenschaft

$$(v, \varphi)_H = l(\varphi), \quad \varphi \in H.$$

bzw.

$$(\nabla v, \nabla\varphi)_2 = -(\nabla g, \nabla\varphi)_2, \quad \varphi \in H_0^1(\Omega).$$

Die Funktion $u := v + g \in V(\Omega)$ erfüllt dann

$$(\nabla u, \nabla\varphi)_2 = (\nabla(v + g), \nabla\varphi)_2 = 0, \quad \varphi \in H_0^1(\Omega),$$

und ist folglich Minimum des Dirichlet-Integrals.

Das Dirichletsche Prinzip entspricht der Frage nach der Existenz von Lösungen der speziellen „1. Randwertaufgabe des Laplace-Operators“ („Poisson-Gleichung“)

$$\Delta v = 0 \quad in \ \Omega, \quad u|_{\partial\Omega} = g. \tag{4.5.32}$$

Die durch die Minimierung des Dirichlet-Integrals gewonnene (eindeutige) „Lösung“ $v \in H_g^1(\Omega)$ wird „verallgemeinerte“ (oder auch „variationelle“ oder „schwache“) Lösung genannt. Ist eine solche „schwache“ Lösung ausreichend glatt, etwa $v \in C(\overline{\Omega}) \cap C^2(\Omega)$, so ist sie auch „klassische“ Lösung, d. h. erfüllt (4.5.32) im üblichen Sinne. Der Nachweis der höheren Glattheit der schwachen Lösung ist schwierig und Gegenstand eigener Texte über partielle Differentialgleichungen.

Anwendung der entsprechenden Argumentation auf das „Energiefunktional“

$$F(v) := \frac{1}{2}\int_\Omega |\nabla v(x)|^2\,dx - \int_\Omega f(x)v(x)\,dx$$

zu gegebenem $f \in L^2(\Omega)$ liefert die Existenz einer eindeutigen Lösung $v \in H_g^1(\Omega)$ der Variationsgleichung

$$(\nabla v, \nabla\varphi)_2 = (f, \varphi)_2, \quad \varphi \in H_0^1(\Omega), \tag{4.5.33}$$

bzw. einer „schwachen" Lösung der Randwertaufgabe (allgemeine „1. Randwertaufgabe des Laplace-Operators"):

$$-\Delta v = f \quad in \ \Omega, \qquad u|_{\partial\Omega} = g. \tag{4.5.34}$$

Um hier den Riesz'schen Darstellungssatz anwenden zu können, muss gezeigt werden, dass das durch

$$l(\varphi) := (f, \varphi)_2, \qquad \varphi \in L^2(\Omega),$$

auf $H = H_0^1(\Omega)$ definierte lineare Funktion auch stetig bzw. beschränkt ist, d. h.: $l \in H^*$. Dies folgt aber direkt mit Hilfe der Poincaréschen Ungleichung:

$$|l(\varphi)| = |(f, \varphi)_2| \le \|f\|_2 \|\varphi\|_2 \le c_\Omega \|f\|_2 \|\nabla\varphi\|_2 = c_\Omega \|f\|_2 \|\varphi\|_H, \qquad \varphi \in H.$$

Eine weitere Verallgemeinerung der Argumentation erfordert die Berücksichtigung eines sog. „Transportterms" in (4.5.34):

$$-\Delta v + b \cdot \nabla v = f \quad in \ \Omega, \qquad u|_{\partial\Omega} = g. \tag{4.5.35}$$

Dabei sei für das „Transportfeld" $b : \overline{\Omega} \to \mathbb{R}^n$ angenommen, dass $b \in C^1(\overline{\Omega})^n$ und $\nabla \cdot b \le 0$ in Ω. Solche sog. „Diffusions-Transport-Probleme" spielen eine zentrale Rolle in der Strömungsmechanik. Zum Nachweis der Existenz von „schwachen" Lösungen können wir uns nicht der obigen direkten Methode der Variationsrechnung bedienen, da das zu dem Diffusions-Transport-Operator gehörende „Energiefunktional"

$$F(v) := \frac{1}{2} \int_\Omega |\nabla v(x)|^2 \, dx + \int_\Omega b \cdot \nabla v(x) v(x) \, dx - \int_\Omega f(x) v(x) \, dx$$

nicht notwendig ein Minimum besitzen muss. Stattdessen verwenden wir das im vorigen Abschnitt bewiesene Lemma von Lax-Milgram.

Satz 4.9: *Das Diffusions-Transport-Problem (4.5.35) besitzt für jede rechte Seite* $f \in L^2(\Omega)$ *eine eindeutige „schwache" Lösung* $v \in H_g^1(\Omega)$, *welche durch die folgende Variationsgleichung bestimmt ist:*

$$(\nabla v, \nabla\varphi)_2 + (b \cdot \nabla v, \varphi)_2 = (f, \varphi)_2, \qquad \varphi \in H_0^1(\Omega). \tag{4.5.36}$$

Erfüllt die schwache Lösung zusätzlich $v \in C(\overline{\Omega}) \cap C^2(\Omega)$, *so ist sie klassische Lösung von (4.5.35).*

Beweis: i) Wir betten die gegebene Situation in den allgemeinen funktionalanalytischen Rahmen des Lemmas von Lax-Milgram (Satz 4.7) ein. Als Hilbert-Raum verwenden wir wieder $H := H_0^1(\Omega)$ mit dem Skalarprodukt $(\varphi, \psi)_H := (\nabla\varphi, \nabla\psi)_2$. Auf H definieren wir die Bilinearform

$$b(\varphi, \psi) := (\nabla\varphi, \nabla\psi) + (b \cdot \nabla\varphi, \psi)$$

und die Linearform

$$l(\varphi) := (f, \varphi)_2 - (\nabla g, \nabla\varphi).$$

Für diese gelten wieder mit Hilfe der Poicaréschen Ungleichung die Abschätzungen

$$|b(\varphi,\psi)| \le \|\varphi\|_2\|\psi\|_2 + \|b\|_\infty\|\nabla\varphi\|_2\|\psi\|_2 \le \beta\|\varphi\|_H\|\psi\|_H,$$

$$b(\varphi,\varphi) = \|\nabla\varphi\|_2^2 + \tfrac{1}{2}(b,\nabla\varphi^2)_2 = \|\nabla\varphi\|_2^2 - \tfrac{1}{2}(\nabla\cdot b,\varphi^2)_2 \ge \|\nabla\varphi\|_2^2 = \|\varphi\|_H^2,$$

und

$$|l(\varphi)| \le \|f\|_2\|\varphi\|_2 + \|\nabla g\|_2\|\nabla\varphi\|_2 \le c\|\nabla\varphi\|_2 = c\|\varphi\|_H.$$

Also ist die Bilinearform $b(\cdot,\cdot)$ beschränkt und definit, und die Linearform $l(\cdot)$ ist beschränkt. Damit sind die Voraussetzungen des Lemmas von Lax-Milgram erfüllt und es gibt ein eindeutig bestimmtes $u\in H$ mit

$$b(u,\varphi) = l(\varphi), \qquad \varphi\in H.$$

bzw.

$$(\nabla u,\nabla\varphi) + (b\cdot\nabla u,\varphi) = (f,\varphi)_2 - (\nabla g,\nabla\varphi), \qquad \varphi\in H.$$

Dann erfüllt $v = u + g \in H_g^1(\Omega)$ die Gleichung (4.5.36).

ii) Sei nun die schwache Lösung $v\in H_g^1(\Omega)$ auch in $C(\overline{\Omega})\cap C^2(\Omega)$. Für Testfunktionen $\varphi\in C_0^\infty(\Omega)$ kann in der Variationsgleichung (4.5.36) partiell integriert werden, und wir erhalten

$$(-\Delta v + \beta\cdot\nabla v - f,\varphi)_2 = 0, \qquad \varphi\in C_0^\infty(\Omega).$$

Der Fundamentalsatz der Variationsrechnung (Satz 4.2) impliziert dann die Gültigkeit der Diffusions-Transport-Gleichung (4.5.35). Q.E.D.

4.6 Übungen

Übung 4.1: Sei $\Omega\subset\mathbb{R}^n$ ein Gebiet (offene und zusammenhängende Teilmenge) und $\emptyset\ne K\subset\Omega$ eine kompakte Teilmenge mit positiven Abstand $\delta_K := \mathrm{dist}(K,\partial\Omega)$ zum Rand von Ω. Wir definieren die stetigen Funktionen $d(x) := \mathrm{dist}(x,K)$ und, für $0 < \delta \le \delta_K$,

$$h(t) := \begin{cases} 1, & t < \frac{1}{3}\delta, \\ 2 - \frac{3}{\delta}t, & \frac{1}{3}\delta \le t \le \frac{2}{3}\delta, \\ 0, & \frac{2}{3}\delta < t. \end{cases}$$

Man zeige:

a) Die stetige Funktion $f(x) := h(d(x))$ hat dann die Eigenschaften $0\le f\le 1$ und

$$f\equiv 0 \quad \text{in } K_{2\delta/3}^c, \qquad f\equiv 1 \quad \text{in } K_{\delta/3},$$

mit $K_\varepsilon := \{x\in\mathbb{R}^n:\ \mathrm{dist}(x,K) < \varepsilon\}$.

b) Mit einer Funktion $\psi\in C_0^\infty(\mathbb{R}^n)$, $\psi\ge 0$, mit der Eigenschaft

$$\int_{\mathbb{R}^n}\psi(x)\,dx = 1, \qquad \psi(x) = 0 \text{ für } \|x\| > 1.$$

(Die Existenz einer solchen Funktion war Gegenstand einer früheren Aufgabe.) wird das sog. „Faltungsintegral“ gebildet:

$$\varphi_\delta(x) := \Big(\frac{6}{\delta}\Big)^n \int_{\mathbb{R}^n} f(y)\psi\Big(\frac{x-y}{\delta/6}\Big)\,dy.$$

Dieses hat dann als Funktion $\varphi_\delta : \Omega \to \mathbb{R}$ die Eigenschaften $\varphi_\delta \in C_0^\infty(\Omega)$ und

$$0 \le \varphi_\delta \le 1, \quad \varphi_\delta(x) = 1, \;\; x \in K.$$

Übung 4.2: Sei $\Omega \subset \mathbb{R}^n$ ein Gebiet. Man zeige, dass jede Funktion $g \in L^1(\Omega)$ mit

$$\int_\Omega g(x)\varphi(x)\,dx = 0 \quad \forall \varphi \in C_0^\infty(\Omega)$$

f. ü. in Ω gleich Null ist. (Hinweis: Jede messbare Teilmenge $A \subset \Omega$ lässt sich bzgl. des L-Maßes durch offene Mengen $A \subset O \subset \Omega$ und diese wiederum durch kompakte Teilmengen $K \subset O$ approximieren.)

Übung 4.3: Eine messbare Funktion $f : \Omega \to \mathbb{R}$ auf einem Gebiet $\Omega \subset \mathbb{R}^n$ wird „wesentlich beschränkt“ genannt, wenn es eine Konstante $M \in \mathbb{R}$ gibt, so dass

$$\mu(\{x \in \Omega \,|\, |f(x)| > M\}) = 0,$$

d.h. wenn es eine Modifikation von f auf einer Nullmenge gibt, so dass die entstehende Funktion im klassischen Sinne beschränkt ist. Ein solches M wird eine „wesentliche Schranke“ genannt. Als „wesentliches Supremum“, in Zeichen $\operatorname{ess\,sup}_\Omega|f|$, bezeichnet man

$$\operatorname{ess\,sup}_\Omega |f| := \inf\{M > 0 \,|\, M \text{ wesentliche Schranke von } f \text{ auf } \Omega\}.$$

a) Man zeige, dass die Menge der auf Ω wesentlich beschränkten Funktionen einen Vektorraum bilden, auf dem durch $\|f\|_\infty := \operatorname{ess\,sup}_\Omega |f|$ eine Seminorm definiert ist, und dass der dann durch die übliche Äquivalenzklassen- bzw. Quotientenraumbildung definierte normierte Raum $L^\infty(\Omega)$ vollständig, d. h. ein Banach-Raum, ist.

b) Kann der Teilraum $C_0^\infty(\Omega) \subset L^p(\Omega)$ wie im Fall der L^p-Räume für $1 \le p < \infty$ auch im Grenzfall $p = \infty$ dicht in $L^\infty(\Omega)$ liegen?

Übung 4.4: Die der Fourier-Analyse zugrunde liegende Menge der komplexen Exponentialfunktionen $\{e^{ikx},\, k \in \mathbb{Z}\}$ bilden ein vollständiges Orthonormalsysteme (ONS) im Lebesgue-Raum $L^2(0, 2\pi)$.

a) Man begründe mit den Hilfsmitteln des Textes, dass eine auf dem Intervall $(0, 2\pi)$ Lebesgue-integrierbare Funktion $f \in L(0, 2\pi)$ genau dann quadrat-integrabel ist, d. h. in $L^2(0, 2\pi)$ liegt, wenn die Folge ihrer (komplexen) Fourier-Koeffizienten c_k, $k \in \mathbb{Z}$, quadratisch summierbar ist:

$$f \in L^2(0, 2\pi) \quad \Leftrightarrow \quad \sum_{k\in\mathbb{Z}} |c_k|^2 < \infty.$$

b) Man begründe mit den Hilfsmitteln des Textes, dass die aus der Monombasis $\{x^k,\ k \in \mathbb{N}_0\}$ mit dem Gram-Schmidtschen Orthogonalisierungsverfahren im Lebesgue-Raum $L^2(-1,1)$ gewonnene Menge orthonormaler Polynome (sog. „Legendre-Polynome") vollständig in $L^2(-1,1)$ ist. Gilt dann hierfür ebenfalls eine zu (a) analoge Äquivalenzaussage? (Hinweis: Man beachte, dass $C_0^\infty(-1,1) \subset L^2(-1,1)$ dicht liegt.)

Übung 4.5: Man entscheide mit Begründung, ob die folgenden Aussagen war oder falsch sind:

a) Eine bzgl. der L^2-Norm konvergente Folge $(f_k)_{k\in\mathbb{N}} \subset L^2(\mathbb{R})$ konvergiert notwendig punktweise fast überall.

b) Eine fast überall punktweise gegen eine Funktion $f \in L^2(\mathbb{R})$ konvergente Folge $(f_k)_{k\in\mathbb{N}} \subset L^2(\mathbb{R})$, konvergiert auch bzgl. der L^2-Norm gegen f.

c) Sei $\Omega \subset \mathbb{R}^n$ eine beschränktes Gebiet. Dann ist der Banach-Raum $(L^p(\Omega), \|\cdot\|_p)$ für $1 \le p' \le p < \infty$ einbettbar in den Banach-Raum $(L^{p'}(\Omega), \|\cdot\|_{p'})$.

d) Die Aussage von (c) gilt auch für Gebiete $\Omega \subset \mathbb{R}^n$ mit endlichem Lebesgue-Maß, $\mu(\Omega) < \infty$.

e) Die Aussage von (c) gilt auch für Gebiete $\Omega \subset \mathbb{R}^n$ mit unendlichem Lebesgue-Maß, z. B.: $\Omega = \mathbb{R}^1$.

Übung 4.6: Auf einem beschränkten Gebiet $\Omega \subset \mathbb{R}^n$ werden für $1 \le p \le \infty$ die Lebesgue-Räume $L^p(\Omega)$ betrachtet. Man zeige:

a) Es ist $L^\infty(\Omega) \subset L^p(\Omega)$ für $1 \le p < \infty$ und für jede Funktion $f \in L^\infty(\Omega)$ konvergiert

$$\|f\|_p \to \|f\|_\infty \quad (p \to \infty).$$

b) Es gilt

$$\cap_{p\in[1,\infty)} L^p(\Omega) \neq L^\infty(\Omega).$$

Kann die Aussage (a) auch auf unbeschränkten Gebieten gelten?

Übung 4.7: Die Fourier-Transformation definiert einen isometrischen Isomorphismus des Schwartz-Raumes $\mathcal{S}(\mathbb{R})$ auf sich. Insbesondere gilt die „Formel von Plancherel":

$$(\hat{f}, \hat{g})_2 = (f, g)_2, \qquad \|\hat{f}\|_2 = \|f\|_2.$$

Man zeige, dass sich diese Aussage erweitern lässt zu: *Die Fourier-Transformation definiert einen isometrischen Isomorphismus des Lebesgue-Raumes* $L^2(\mathbb{R})$ *auf sich.* (Hinweis: Man beachte, dass $C_0^\infty(\mathbb{R}) \subset L^2(\mathbb{R})$ dicht liegt.)

Übung 4.8: Der Folgenraum $l^{1/2,2}(\mathbb{N})$ besteht aus allen Zahlenfolgen $a = (a_k)_{k\in\mathbb{N}},\ a_k \in \mathbb{R}$, mit der Eigenschaft

$$\sum_{k=1}^{\infty} k|a_k|^2 < \infty.$$

Dieser Vektorraum ist versehen mit der Norm $\|a\|_{1/2,2} := (\sum_{k=1}^{\infty} k|a_k|^2)^{1/2}$ ein Banach-Raum. Man zeige:

a) Der Folgenraum $l^{1/2,2}(\mathbb{N})$ ist enthalten in $l^2(\mathbb{N})$.

b) Die „Einbettung" des Banachraumes $(l^{1/2,2}(\mathbb{N}), \|\cdot\|_{1/2,2})$ in $(l^2(\mathbb{N}), \|\cdot\|_2)$ ist kompakt, d. h.: Jede bzgl. der Norm $\|\cdot\|_{1/2,2}$ beschänkte Folge $(a^i)_{i\in\mathbb{N}} \subset l^{1/2,2}(\mathbb{N})$ hat eine bzgl. der Norm $\|\cdot\|_2$ in $l^2(\mathbb{N})$ konvergente Teilfolge. (Hinweis: Man rekapituliere den Beweis des Satzes von Bolzano-Weiserstrass im $\mathbb{R}^n$.)

Übung 4.9: Für ein Gebiet $\Omega \subset \mathbb{R}^n$ ist der Sobolew-Raum $H_0^1(\Omega)$ definiert als die Vervollständigung des Raumes der $C_0^\infty(\Omega)$ „Testfunktionen" bzgl. der H^1-norm $\|u\|_{1,2} := (\|u\|_2^2 + \|\nabla u\|_2^2)^{1/2}$, d. h.: $H_0^1(\Omega) = \overline{C_0^\infty(\Omega)}^{\|\cdot\|_{1,2}}$. Der Sobolew-Raum $H_0^1(\Omega)$ kann offenbar als Teilraum des Lebesgue-Raumes $L^2(\Omega)$ aufgefasst werden. Für *beschränkte* Gebiete ist diese Einbettung $H_0^1(\Omega) \subset L^2(\Omega)$ kompakt, d. h.: Jede bzgl. der H^1-Norm beschränkte Folge $(u_k)_{k\in\mathbb{N}} \subset H_0^1(\Omega)$ besitzt eine in $L^2(\Omega)$ konvergente Teilfolge. Man beweise diese Aussage für die spezielle Situation $n = 1$ und $\Omega = (0, 2\pi)$. Dazu folge man der folgenden Argumentationskette:

i) Für 2π-periodische L^2-Funktionen gilt mit $e_k(x) := e^{-\mathrm{i}kx}$ die Parsevalsche Identität

$$u \in L^2(0,2\pi): \qquad \|u\|_2^2 = \sum\nolimits_{k\in\mathbb{Z}} |c_k|^2, \quad c_k := (2\pi)^{-1/2}(u, e_k)_2.$$

d. h.: Der Lebesgue-Raum $L^2(0,2\pi)$ ist isometrisch isomorph zum Folgenraum $l^2(\mathbb{Z})$. Man zeige für 2π-periodische H_0^1-Funktionen die entsprechende Identität

$$u \in H_0^1(0,2\pi): \qquad \|u\|_{1,2}^2 = \sum\nolimits_{k\in\mathbb{Z}} \{|c_k|^2 + k^2|c_k|^2\},$$

d. h.: Der Sobolew-Raum $H_0^1(0,2\pi)$ ist isometrisch isomorph zum Folgenraum $l^{1,2}(\mathbb{Z})$.

ii) Der Folgenraum $l^{1,2}(\mathbb{Z})$ kompakt eingebettet in den Folgenraum $l^2(\mathbb{Z})$. Man zeige, dass dies die behauptete Kompaktheit der Einbettung $H_0^1(0,2\pi) \subset L^2(0,2\pi)$ impliziert.

5 Partielle Differentialgleichungen

In diesem Kapitel wird eine kurze Einführung in die Theorie der partiellen Differentialgleichungen gegeben. Diese haben im Gegensatz zu den gewöhnlichen Differentialgleichungen eine viel reichere Struktur. Wir betrachten hier nur Differentialgleichungen zweiter Ordnung der Form

$$Lu := -\sum_{i,j=1}^{n} a_{ij}\partial_i\partial_j u + \sum_{j=1}^{n} a_j\partial_j u + au = f,$$

mit gegebenen (stetigen) Koeffizientenfunktionen a_{ij}, a_j, a und rechter Seite f. Wenn diese Funktionen nicht zusätzlich von der unbekannten Lösung u abhängen, nennt man die Gleichung „linear". Wegen der Vertauschbarkeit der Reihenfolge der Ableitungen kann o.B.d.A. $a_{ij} = a_{ji}$ angenommen werden, andernfalls setzt man einfach $\tilde{a}_{ij} := \frac{1}{2}(a_{ij} + a_{ji})$. Für allgemeinere nichtlineare Gleichungen der Form

$$F(x, u, \nabla u, \nabla^2 u) = 0$$

gibt es keine einheitliche, leicht darstellbare Lösungstheorie. Wir beschränken uns im Folgenden daher im wesentlichen auf lineare Probleme. Durch $u \to Lu$ ist dann offenbar eine lineare Abbildung (hier "Operator" genannt) gegeben, welche zweimal stetig differenzierbare Funktionen in stetige Funktionen abbildet.

Partielle Differentialgleichungen berachtet man in der Regel auf Gebieten (d. h. *offenen* Teilmengen) $\Omega \subset \mathbb{R}^n$ ($n = 2$ oder $n = 3$). Wir beschränken uns hier auf Probleme, die auf beschränkten Gebieten gestellt sind. In vielej Anwendungsbereichen treten aber auch Gleichungen auf unbeschränkten Gebieten auf, sog. „Außenraumprobleme" oder auch "Ganzraumprobleme" (z. B. die Schrödinger-Gleichung der Quantenmechanik). Zur Differentialgleichung kommen noch Bedingungen entlang des Randes $\partial\Omega$ hinzu. Die geeignete Wahl dieser "Randbedingungen" ist eine sehr delikate Angelegenheit und erfordert eingehende Berücksichtigung der speziellen Eigenschaften der Differentialgleichung. Diesen wird der nächste Abschnitt gewidmet sein.

Damit eine Differentialgleichung mit den zugehörigen Randbedingungen ein sinnvolles Modell eines realen physikalischen Vorgangs ist, sind eine Reihe von Forderungen zu stellen:

1. *Existenz* von Lösungen in einem möglicherweise verallgemeinerten Sinne; unter einer „klassischen" Lösung versteht man eine solche, für die alle auftretenden Ableitungen im Gebietsinnern im strengen Sinne definiert sind, und die bis an den Rand stetig ist, d. h.: $u \in C^2(\Omega) \cap C(\overline{\Omega})$. Zusätzlich fordert man meist noch, dass ∇u quadratintegrabel ist.

2. *Eindeutigkeit* der Lösungen möglicherweise unter Hinzunahme von weiteren physikalisch motivierten Bedingungen.

3. *Stetige Abhängigkeit* von den Daten wegen der meist nur inexakten Verfügbarkeit von Koeffizienten und Randdaten in den physikalischen Modellen; Lösungen sollten sich unter kleinen Datenstörungen auch nur wenig ändern.

Eine Aufgabe, welche diesen Minimalforderungen genügt, nennt man „wohl gestellt" (im Sinne von Hadamard[1]). Bei Anfangs- oder Randwertaufgaben gewöhnlicher Differentialgleichungen war die Regularität der Lösung kein besonderes Thema, da sich hier die Regularität der Daten direkt auf die entsprechende der Lösung überträgt. Bei partiellen Differentialgleichungen ist dies nicht immer der Fall und bedarf für verschiedene Typen von Differentialgleichungen und Situationen gesonderter Untersuchung.

5.1 Typeneinteilung

Partielle Differentialgleichungen lassen sich in drei Haupttypen einteilen: die „elliptischen", die „parabolischen" und die „hyperbolischen" Gleichungen. Wir werden das dieser Unterteilung zugrunde liegende Prinzip anhand einer leicht überschaubaren Situation erläutern. Dies sind die linearen, skalaren Gleichungen 2. Ordnung in zwei Variablen:

$$Lu = a_{11}\partial_x^2 u + 2a_{12}\partial_x\partial_y u + a_{22}\partial_y^2 u + a_{01}\partial_x u + a_{02}\partial_y u + a_{00}u = f$$

mit konstanten Koeffizienten a_{ij}. Dabei sollen nicht alle drei Koeffizienten a_{11}, a_{12}, a_{22} der Ableitungen zweiter Ordnung gleichzeitig Null sein. Diese Gleichung wird auf einem Gebiet $\Omega \subset \mathbb{R}^2$ betrachtet.

Ausgangspunkt ist ein direkter Lösungsansatz, wie er auch bei gewöhnlichen Differentialgleichungen angewendet werden kann. Für die Anfangswertaufgabe

$$u'(t) = f(t, u(t)), \quad t \geq 0, \quad u(0) = u^0,$$

erhält man aus der Vorgabe $u(0) = u^0$ durch sukzessives Differenzieren von $f(t,x)$ Formeln für alle Ableitungen von u:

$$u^{(i)}(0) = \frac{d^{i-1}}{dt^{i-1}} f(0, u^0) =: f^{(i-1)}(0, u^0), \quad i = 1, 2, 3, \ldots .$$

Wenn die Ableitungen $f^{(i-1)}$ nicht zu schnell wachsen (Für $f(t,x) = sin(x)$ sind sie z. B. gleichmäßig beschränkt.), konvergiert für kleine Zeiten $0 \leq t \leq T$ die Taylor-Reihe

$$u(t) = u^0 + \sum_{i=1}^{\infty} \frac{t^i}{i!} f^{(i-1)}(0, u^0)$$

absolut und stellt die (eindeutige) Lösung der Anfangswertaufgabe dar.

Wir versuchen, diese Konstruktion auf partielle Differentialgleichungen zu übertragen. Dazu sei Γ ein Jordan-Kurvenstück in Ω mit beliebig oft differenzierbarer Parametrisierung $\Gamma = \{(x(\tau), y(\tau)),\ \tau \in [0,1]\}$. Entlang Γ seien für die Lösung $u(x,y)$ der Differentialgleichung die Funktionswerte u sowie ihre Ableitungen $\partial_n u$ in Normalenrichtung n zu Γ vorgegeben. Dies entspricht der Tatsache, dass wir es mit einer Differentialgleichung

[1] Jacque Salomon Hadamard Hadamard (1865–1963): Französischer Mathematiker; Prof. in Bordeaux und Paris; viele wichtige Beiträge zur komplexen Analysis und speziellen Funktionen, zur analytische Zahlentheorie, zur Variationsrechnung und zu den Differentialgleichungen der mathematischen Physik.

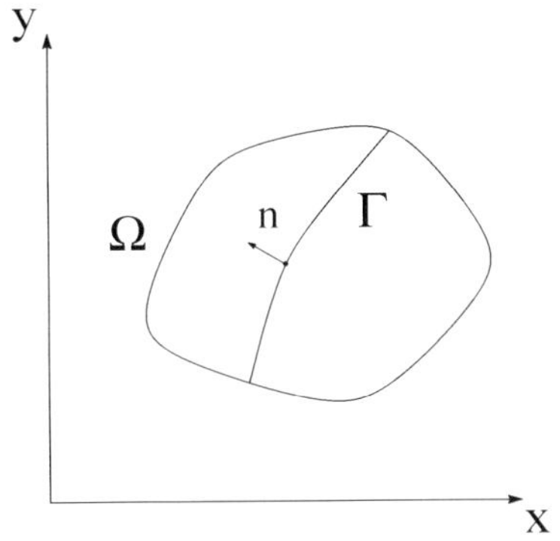

Abbildung 5.1: *Schema zur Typeneinteilung.*

2. Ordnung zu tun haben. Mit u und $\partial_n u$ ist der ganze Gradient $\nabla u = (\partial_x u, \partial_y u)^T$ entlang Γ bekannt. Wir wollen versuchen, aus diesen Vorgaben alle weiteren Ableitungen von u entlang Γ zu bestimmen, um damit wieder einen Taylor-Reihenansatz für u in einer Umgebung von Γ zu machen. Zu diesem Zweck führen wir die folgenden Abkürzungen ein:

$$p := \partial_x u, \quad q := \partial_y u, \quad r := \partial_x^2 u, \quad s := \partial_x \partial_y u, \quad t := \partial_y^2 u.$$

Differentiation von p und q entlang Γ ergibt

$$\begin{aligned}\partial_\tau p &= \partial_x p \partial_\tau x + \partial_y p \partial_\tau y = r\partial_\tau x + s\partial_\tau y,\\ \partial_\tau q &= \partial_x q \partial_\tau x + \partial_y q \partial_\tau y = s\partial_\tau x + t\partial_\tau y.\end{aligned}$$

mit den bekannten tangentialen Ableitungen $\partial_\tau x$ und $\partial_\tau y$ entlang Γ. Zusammen mit der Differentialgleichung $Lu = f$ ergibt dies ein 3×3-Gleichungssystem für die drei gesuchten Ableitungen r, s, t:

$$\begin{aligned}a_{11} r + 2a_{12} s + a_{22} t &= f - a_{01} p - a_{02} q - a_{00} u\\ \partial_\tau x r + \partial_\tau y s \qquad &= \partial_\tau p\\ \partial_\tau x s + \partial_\tau y t &= \partial_\tau q\end{aligned}$$

mit entlang Γ bekannter rechter Seite. Die Determinante der Koeffizientenmatrix B erhält man durch Entwicklung nach der ersten Zeile zu

$$\det B = a_{11} \partial_\tau y^2 - 2a_{12} \partial_\tau x \partial_\tau y + a_{22} \partial_\tau x^2.$$

Wir unterscheiden jetzt zwei Fälle.

i) **Fall** $\det B \neq 0$ **entlang ganz** Γ**:**
In diesem Fall sind alle zweiten Ableitungen r, s, t von u durch Vorgabe von u, $\partial_n u$ entlang Γ (eindeutig) bestimmbar. Durch weitere Differentiation des Gleichungssystems nach x und y erhält man wieder ein System für die dritten Ableitungen $\partial_x r, \partial_x s, \partial_x t$

sowie $\partial_y r, \partial_y s, \partial_y t$ jeweils mit derselben Koeffizientenmatrix. Durch weiteres Differenzieren lassen sich so alle höheren Ableitungen von u entlang Γ bestimmen. Durch den Reihenansatz

$$u(x,y) = \sum_{i+j\geq 0} \frac{(x-x_0)^i(y-y_0)^j}{(i+j)!} \partial_x^i \partial_y^j u(x_0,y_0)$$

bzgl. eines Punktes $(x_0,y_0) \in \Gamma$ erhält man dann in einer Umgebung der Kurve Γ eine Lösung der Differentialgleichung, die auf Γ die vorgegebenen Werte annimmt. Diese nennt man Lösung des sog. „Cauchy-Problems" der Differentialgleichung bzgl. der „Anfangskurve" Γ.

ii) **Fall** $\det B = 0$ **in einem Punkt** $(x_0,y_0) \in \Gamma$**:**
Die quadratische Gleichung

$$a_{11}\partial_\tau y^2 - 2a_{12}\partial_\tau x \partial_\tau y + a_{22}\partial_\tau x^2 = 0$$

bestimmt gewisse Richtungen $\partial_\tau y/\partial_\tau x = dy/dx$ bzw. $\partial_\tau x/\partial_\tau y = dx/dy$ von Kurven (mit Graph $y = y(x)$ oder $x = x(y)$) durch den Punkt (x_0,y_0). Zu deren Bestimmung sei etwa angenommen, dass $a_{11} \neq 0$ und $\partial_\tau x \neq 0$. Dann besitzt die Gleichung

$$\left(\frac{dy}{dx}\right)^2 - \frac{2a_{12}}{a_{11}}\left(\frac{dy}{dx}\right) + \frac{a_{22}}{a_{11}} = 0$$

die Lösungen

$$\left(\frac{dy}{dx}\right)_{+/-} = \frac{a_{12}}{a_{11}} \pm \frac{1}{a_{11}}\sqrt{a_{12}^2 - a_{11}a_{22}}\,.$$

Diese entsprechen Steigungen von Kurven durch den Punkt $(x_0,y_0) \in \Gamma$, entlang welcher die höheren Ableitungen von u sich nicht aus den Vorgaben entlang Γ bestimmen lassen. Entlang dieser kritischen, auch „charakteristisch" genannten Kurven (sog. „Charakteristiken" des Differentialoperators L) lässt sich also die Lösung der Differentialgleichung nicht aus den obigen Vorgaben konstruieren. Entlang solcher Kurven können Unstetigkeiten in der Lösung oder ihres Gradienten auftreten. Es ist also sehr wichtig, die Existenz von Charakteristiken und deren Gestalt für den zu betrachtenden Differentialoperator etwa vor Ansatz eines numerischen Verfahrens genau zu bestimmen. Offensichtlich hängt die Existenz von Charakteristiken allein von den Koeffizienten der höchsten Ableitungen des Operators L, d. h. seinem sog. „Hauptteil" $a_{11}\partial_x^2 u + 2a_{12}\partial_x\partial_y u + a_{22}\partial_y^2 u$, ab. Diesem wird die quadratische Form

$$q(x,y) := a_{11}x^2 + 2a_{12}xy + a_{22}y^2$$

zugeordnet. Die Gleichung $q(x,y) = 0$ beschreibt Kegelschnitte in der (x,y)-Ebene:

$$a_{12}^2 - a_{11}a_{22} \begin{cases} < 0: & \textit{Ellipse}, \\ = 0: & \textit{Parabel}, \\ > 0: & \textit{Hyperbel}. \end{cases}$$

Von dieser rein formalen Charakterisierung stammen die obigen Bezeichnungen für die drei Typen von partiellen Differentialgleichungen. Die Klassifikation eines Differentialoperators als „elliptisch", „parabolisch" oder „hyperbolisch" wird für jeden einzelnen Punkt

(x_0, y_0) separat vorgenommen. Im Falle variabler Koeffizienten $a_{ij} = a_{ij}(x, y)$ oder im nichtlinearen Fall $a_{ij}(u(x, y))$ kann der Typ einer Gleichung also im Lösungsgebiet wechseln. Wir werden im folgenden nur Gleichungen eines einheitlichen Typs betrachten; in vielen Anwendungen spielt aber gerade der Typwechsel eine wichtige Rolle.

Als nächstes wollen wir die prototypischen Vertreter von (linearen) elliptischen, parabolischen und hyperbolischen Differentialgleichungen ableiten. Dies wird uns erneut auf die obige Typenunterteilung führen. Dazu schreiben wir den Hauptteil L_0 des Differentialoperators in Matrix-Vektor-Form:

$$L_0 = a_{11}\partial_x^2 + 2a_{12}\partial_x\partial_y + a_{22}\partial_y^2 = \begin{pmatrix} \partial_x \\ \partial_y \end{pmatrix}^T \begin{pmatrix} a_{11} & a_{12} \\ a_{21} & a_{22} \end{pmatrix} \begin{pmatrix} \partial_x \\ \partial_y \end{pmatrix} = \nabla^T A \nabla$$

Die symmetrische Matrix A besitzt zwei reelle Eigenwerte λ, μ und ein zugehöriges Orthonormalsystem von Eigenvektoren $\{\xi, \eta\}$. Mit der Spaltenmatrix $Q := [\xi, \eta]$ gilt

$$QQ^T = I, \qquad Q^T A Q = D = \operatorname{diag}(\lambda, \mu).$$

Damit können wir schreiben:

$$\begin{aligned} L_0 &= \nabla^T Q D Q^T \nabla = (Q^T\nabla)^T D (Q^T\nabla) \\ &= \begin{pmatrix} \xi_1\partial_x + \xi_2\partial_y \\ \eta_1\partial_x + \eta_2\partial_y \end{pmatrix}^T \begin{pmatrix} \lambda & 0 \\ 0 & \mu \end{pmatrix} \begin{pmatrix} \xi_1\partial_x + \xi_2\partial_y \\ \eta_1\partial_x + \eta_2\partial_y \end{pmatrix} \end{aligned}$$

bzw.

$$L_0 = \lambda(\xi_1\partial_x + \xi_2\partial_y)^2 + \mu(\eta_1\partial_x + \eta_2\partial_y)^2,$$

oder mit den Richtungsableitungen $\partial_\xi = \xi \cdot \nabla$ und $\partial_\eta = \eta \cdot \nabla$:

$$L_0 = \lambda\partial_\xi^2 + \mu\partial_\eta^2.$$

Die Eigenwerte erhält man als Nullstellen des charakteristischen Polynoms

$$\begin{aligned} \det(A - zI) &= (a_{11} - z)(a_{22} - z) - a_{12}^2 = z^2 - (a_{11} + a_{22})z + a_{11}a_{22} - a_{12}^2 \\ &= (z - \lambda)(z - \mu) = z^2 - (\lambda + \mu)z + \lambda\mu. \end{aligned}$$

Durch Koeffizientenvergleich findet man („Vietascher[2] Wurzelsatz").

$$\lambda + \mu = a_{11} + a_{22}, \qquad \lambda\mu = a_{11}a_{22} - a_{12}^2.$$

a) „Elliptischer" Fall $a_{12}^2 - a_{11}a_{22} < 0$:
Beide Eigenwerte λ, μ sind ungleich Null und haben dasselbe Vorzeichen. Die Lösungen der charakteristischen Gleichung sind nicht reell, d. h.: Es existieren keine charakteristischen Kurven durch den Punkt (x_0, y_0). In diesem Fall ist der Konstruktionsprozess für die

[2] Francois Viete, lat. Franciscus Vieta (1540–1603): Französischer Mathematiker; Arbeiten über algebraische Gleichungen und sphärische Trigonometrie; gab trigonometrische Tafeln heraus und führte die systematische Buchstabenrechnung ein.

höheren Ableitungen von u durchführbar. Die Normalform eines elliptischen Operators L ist im Fall $\lambda = \mu = 1$:

$$Lu = \partial_\xi^2 u + \partial_\eta^2 u + \psi(\xi, \eta, \partial_\xi u, \partial_\eta u, u)$$

Der „Hauptteil" dieses Operators ist also gerade der „Laplace-Operator" Δ, der sich somit als prototypischer Vertreter elliptischer Differentialoperatoren 2. Ordnung erweist. Wir werden uns daher im Folgenden hauptsächlich mit der zugehörigen Poisson-Gleichung beschäftigen:

$$\partial_x^2 u + \partial_y^2 u = f. \tag{5.1.1}$$

b) „Parabolischer" Fall: $a_{12}^2 - a_{11}a_{22} = 0$
Einer der Eigenwerte ist Null; der zweite ist dann notwendig ungleich Null. Es existiert genau eine charakteristische Richtung im Punkt (x_0, y_0) mit der Steigung $dy/dx = a_{12}/a_{11}$. Die Normalform eines parabolischen Operators L ist im Fall $\lambda = 1$, $\mu = 0$:

$$Lu = \partial_\xi^2 u + \psi(\xi, \eta, \partial_\xi u, u).$$

Der Hauptteil dieses Operators ist im linearen Fall gerade der sog. „Wärmeleitungsoperator", der prototypische Vertreter parabolischer Differentialoperatoren 2. Ordnung. Wir werden uns daher im folgenden mit der zugehörigen „Wärmeleitungsgleichung" beschäftigen:

$$\partial_t u - \partial_x^2 u = f. \tag{5.1.2}$$

c) „Hyperbolischer" Fall: $a_{12}^2 - a_{11}a_{22} > 0$
Beide Eigenwerte sind ungleich Null, haben aber verschiedene Vorzeichen. Es existieren zwei charakteristische Richtungen im Punkt (x_0, y_0) mit den Steigungen $(dy/dx)_\pm = a_{12}/a_{11} \pm a_{11}^{-1}\sqrt{a_{12}^2 - a_{11}a_{22}}$. Die Normalform eines hyperbolischen Differentialoperators L ist im Fall $\lambda = 1$, $\mu = -1$:

$$Lu = \partial_\xi^2 u - \partial_\eta^2 u + \psi(\xi, \eta, \partial_\xi u, \partial_\eta u, u).$$

Der Hauptteil dieses Operators ist der sog. „Wellenoperator", der prototypischer Vertreter hyperbolischer Differentialoperatoren 2. Ordnung. Wir werden uns daher im folgenden mit der zugehörigen „Wellengleichung" beschäftigen:

$$\partial_t^2 u - \partial_x^2 u = f. \tag{5.1.3}$$

Wir haben gesehen, dass die „Cauchysche Anfangswertaufgabe" durch Reihenansatz lösbar ist, wenn die „Anfangskurve" Γ nirgends mit einer Charakteristik des Differentialoperators zusammenfällt. Andernfalls kann die Situation eintreten, dass zu beiden Seiten der Kurve Γ eine Lösung existiert, diese aber nicht auf Γ stetig-differenzierbar fortsetzbar ist. Im Folgenden werden wir die für die drei Gleichungstypen geeigneten Randbedingungen diskutieren und dabei ganz unterschiedliche Ergebnisse erhalten.

5.2 Elliptische Randwertaufgaben

Wir haben gesehen, dass für (im ganzen Lösungsgebiet G) elliptische Differentialoperatoren die „Cauchysche Anfangswertaufgabe“ für jede (analytische) „Anfangskurve“ $\Gamma \subset G$ lösbar ist. Die Verallgemeinerung dieser Aussage für nichtlineare Differentialoperatoren der Art

$$L(u) = \partial_x^2 u - F(x, y, u, \partial_x u, \partial_y u, \partial_y^2 u)$$

ist der berühmte Satz von Cauchy-Kowalewskaja[3]. Dieser sehr allgemeine Existenzsatz für elliptische Differentialgleichungen ist aber für die Praxis nur von geringer Bedeutung. Die über einen lokalen Reihenansatz konstruierte Lösung u hängt nämlich i. Allg. nicht stetig von den vorgegebenen Anfangswerten entlang Γ ab. Dies ist aber eine unverzichtbare Bedingung an ein physikalisch sinnvolles Modell.

Beispiel: In der Halbebene $\Omega = \{(x,y) \in \mathbb{R}^2 : x > 0\}$ seien entlang der Randkurve $\Gamma = \{(0,y) \in \mathbb{R}^2\}$ die Randwerte $u(0,y) = u_0^0(y) = 0$, $\partial_x u(0,y) = u_0^1(y) = 0$ gegeben. Die zugehörige Lösung der Poisson-Gleichung $\Delta u = 0$ ist $u \equiv 0$. Mit $\varepsilon > 0$ seien die Randdaten nun gestört zu

$$u_\varepsilon^0(y) = 0, \quad u_\varepsilon^1(y) = \varepsilon \sin(y/\varepsilon),$$

wobei $\lim_{\varepsilon \to 0} u_\varepsilon^1(y) = 0$. Die zugehörige gestörte Lösung der Poisson-Gleichung (nachrechnen!)

$$u_\varepsilon(x,y) = \varepsilon^2 \sin(y/\varepsilon) \sinh(x/\varepsilon), \quad \sinh(z) = \tfrac{1}{2}(e^z - e^{-z}),$$

konvergiert aber für $\varepsilon \to 0$ nicht gegen Null. Es zeigt sich, dass in diesem Fall entlang der Anfangskurve Γ nicht gleichzeitig Werte für u *und* $\partial_n u$ vorgegeben werden dürfen, wenn man an physikalisch sinnvollen Lösungen interessiert ist.

Wir haben gesehen, dass man bei der Wahl von Randbedingungen für elliptische Operatoren vorsichtig sein muss, wenn das resultierende Randwertproblem „wohl gestellt“ sein soll. Sei also $\Omega \subset \mathbb{R}^2$ ein beschränktes Gebiet mit hinreichend glattem Rand $\partial\Omega$. Wir wollen dabei Ränder mit einer glatten Parametrisierung (mindestens zweimal stetig differenzierbar) oder ein Polygongebiet (mit endlich vielen Ecken) zulassen. Als prototypischen Modellfall betrachten wir mit einer gegebenen rechten Seite $f \in C(\overline{\Omega})$ die „Poisson-Gleichung“

$$-\Delta u(x) = f(x) \quad \text{auf } \Omega.$$

Es gibt drei Typen von Randbedingungen und zugehörige Randwertaufgaben („RWAn“):

[3]Sofia Vasilyevna Kovalevskaya (1850–1891): Russische Mathematikerin, eine der ersten Frauen mit Universitätskarriere; 1869 Studium in Heidelberg als „Gasthörerin“, da hier für Frauen ein offizielles Universitätsstudium noch nicht möglich war; ab 1871 Studium in Berlin bei Weierstraß und danach in Göttingen; eine ihrer ersten Veröffentlichungen enthält den nach ihr benannten „Existenzsatz“; konnte damals als Frau aber keine Universitätsanstellung in Deutschland bekommen, trotz Fürsprache von Weierstraß; auf Betreiben Mittag-Lefflers ab 1884 Stelle als „Privatdozent“ in Stockholm; leistete Beiträge zur Analysis und zur Theorie von Differentialgleichungen der Physik; *Anekdotisches:* In ihrer Autobiografie steht, dass sie bereits als 11-Jährige durch die Lektüre von Seiten aus Ostrogradskis Vorlesungskriptum über Differential- und Integralrechnung, mit denen ihr Kinderzimmer tapeziert war, mit der Analysis in Berührung gekommen war.

a) *Dirichletsche Randbedingungen („1. RWA“):* $u = g$ auf $\partial\Omega$.

b) *Neumannsche Randbedingungen („2. RWA“):* $\partial_n u = g$ auf $\partial\Omega$.

c) *Robinsche Randbedingungen („3. RWA“):* $\partial_n u + \alpha u = g$ auf $\partial\Omega$.

Die Randfunktionen g werden i. Allg. als glatt und $\alpha \geq 0$ angenommen. Alle diese RWAn sind, wie wir zum Teil zeigen werden, unter geeigneten Zusatzbedingungen an die Daten wohl gestellt.

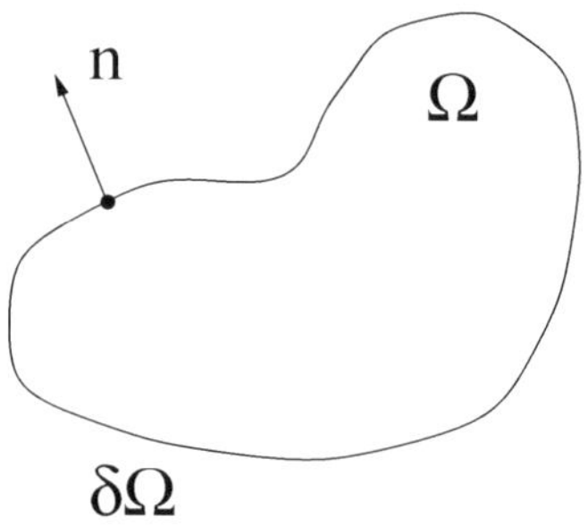

Abbildung 5.2: *Konfiguration elliptischer RWAn.*

5.2.1 Eindeutigkeit

Die Eindeutigkeitsforderung an Lösungen dieser RWAn ist leicht zu gewährleisten. Wir diskutieren hier nur die 1. RWA. Die entsprechenden Argumente für die 2. und die 3. RWA seien als Übungsaufgaben gestellt. Zunächst ist der Begriff einer „klassischen“ Lösung für die Dirichletschen Randbedingung zu präzisieren. Wir verstehen darunter eine Funktion $u \in C^2(\Omega) \cap C(\overline{\Omega})$, welche im Innern von Ω der Differentialgleichung und entlang des Randes $\partial\Omega$ der Randbedingung genügt. Ferner soll ihr Gradient (möglicherweise im uneigentlichen Riemannschen Sinne) quadratintegrabel sein: $\nabla u \in L^2(\Omega)^n$. Seien also $u^{(1)}$, $u^{(2)}$ zwei solche klassischen Lösungen der 1. RWA. Für die Differenz $w = u^{(1)} - u^{(2)}$ gilt dann:

$$-\Delta w(x) = 0 \quad \text{für } x \in \Omega, \qquad w = 0 \;\text{ auf } \partial\Omega.$$

Multiplikation mit w, Integration über Ω und anschließender partiellen Integration (Anwendung der Greenschen Formel) ergibt

$$0 = -\int_\Omega \Delta w\, w\, dx = \int_\Omega \nabla w \cdot \nabla w\, dx - \int_{\partial\Omega} \partial_n w\, w\, do = \int_\Omega |\nabla w|^2\, dx.$$

Dabei wurde verwendet, dass $w_{|\partial\Omega} = 0$. Hieraus ergibt sich notwendig $\nabla w \equiv 0$ bzw. $w \equiv$ *konst.*, und bei Berücksichtigung der Randbedingung folgt $w \equiv 0$. Es kann also höchstens eine klassische Lösung der 1. RWA geben. Weiter unten werden wir noch ein anderes Argument für die Eindeutigkeit der Lösung kennenlernen.

5.2.2 Existenz

Die Frage nach der Existenz von Lösungen der 1. RWA ist wesentlich schwieriger zu behandeln.

a) *Potentialtheoretische Methode:*
Wir postulieren die Existenz einer Funktion $G(x,y)$ auf $\overline{\Omega}\times\overline{\Omega}$,

$$G \in C^2(\{\Omega\times\Omega\}\setminus\{x=y\})\cap C(\{\overline{\Omega}\times\overline{\Omega}\}\setminus\{x=y\}),$$

mit den Eigenschaften

$$-\Delta G(\cdot,y)=0 \quad \text{in } \Omega\setminus\{y\}, \quad G(\cdot,y)=0 \quad \text{auf } \partial\Omega\setminus\{y\},$$

für festes $y\in\overline{\Omega}$. Für $x=y$ habe $G(x,y)$ eine dimensionsabhängige Singularität, so dass für $v\in C(\overline{\Omega})$ mit den Kugelumgebungen $B_\varepsilon := \{y\in\Omega : |x|\le\varepsilon\}$, $\varepsilon>0$ gilt:

$$x\in\Omega: \quad \lim_{\varepsilon\to 0}\int_{\Omega\setminus B_\varepsilon} -\Delta_x G(x,y)\,v(y)\,dy = v(x),$$

$$x\in\partial\Omega: \quad \lim_{\varepsilon\to 0}\int_{\partial\Omega\setminus B_\varepsilon} \partial_n G(x,y)\,v(y)\,dy = v(x).$$

Die Limiten sind also als uneigentliche Riemann-Integrale zu verstehen. Eine solche Funktion $G(x,y)$ wird „Greensche Funktion (1. Art)" genannt. Mit dieser Notation macht man nun den Lösungsansatz

$$u(x) := \int_\Omega G(x,y)f(y)\,dy + \int_{\partial\Omega}\partial_n G(x,y)g(y)\,do_y.$$

Die formulierten Eigenschaften der Greenschen Funktion erlauben es, zu zeigen, dass dieser Ansatz tatsächlich eine klassische Lösung der 1. RWA liefert. Diese Rechnung ist aufwendig und kann z. B. im Buch von Hellwig nachgelesen werden. Die Konstruktion einer Greenschen Funktion für allgemeine Gebiete im $\mathbb{R}^n$ ist schwer. Im Fall $n=2$ folgt ihre Existenz aber mit Hilfe des Riemannschen Abbildungssatzes aus der Theorie komplexer Funktionen (siehe Hellwig). Für sehr spezielle Konfigurationen, wie z. B. Halbebenen oder Kreise, lässt sich die Greensche Funktion explizit angeben.

Beispiel: Auf dem Kreis $\Omega := \{x\in\mathbb{R}^2 : |x|<R\}$ ist durch

$$g(x,y) = -\frac{1}{2\pi}\Big\{\log(|x-y|)+\log(\frac{R}{|x|})-\log(|\frac{R^2}{|x|^2}x-y|)\Big\}, \qquad x\neq 0,$$

$$g(x,y) = -\frac{1}{2\pi}\Big\{\log(|y|)-\log(R)\Big\}, \qquad x=0.$$

eine Greensche Funktion mit den obigen Eigenschaften gegeben.

Die Existenz Greenscher Funktionen lässt sich für sehr allgemeine Gebiete Ω nachweisen, auch für die anderen RWAn. Das Konzept der „klassischen" Lösung ist in vielen Anwendungsfällen zu restriktiv, z. B. wenn die rechte Seite f nicht regulär genug ist, um eine C^2-Lösung zuzulassen. Die Greensche Funktion selbst ist ein Extremfall in dieser Hinsicht. Als nächstes werden wir eine Abschwächung dieser Anforderungen kennenlernen, welche mehr Flexibilität bietet und für die man vergleichweise leicht Existenz von Lösungen garantieren kann. Die Schwierigkeit wird dabei in den nachfolgenden Nachweis höherer Differenzierbarkeitseigenschaften solcher sog. „schwachen“ Lösungen verschoben.

b) *Funktionalanalytische Methode:*
Wir haben bereits im vorherigen Kapitel gesehen, dass eine enge Beziehung zwischen der Laplace-Gleichung $\Delta u \equiv 0$ und der Minimierung des zugehörigen Dirichlet-Funktionals besteht. Dieser wird auch zum Nachweis der Existenz von Lösungen der Poisson-Gleichung ausgenutzt. Wir betrachten das sog. Energie-Funktional

$$E(v) := \frac{1}{2}\int_\Omega |\nabla v|^2\,dx - \int_\Omega f\,v\,dx$$

auf dem Vektorraum $V_0(\Omega)$ der „zulässigen“ Funktionen:

$$V_0(\Omega) := \big\{v \in C^1(\Omega)\cap C(\overline{\Omega}),\ \nabla v \in L^2(\Omega)^n,\ v_{|\partial\Omega} = 0\big\}.$$

In kompakter Schreibweise ist $E(v) = \frac{1}{2}\|\nabla v\|_2^2 - (f,v)_2$ mit dem L^2-Skalarprodukt und der zugehörigen Norm

$$(u,v)_2 = \int_\Omega u(x)v(x)\,dx, \quad \|u\|_2 = \Big(\int_\Omega |u(x)|^2\,dx\Big)^{1/2}, \quad \|\nabla u\|_2 = \Big(\int_\Omega \|\nabla u(x)\|^2\,dx\Big)^{1/2}.$$

Der Raum $V_0(G)$ wird wieder mit der natürlichen „Energie-Norm“

$$\|v\|_E := \|\nabla v\|_2, \quad v \in V_0(\Omega),$$

versehen. Dass dies wirklich eine Norm ist, folgt aus der bereits bewiesenen „Poincaréschen Ungleichung“:

$$\int_\Omega |v(x)|^2\,dx \le d_\Omega^2 \int_\Omega \|\nabla v(x)\|^2\,dx, \quad v \in V_0(\Omega). \tag{5.2.4}$$

mit $d_\Omega := \operatorname{diam}(\Omega)$.

Wir verwenden jetzt wieder eine Argumentation aus der Variationsrechnung, die sog. „direkte Methode“; siehe die Diskussion zum Dirichletschen Prinzip in Abschnitt 2.2.

i) Wir zeigen zunächst, daß $E(\cdot)$ nach unten beschränkt ist. Für $v \in V_0(\Omega)$ folgt mit Hilfe der Hölderschen und der Poincaréschen Ungleichung

$$E(v) \ge \tfrac{1}{2}\|\nabla v\|_2^2 - \|f\|_2\,\|v\|_2 \ge \tfrac{1}{2}\|\nabla v\|_2^2 - d_\Omega\|f\|_2\,\|\nabla v\|_2.$$

Anwendung der Ungleichung $ab \le \frac{1}{2}a^2 + \frac{1}{2}b^2$ liefert weiter

$$d_\Omega\|f\|_2\,\|\nabla v\|_2 \le \tfrac{1}{2}\|\nabla v\|_2^2 + \tfrac{1}{2}d_\Omega^2\|f\|_2^2,$$

und folglich

$$E(v) \ge -\tfrac{1}{2}d_\Omega^2\|f\|_2^2 > -\infty, \quad v \in V_0(\Omega).$$

ii) Sei nun $(u_k)_{k\in\mathbb{N}} \subset V_0(\Omega)$, eine „Minimalfolge" des Funktionals $E(\cdot)$, d. h.:

$$E(u_k) \to \inf_{v\in V_0(\Omega)} E(v) =: d > -\infty.$$

Wir wollen zeigen, dass $(u_k)_{k\in\mathbb{N}}$ eine Cauchy-Folge bzgl. der Energie-Norm ist. Wichtiges Hilfsmittel dazu ist wieder die „Parallelogrammidentität"

$$\|v-w\|_E^2 + \|v+w\|_E^2 = 2\|v\|_E^2 + 2\|w\|_E^2,$$

die man durch direktes Nachrechnen verifiziert. Für beliebige Indizes $n, m \in \mathbb{N}$ gilt folglich

$$\begin{aligned}\|u_n - u_m\|_E^2 &= 2\|u_n\|_E^2 + 2\|u_m\|_E^2 - 4\|\tfrac{1}{2}(u_n+u_m)\|_E^2 \\ &= 4E(u_n) + 4(f,u_n)_2 + 4E(u_m) + 4(f,u_m)_2 \\ &\quad - 8E(\tfrac{1}{2}(u_n+u_m)) - 8(f,\tfrac{1}{2}(u_n+u_m))_2 \\ &= 4E(u_n) + 4E(u_m) - 8E(\tfrac{1}{2}(u_n+u_m)).\end{aligned}$$

Wegen

$$\lim_{n,m\to\infty}\{E(u_n)+E(u_m)\} = 2d, \qquad E(\tfrac{1}{2}(u_n+u_m)) \ge d,$$

folgt damit

$$\limsup_{n,m\to\infty} \|u_n-u_m\|_E^2 \le 0,$$

d. h.: $(u_n)_{n\in\mathbb{N}}$ ist wie behauptet eine Cauchy-Folge.

Die Cauchy-Folge $(u_n)_{n\in\mathbb{N}}$ besitzt i. Allg. keinen Limes im normierten (unvollständigen) Raum $V_0(\Omega)$. Durch Vervollständigung von $V_0(\Omega)$ erhält man den „Sobolew-Raum" $H_0^1(\Omega)$. Die Elemente von $H_0^1(\Omega)$ sind zunächst als Äquivalenzklassen von Cauchy-Folgen (analog wie bei der Konstruktion der reelen Zahlen aus den rationalen) definiert; sie lassen sich aber wieder als Funktionen interpretieren. Wir werden die Eigenschaften dieser Sobolew-Räume noch genauer diskutieren. Der Limes $u \in H_0^1(\Omega)$ der Folge $(u_n)_{n\in\mathbb{N}}$ wird als die „schwache" oder auch „variationelle" Lösung der 1. RWA des Laplace-Operators bezeichnet. Den Zusammenhang mit dem klassischen Lösungsbegriff stellt der folgende Satz her.

Satz 5.1: *Nimmt das Energiefunktional $E(\cdot)$ auf dem Funktionenraum $H_0^1(\Omega)$ in einem $u \in H_0^1(\Omega)$ ein Minimum an, so genügt dieses notwendig der Variationsgleichung*

$$(\nabla u, \nabla\varphi)_2 = (f,\varphi)_2 \quad \forall \varphi \in H_0^1(\Omega). \tag{5.2.5}$$

Ist darüberhinaus $u \in V_0(\Omega)\cap C^2(\Omega)$, so ist u klassische Lösung der 1. RWA des Laplace-Operators auf Ω:

$$-\Delta u = f \quad \text{in } \Omega, \qquad u = 0 \quad \text{auf } \partial\Omega. \tag{5.2.6}$$

Beweis: Sei $u \in H_0^1(\Omega)$ Minimalfunktion von $E(\cdot)$ auf $H_0^1(\Omega)$. Dann folgt für beliebiges $\varphi \in H_0^1(\Omega)$ wieder mit Hilfe des Satzes über die Differentiation von Parameterintegralen:

$$\begin{aligned} 0 = \frac{d}{dt}E(u+t\varphi)\Big|_{t=0} &= \frac{1}{2}\int_\Omega \frac{d}{dt}\|\nabla(u+t\varphi)\|^2\,dx - \int_\Omega \frac{d}{dt}(u+t\varphi)f\,dx\Big|_{t=0} \\ &= \int_\Omega \nabla(u+t\varphi)\cdot\nabla\varphi\,dx\Big|_{t=0} - \int_\Omega f\varphi\,dx \\ &= \int_\Omega \nabla u\cdot\nabla\varphi\,dx - \int_\Omega f\varphi\,dx. \end{aligned}$$

Dies ist die Gleichung (5.2.5). Im Fall $u \in V_0(\Omega)\cap C^2(\Omega)$ können wir wieder partiell integrieren und erhalten unter Ausnutzung der Dirichlet-Randbedingung $u_{|\partial\Omega} = 0$:

$$\int_\Omega -\Delta u\varphi\,dx = \int_\Omega f\varphi\,dx = 0 \quad \forall\varphi \in H_0^1(\Omega).$$

Mit Hilfe des Fundamentalsatzes der Variationsrechnung folgt hieraus die Gleichung

$$-\Delta u = f \quad \text{in } \Omega,$$

d. h.: u ist „klassische" Lösung der RWA. Q.E.D.

Damit ist der „schwache" Lösungsbegriff verträglich mit dem ursprünglichen „klassischen". Der Nachweis höherer Regularität der schwachen Lösung $u \in H_0^1(\Omega)$ ist allerdings schwierig und kann im Rahmen dieses Textes nicht diskutiert werden.

Wir wollen noch kurz diskutieren, wie das obige Argument verwendet werden kann, um die Existenz von schwachen Lösungen der 1. RWA auch im Fall inhomogener Randdaten $u_{|\partial\Omega} = g$ zu sichern. Dazu nehmen wir an, dass die Randfunktion g als sog. „Spur" einer auf ganz $\overline{\Omega}$ definierten Funktion $\overline{g} \in C^2(\overline{\Omega})$ gegeben ist, d. h.: $g = \overline{g}_{|\partial\Omega}$. Dann wäre die Funktion $v := u - \overline{g}$ Lösung der RWA

$$-\Delta v = f - \Delta\overline{g} \quad \text{in } \Omega, \qquad v_{|\partial\Omega} = 0.$$

Hierfür garantiert nun die variationelle Methode die Existenz einer (eindeutigen) schwachen Lösung $v \in H_0^1(\Omega)$ mit der Eigenschaft

$$(\nabla v, \nabla\varphi)_2 = (f,\varphi)_2 + (\nabla\overline{g}, \nabla\varphi)_2 \quad \forall\varphi \in H_0^1(\Omega).$$

Die schwache Lösung der ursprünglichen RWA ergibt sich dann als $u := v + \overline{g}$.

5.2.3 Stetige Abhängigkeit

Die Frage nach der stetigen Abhängigkeit der Lösungen der 1. RWA wollen wir wieder sowohl mit Hilfe des klassischen Ansatzes als auch mit der variationellen Methode angehen. Seien zunächst $u^{(1)}$, $u^{(2)}$ zwei Lösungen (klassisch oder variationell) der 1. RWA des

Laplace-Operators zu unterschiedlichen rechten Seiten $f^{(1)}$, $f^{(2)}$. Für die Differenz $w = u^{(1)} - u^{(2)}$ folgt dann mit dem bereits beim Eindeutigkeitsbeweis verwendeten Argument

$$\|\nabla w\|_2^2 = (f^{(1)} - f^{(2)}, w)_2 \leq \|f^{(1)} - f^{(2)}\|_2 \|w\|_2.$$

Unter Ausnutzung der Poincaréschen Ungleichung folgt daraus

$$\|\nabla w\|_2 \leq d_G \|f^{(1)} - f^{(2)}\|_2,$$

d. h. die Stetigkeit der Lösung (in der Energie-Norm) gegenüber Störungen der rechten Seite. Als nächstes betrachten wir Störungen der Randdaten. Dazu verwenden wir ein von der variationellen Methode völlig unterschiedliches Argument.

Lemma 5.1 (Maximumprinzip): *Für den elliptischen Operator*

$$Lu := -\Delta u + au$$

mit $a \geq 0$ *auf einem Gebiet* $\Omega \subset \mathbb{R}^n$ *gilt das sog. „Maximumprinzip“, d. h.: Eine Funktion* $u \in C^2(\Omega) \cap C(\overline{\Omega})$ *mit der Eigenschaft* $Lu \leq 0$ *hat in* Ω *kein positives Maximum. Dies bedeutet, dass entweder* $u \leq 0$ *auf ganz* Ω *ist, oder*

$$\max_{x \in \overline{\Omega}} u(x) \leq \max_{x \in \partial\Omega} u(x).$$

Beweis: Wir führen den Beweis nur für den Fall, dass $a > 0$ auf Ω. Der allgemeine Fall $a \geq 0$ erfordert eine aufwendigere Argumentation (siehe z. B. das Buch von Hellwig). Ferner sei $d = 2$. Angenommen, die Funktion u habe im Fall $u \not\leq 0$ in einem Punkt $x_0 \in G$ ein positives Maximum, $u(x_0) > 0$. Dann ist notwendig

$$\nabla u(x_0) = 0, \quad \partial_x^2 u(x_0) \leq 0, \ \partial_y^2 u(x_0) \leq 0.$$

Damit folgt $0 \geq Lu(x_0) = -\Delta u(x_0) + au(x_0) \geq au(x_0)$, was wegen $a > 0$ auf den Widerspruch $u(x_0) \leq 0$ führt. Q.E.D.

Das Maximumprinzip für elliptische Operatoren 2. Ordnung ist die natürliche Verallgemeinerung der simplen Tatsache, dass in einer Raumdimension aus $u''(x) \geq 0$ die Konvexität von u folgt.

Aussagen vom Typ des obigen Maximumprinzips lassen sich für sehr allgemeine (auch nichtlineare) elliptische Operatoren 2. Ordnung herleiten. Wir betonen, dass das Maximumprinzip i. Allg. für elliptische Operatoren höherer Ordnung (z. B. den „biharmonischen Operator“ Δ^2) und für elliptische Systeme (z. B. die Gleichungen der linearen Elastizitätstheorie) nicht mehr gilt.

Als erste, einfache Anwendung des Maximumprinzips erhalten wir einen alternativen Beweis für die Eindeutigkeit (klassischer) Lösungen der 1. RWA des Laplace-Operators. Sind $u^{(1)}$, $u^{(2)}$ zwei Lösungen, so gilt für die Differenz $w := u^{(1)} - u^{(2)}$ wieder

$$-\Delta w = 0 \quad \text{in } \Omega, \quad w = 0 \ \text{ auf } \partial\Omega.$$

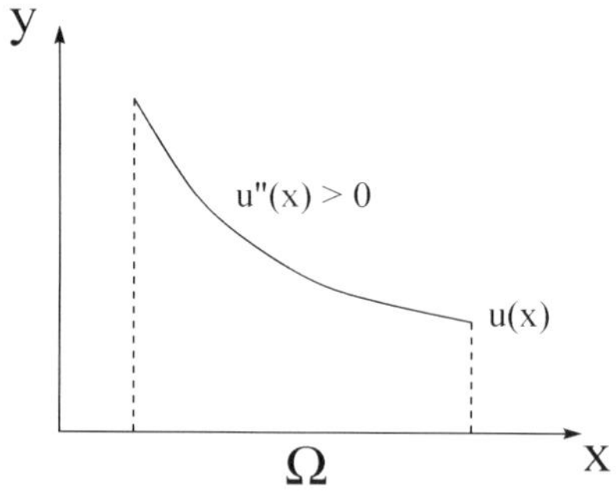

Abbildung 5.3: *Schema zum Maximumprinzip.*

Anwendung des Maximumprinzips auf w sowie $-w$ impliziert dann, dass $w \leq 0$, $-w \leq 0$, d. h.: $w \equiv 0$.

Als wichtigeres Resultat erhalten wir nun auch die stetige Abhängigkeit der Lösung von den Randdaten. Seien dazu $u^{(1)}$, $u^{(2)}$ zwei Lösungen zu den Randdaten $g^{(1)}$, $g^{(2)}$. Für die Differenz $w := u^{(1)} - u^{(2)}$ gilt dann

$$-\Delta w = 0 \quad \text{in } \Omega, \qquad w = g := g^{(1)} - g^{(2)} \quad \text{auf } \partial\Omega.$$

Mit dem Maximumprinzip erschließen wir hieraus, dass $w \equiv 0$ (was natürlich i. Allg. nicht eintritt) oder

$$\max_{x\in\overline{\Omega}} w(x) \leq \max_{x\in\partial\Omega} g(x), \qquad \max_{x\in\overline{\Omega}} -w(x) \leq \max_{x\in\partial\Omega} -g(x).$$

Dies impliziert $\max_{x\in\overline{\Omega}} |w(x)| \leq \max_{x\in\partial\Omega} |g(x)|$.

Schließlich ergibt sich mit Hilfe des Maximumprinzips noch, dass eine Lösung der 1. RWA des Laplace-Operators zu nicht-negativer rechter Seite und ebensolchen Randdaten,

$$-\Delta u \geq 0 \quad \text{in } \Omega, \qquad u \geq 0 \quad \text{auf } \partial\Omega,$$

notwendig überall nicht-negativ ist: $u \geq 0$. Dies gilt dann z. B. auch für die zugehörige Greensche Funktion: $G(\cdot,\cdot) \geq 0$. Durch schärfere Argumente kann man darüber hinaus zeigen, dass die Greensche Funktion im Innern des Definitionsgebiets Ω *positiv* ist. Dies bedeutet u.a., daß bei einem elliptischen Problem lokale Störungen in den Daten die Lösung im gesamten Lösungsgebiet verändern. Es liegt also gewissermaßen eine „unendliche“ Ausbreitungsgeschwindigkeit von Information vor. Dies ist charakteristisch für elliptische Randwertaufgaben.

5.2.4 Der Laplace-Operator

Wir betrachten nun den Laplace-Operator als eine Abbildung auf dem Funktionenraum $D(\Delta) := V_0(\Omega) \cap C^2(\Omega)$, den wir mit dem L^2-Skalarprodukt $(\cdot,\cdot)_2$ und der zugehörigen

L^2-Norm $\|\cdot\|_2$ versehen. Der Bildbereich liegt im Raum $C(\Omega)$. Wichtige Eigenschaften des so definierten *linearen* Operators sind die „Symmetrie“ und die „positive Definitheit“. Für $u, v \in D(\Delta)$ gilt:

$$\begin{aligned}\int_\Omega (-\Delta u) v\, dx &= \int_\Omega \nabla u \cdot \nabla v\, dx - \int_{\partial\Omega} (\partial_n u) v\, do \\ &= \int_\Omega u(-\Delta v)\, dx - \int_{\partial\Omega} (\partial_n u) v\, do + \int_\Omega u(\partial_n v)\, do.\end{aligned}$$

Wegen $u_{|\partial\Omega} = 0$ und $v_{|\partial\Omega} = 0$ verschwinden die Randintegrale, und wir erhalten zunächst die Symmetriebeziehung

$$(-\Delta u, v)_2 = (u, -\Delta v)_2, \tag{5.2.7}$$

und ferner mit Hilfe der Poincaréschen Ungleichung die Definitheit

$$(-\Delta u, u)_2 = \|\nabla u\|_2^2 \geq d_\Omega^{-2} \|u\|_2^2. \tag{5.2.8}$$

Die Eigenschaft der Symmetrie und Definitheit wird wichtig vor allem im Zusammenhang mit Eigenwertaufgaben („Spektraltheorie“). Zum 1. Randwertproblem des Laplace-Operators gehört die Eigenwertaufgabe

$$-\Delta w = \lambda w \quad \text{in } \Omega, \qquad w = 0 \quad \text{auf } \partial\Omega.$$

für Funktionen $w \not\equiv 0$ und Parameter $\lambda \in \mathbb{C}$. Wie bei Eigenwertaufgaben von Matrizen impliziert auch hier die Symmetrie des Operators, dass alle möglichen Eigenwerte reell und wegen der Definitheitseigenschaft auch notwendig positiv sind:

$$\lambda \in \mathbb{R}, \qquad \lambda \geq d_\Omega^{-2} > 0.$$

Für weitere Eigenschaften von Eigenwerten und zugehörigen Eigenfunktionen benötigen wir tiefer gehende Resultate aus der Theorie des Laplace-Operators als („unbeschränkter“) Operator im Funktionen-Raum $L^2(\Omega)$. Dies ist üblicherweise Gegenstand von Texten zur „Funktionalanalysis“.

Im Spezialfall $n = 1$ können wir dazu bereits verfügbare Resultate aus der Fourier-Analysis verwenden (s. Kapitel 7 des Bandes Analysis 1). Wir betrachten die Eigenwertaufgabe zum eindimensionalen Laplace-Operator auf dem Intervall $\Omega = (0, \pi)$:

$$-w''(x) = \lambda w(x), \quad x \in (0,1), \qquad w(0) = w(\pi) = 0. \tag{5.2.9}$$

Lösungen sind hier gerade die trigonometrischen Funktionen $w_k(x) = \sin(kx)$, $k \in \mathbb{N}$, mit den zugehörigen Eigenwerten $\lambda_k = k^2$. Man kann zeigen, dass dies tatsächlich (bis auf Skalierung) die einzigen Lösungen sind, was für das Folgende aber nicht wichtig ist. Wichtig ist vielmehr, dass man durch ungerade Fortsetzung (bzgl. des Punktes $x = \pi$) dieser Eigenfunktionen auf das Intervall $[0, 2\pi]$ ein vollständiges Orthonormalsystem für den Raum $R(0, 2\pi) \supset C[0, 2\pi]$ erhält. Dies ist gerade die Aussage des Hauptsatzes der

Fourier-Analyse (Vollständigkeitsrelation): Jede Funktion $u \in R(0,2\pi)$ lässt sich durch Fourier-Summen

$$u_m(x) := \tfrac{1}{2}a_0 + \sum_{k=1}^{m}\{a_k\cos(kx) + b_k\sin(kx)\}$$

approximieren, wobei die Koeffizienten gegeben sind durch

$$a_k = \frac{1}{\pi}\int_0^{2\pi} u\cos(kx)\,dx, \quad b_k = \frac{1}{\pi}\int_0^{2\pi} u\sin(kx)\,dx.$$

Die Konvergenz dieser Approximation ist im L^2-Sinne, d. h.:

$$\|u - u_m\|_2 \to 0 \quad (m \to \infty). \tag{5.2.10}$$

Ist die Funktion u ungerade, so sind alle Fourier-Koeffizienten $a_k = 0$, und die Entwicklung erhält mit $w_k(x) := \sqrt{2/\pi}\sin(kx)$, $\|w_k\|_2 = 1$, die Form

$$u(x) := \sum_{k=1}^{\infty}\alpha_k w_k(x), \quad x \in [0,\pi], \qquad \alpha_k = \int_0^{\pi} u w_k\,dx. \tag{5.2.11}$$

5.3 Parabolische Anfangs-Randwertaufgaben

Die *eindimensionale* Wärmeleitungsgleichung

$$\partial_t u - \partial_x^2 u = 0, \tag{5.3.12}$$

oder allgemeiner in höheren Ortsdimensionen

$$\partial_t u - \Delta u = f, \tag{5.3.13}$$

wird üblicherweise auf Zylindern $Q_T := \Omega \times I$ des Orts/Zeit-Raumes betrachtet. Dabei sind $\Omega \subset \mathbb{R}^n$ ein Ortsgebiet und $I := (0,T]$ ein Zeitintervall. Im örtlich eindimensionalen Fall ($n = 1$) ist die natürliche Anfangskurve $\Gamma = \{(x,t) \in \mathbb{R}^2 : t = 0\}$ gerade Charakteristik, so dass das zugehörige Cauchysche Anfangswertproblem (mit Vorgabe von u *und* $\partial_n u$) i. Allg. nicht lösbar ist. Entlang Γ dürfen, wie wir noch sehen werden, nur Anfangsbedingungen an u selbst gestellt werden: $u_{|t=0} = u^0$. Entlang eines nicht-charakteristischen „örtlichen" Randes $\{(x,t) \in \mathbb{R}^{d+1} : x \in \partial\Omega,\, t > 0\}$ gilt dagegen dasselbe wie im elliptischen Fall, d. h.: Die zugehörige Anfangswertaufgabe ist lösbar, doch dürfen nur u *oder* $\partial_n u$ vorgeschrieben werden, wenn man stetige Abhängigkeit von den Randdaten gewährleisten will.

Analog zum elliptischen Fall bieten sich drei verschiedene Typen von Randbedingungen entlang des örtlichen Randes $\partial\Omega \times I$ für die zugehörige Anfangs-Randwert-Aufgabe (kurz "ARWA") an. Zusätzlich zu der Anfangsbedingung $u_{|t=0} = u^0$ wird gefordert:

a) *Dirichletsche Randbedingungen ("1. ARWA"):* $u = g$ auf $\partial\Omega \times I$;

b) *Neumannsche Randbedingungen ("2. ARWA"):* $\partial_n u = g$ auf $\partial\Omega \times I$;

c) *Robinsche Randbedingungen ("3. ARWA"):* $\partial_n u + \alpha u = g$ auf $\partial\Omega \times I$.

Die Randfunktionen g werden hier der Einfachheit halber als glatt und $\alpha \geq 0$ angenommen. Alle diese ARWAn sind, wie wir zum Teil zeigen werden, unter geeigneten Zusatzbedingungen an die Daten ebenfalls wohl gestellt. Unter einer „klassischen Lösung" verstehen wir nun eine Funktion $u \in C(\overline{Q}_T) \cap C^2(Q_T)$, welche der Differentialgleichung sowie den Anfangs- und Randbedingungen genügt, und deren erste Ableitungen $\partial_t u$ und ∇u über Ω (uneigentlich) R-quadrat-integrabel sind. Ähnlich wie bei elliptischen Problemen gibt es auch im parabolischen Fall den Begriff der „schwachen Lösung", den wir hier aber nicht weiter verfolgen wollen. Stattdessen bedienen wir uns für den Nachweis der Existenz von Lösungen eines anderen Ansatzes.

Wir diskutieren zunächst wieder die Eindeutigkeitsfrage. Seien $u^{(1)}$, $u^{(2)}$ wieder zwei klassische Lösungen der 1. ARWA des Wärmeleitungsoperators. Für die Differenz $w := u^{(1)} - u^{(2)}$ gilt dann

$$\partial_t w - \Delta w = 0 \quad \text{in } \Omega \times I, \quad w_{|t=0} = 0, \quad w_{|\partial\Omega} = 0.$$

Multiplikation mit w, Integration über Ω und anschließende partielle Integration im Ort ergeben analog zum elliptischen Fall

$$0 = (\partial_t w, w)_2 - (\Delta w, w)_2 = (\partial_t w, w)_2 + \|\nabla w\|_2^2.$$

Mit Hilfe des Satzes von der Differenzierbarkeit von Parameterintegralen folgt weiter

$$0 = \frac{1}{2}\frac{d}{dt}\|w\|_2^2 + \|\nabla w\|_2^2.$$

Dies impliziert, dass $\|w(t)\|_2 \leq \|w(0)\|_2 = 0$ für $t \geq 0$, und somit die Eindeutigkeit der Lösung und darüber hinaus deren stetige Abhängigkeit von den Anfangsdaten.

Die Existenzfrage lässt sich im Prinzip mit ähnlichen Methoden behandeln wie im elliptischen Fall. Wir wollen das hier aber nicht weiter verfolgen. Im örtlich eindimensionalen Spezialfall $\Omega = (-\infty, \infty)$ und $f \equiv 0$ lässt sich eine Lösung der Anfangswertaufgabe explizit angeben:

$$u(x,t) = \int_{-\infty}^{\infty} \frac{1}{\sqrt{4\pi t}} \exp\Big(\frac{-(x-s)^2}{4t}\Big) u^0(s)\, ds. \tag{5.3.14}$$

Dies wird durch Nachrechnen verifiziert, wobei speziell auf die Existenz der auftretenden Integralterme zu achten ist. Man beachte, dass durch den Ansatz

$$s(x,t) = \frac{1}{\sqrt{4\pi t}} \exp\Big(\frac{-x^2}{4t}\Big), \quad -\infty < x < \infty,\ t > 0,$$

eine spezielle Lösung der Wärmeleitungsgleichung gegeben ist (Übungsaufgabe).

Im Fall allgemeinerer, *beschränkter* Ortsgebiete $\Omega \subset \mathbb{R}^n$ gewinnt man eine zu (5.3.14) korrespondierende Lösungsdarstellung mit Hilfe der „Methode der Separation der Variablen". Einsetzen des Ansatzes $u(x,t) = w(x)\psi(t)$ in die Wärmeleitungsgleichung ergibt

$$\psi'(t)w(x) = \psi(t)\Delta w(x) \quad \Rightarrow \quad \frac{\psi'(t)}{\psi(t)} = \frac{\Delta v(x)}{v(x)} \equiv konst.,$$

für alle Argumente $(x,t) \in Q_T$. Die Faktoren $w(\cdot) \in C(\overline{\Omega}) \cap C^2(\Omega)$, $w_{|\partial\Omega} = 0$, und $\psi(\cdot) \in C(I)$ sind also notwendig Lösungen der Eigenwertaufgaben

$$-\Delta w(x) = \lambda w(x)\,,\ x \in \Omega\,, \qquad -\psi'(t) = \lambda\psi(t)\,,\ t \geq 0\,,$$

unter den Nebenbedingungen $w_{|\partial\Omega} = 0$ bzw. $\psi(0) = 1$, mit Parametern $\lambda \in \mathbb{R}$. Die Eigenwertaufgabe für $w(x)$ besitzt eine Folge von Lösungen $\lambda_j > 0$ und $w_j \not\equiv 0$:

$$-\Delta w_k = \lambda_k w_k \quad (k = 1, 2, 3, \ldots).$$

Die Eigenfunktionen $(w_k)_{k\in\mathbb{N}}$ bilden ein vollständiges Orthonormal-System im Raum $C(\overline{\Omega})$ bzgl. der L^2-Norm. Im Spezialfall $n = 1$ folgt dies aus dem Hauptsatz der Fourier-Analysis (Volständigkeitsrelation).

Die zugehörigen Lösungen für $\psi(t)$ sind $\psi_k(t) = e^{-\lambda_k t}$. Die Anfangsfunktion besitzt die (verallgemeinerte) bzgl. der L^2-Norm konvergente Fourier-Entwicklung:

$$u^0(x) = \sum_{k=1}^{\infty} u_k^0 w_k(x)\,, \qquad u_k^0 = \int_\Omega u^0(x) w_k(x)\, dx\,.$$

Durch Superposition (d. h. Überlagerung) der Einzellösungen für $k \in \mathbb{N}$,

$$u(x,t) := \sum_{k=1}^{\infty} u_k^0 w_k(x) e^{-\lambda_k t}\,, \tag{5.3.15}$$

erhalten wir folglich eine Lösung der Wärmeleitungsgleichung, welche den Randbedingungen und insbesondere den Anfangsbedingungen genügt. (Zum Nachweis überprüfe man die Konvergenz der Reihen der jeweils nach x sowie t abgeleiteten Einzellösungen.) Im eindimensionalen Spezialfall $\Omega = (0,\pi) \subset \mathbb{R}^1$ ist gerade

$$w_k(x) = \sqrt{2/\pi}\sin(kx), \qquad \lambda_k = k^2, \qquad k \in \mathbb{N},$$

und die Lösungsdarstellung erhält die explizite Form

$$u(x,t) = \sum_{k=1}^{\infty} b_k \sin(kx) e^{-k^2 t}, \qquad b_k := \frac{2}{\pi}\int_0^\pi u^0(y)\sin(ky)\, dy. \tag{5.3.16}$$

Anhand dieser Lösungsdarstellungen lassen sich einige wichtige Eigenschaften der ARWA der Wärmeitungsgleichung ablesen. Wie bei AWAn gewöhnlicher Differentialgleichungen entwickelt sich die Lösung ausgehend vom Anfangswert in der Zeit. Im Ort pflanzen sich Störungen wie im elliptischen Fall „unendlich schnell" fort. Irregularitäten in den Anfangs- oder Randdaten werden ausgeglättet, d. h.: im Innern des Zylindergebiets $Q_T := \Omega\times(0,T]$ ist die Lösung (im Falle glatter rechter Seite f) stets glatt.

Im folgenden wollen wir einige qualitative Eigenschaften von Lösungen der Wärmeleitungsgleichung diskutieren. Die Wärmeleitungsgleichung wird u. a. verwendet, um (ihrem Namen entsprechend) Wärmeausbreitungsvorgänge zu beschreiben. Es ist daher wichtig, garantieren zu können, dass ihre Lösungen bei entsprechenden Daten auch stets positiv sind. Dies wird durch ein (dem elliptischen Fall ähnliches) Maximumprinzip geleistet.

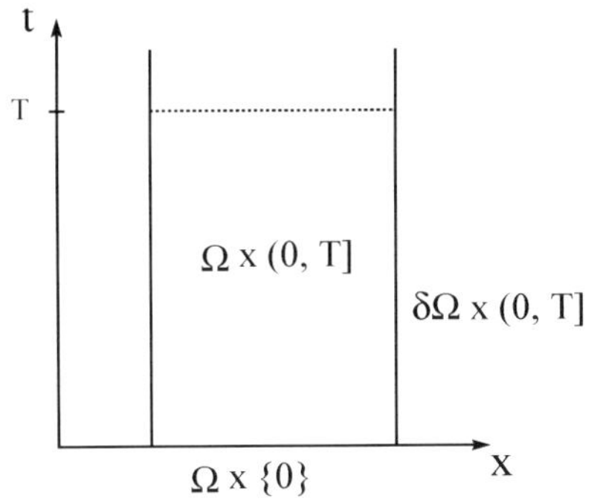

Abbildung 5.4: *Schema zum parabolischen Maximumprinzip.*

Satz 5.2 (Parabolisches Maximumprinzip): *Für jede klassische Lösung* $u = u(x,t)$ *der Wärmeleitungs-Ungleichung*

$$\partial_t u - \Delta u \le 0 \quad in\ \Omega,$$

gilt das sog. „Maximumprinzip", d. h.: Sie nimmt im (halboffenen) Zylinder $Q_T := \Omega \times (0,T]$ *kein striktes Maximum an.*

Beweis: Wir geben den Beweis nur für eine Raumdimension. Die Verallgemeinerung für höhere Dimensionen ist dann evident. Für eine Lösung u der Wärmeleitungs-Ungleichung setzen wir $v_\varepsilon := u - \varepsilon t$, mit beliebigem $\varepsilon > 0$. Da v_ε stetig auf $\overline{Q}_T$ ist, nimmt es in einem Punkt $(x_0, t_0) \in \overline{Q}_T$ sein Maximum an. Angenommen, $(x_0, t_0) \in Q_T$. Dann gilt $\partial_x^2 v_\varepsilon(x_0, t_0) \le 0$, und folglich

$$\partial_t v_\varepsilon(x_0, t_0) \le \partial_t v_\varepsilon(x_0, t_0) - \partial_x^2 v_\varepsilon(x_0, t_0) = \partial_t u(x_0, t_0) - \varepsilon - \partial_x^2 u(x_0, t_0) \le -\varepsilon.$$

Aus Stetigkeitsgründen ist dann auch $\partial_t v_\varepsilon(x_0, t) \le -\frac{1}{2}\varepsilon$ für $t_0 - h \le t \le t_0$, mit einem geeigneten $h > 0$. Hiermit folgern wir, dass

$$v_\varepsilon(x_0, t_0) - v_\varepsilon(x_0, t_0 - h) = \int_{t_0-h}^{t_0} \partial_t v_\varepsilon(x_0, t)\, dt \le -\tfrac{1}{2}\varepsilon h < 0.$$

Dies führt auf den Widerspruch $v_\varepsilon(x_0, t_0) < v_\varepsilon(x_0, t_0 - h)$. Also nimmt v_ε notwendig sein Maximum für $t = 0$ an. Da $\varepsilon > 0$ beliebig klein gewählt werden darf, gilt diese Aussage auch für den (stetigen) Grenzfall $\varepsilon = 0$, d. h. für die Lösung u. Q.E.D.

Als Konsequenz des „parabolischen" Maximumprinzips sehen wir insbesondere, dass eine Lösung der (homogenen) Wärmeleitungsgleichung

$$\partial_t u - \Delta u = 0 \ \text{ in } \Omega, \quad u = 0 \ \text{ auf } \partial\Omega,$$

zu nicht-negativen Anfangsdaten $u^0 \ge 0$ nicht-negativ bleibt für alle $t \ge 0$:

$$u^0 \ge 0 \quad \Rightarrow \quad 0 \le u(x,t) \le \max_{x \in \overline{\Omega}} u^0(x), \quad (x,t) \in Q_T.$$

Dazu wird das parabolische Maximumprinzip für die Funktion $-u$ angewendet. Ferner sind „klassische" Lösungen $u \in C(\bar{Q}_T) \cap C^2(Q_T)$ wieder eindeutig bestimmt.

Satz 5.3 (Globale Beschränktheit): *Für jede Lösung der inhomogenen Wärmeleitungsgleichung (5.3.13) gilt die a priori Abschätzung*

$$\|u(t)\|_2 \le e^{-t/L}\|u^0\|_2 + L \sup_{[0,t]} \|f\|_2,$$

mit $L := \mathrm{diam}(\Omega)$.

Beweis: Wir betrachten die beiden Hilfsprobleme

$$\partial_t v - \Delta v = 0 \ \text{ in } Q_T, \quad v_{|\partial\Omega} = 0, \ \ v_{|t=0} = u^0, \tag{5.3.17}$$

und

$$\partial_t w - \Delta w = f \ \text{ in } Q_T, \quad w_{|\partial\Omega} = 0, \ \ w_{|t=0} = 0. \tag{5.3.18}$$

Offenbar ist dann $u = v + w$ wegen der Linearität des Wärmeleitungsoperators (Superpositionsprinzip). Wir schätzen nun die beiden Lösungsanteile v und w separat ab.

i) Multiplikation von (5.3.17) mit v und Integration im Ort ergibt

$$\frac{1}{2}\frac{d}{dt}\|v\|_2^2 + \|\nabla v\|_2^2 = 0.$$

Wir multiplizieren dies mit $e^{2t/L}$ und finden

$$\frac{1}{2}\frac{d}{dt}\left(e^{2t/L}\|v\|_2^2\right) + e^{2t/L}\|\nabla v\|_2^2 - \frac{1}{L}e^{2\lambda t}\|v\|_2^2 = 0,$$

bzw. wegen $\|v\|_2^2 \le L^2\|\nabla v\|_2^2$ (Poincarésche Ungleichung):

$$\frac{d}{dt}\left(e^{2t/L}\|v\|_2^2\right) \le 0.$$

Integration bzgl. t ergibt dann

$$e^{2t/L}\|v(t)\|_2^2 \le \|u^0\|_2^2$$

bzw. wieder

$$\|v(t)\|_2 \le e^{-t/L}\|u^0\|_2.$$

ii) Multiplikation von (5.3.18) mit w und Integration im Ort ergibt

$$\frac{1}{2}\frac{d}{dt}\|w\|_2^2 + \|\nabla w\|_2^2 = (f,w)_2 \le \frac{1}{2L^2}\|w\|_2^2 + \frac{L^2}{2}\|f\|_2^2.$$

Mit Hilfe von $\|w\|_2^2 \le L^2\|\nabla w\|_2^2$ folgern wir

$$\frac{d}{dt}\|w\|_2^2 + \|\nabla w\|_2^2 \le L^2\|f\|_2^2.$$

Wir multiplizieren diese Ungleichung nun mit $e^{t/L}$ und finden

$$\frac{d}{dt}(e^{t/L}\|w\|_2^2) + e^{t/L}\|\nabla w\|_2^2 - \frac{1}{L}e^{t/L}\|w\|_2^2 \le Le^{t/L}\|f\|_2^2,$$

bzw.

$$\frac{d}{dt}\left(e^{t/L}\|w\|_2^2\right) \le Le^{t/L}\|f\|_2^2.$$

Integration bzgl. t ergibt

$$e^{t/L}\|w(t)\|_2^2 \le L\int_0^t e^{s/L}\|f\|_2^2\,ds$$

bzw.

$$\|w(t)\|_2^2 \le Le^{-t/L}\int_0^t e^{s/L}\|f\|_2^2\,ds.$$

Die Abschätzung

$$e^{-t/L}\int_0^t e^{s/L}\,ds \le L.$$

impliziert dann

$$\|w(t)\|_2 \le L\max_{[0,t]}\|f\|_2.$$

Kombination der Resultate für die Lösungenanteile v und w liefert schließlich die behauptete Abschätzung. Q.E.D.

Als Folgerung aus diesem Satz ersehen wir insbesondere, dass bei einem parabolischen Problem der Einfluss der Anfangsdaten exponentiell mit der Zeit abklingt. Weiter interessiert das Lösungsverhalten für Anfangsdaten u^0 mit minimaler Regularität.

Satz 5.4 (Glättungseigenschaft): *Für jede Lösung der homogenen Wärmeleitungsgleichung (5.3.13) mit $f \equiv 0$ und $u^0 \in L^2(\Omega)$ gilt die a priori Abschätzung*

$$\|\partial_t u(t)\|_2 + \|\Delta u(t)\|_2 \le t^{-1}\|u^0\|_2, \quad t > 0. \tag{5.3.19}$$

Beweis: Wir bedienen uns zum Beweis der sog. „Spektral-Technik“. Aus der Lösungsdarstellung (5.3.15) mit dem Orthonormalsystem von Eigenfunktionen $\{w_j\}_{j\in\mathbb{N}}$ des Laplace-Operators,

$$u(x,t) := \sum_{j=1}^{\infty} u_j^0 w_j(x)e^{-\lambda_j t},$$

folgern wir

$$\partial_t u(x,t) = \Delta u(x,t) := -\sum_{j=1}^{\infty} u_j^0\lambda_j w_j(x)e^{-\lambda_j t}.$$

Aufgrund der (verallgemeinerten) Parsevalschen Identität gilt demnach

$$\|\partial_t u\|_2^2 = \|\Delta u\|_2^2 = \sum_{j=1}^{\infty} (u_j^0)^2 \lambda_j^2 e^{-2\lambda_j t}.$$

Hieraus folgt wegen $xe^{-x} \leq 1,\ x \geq 0$:

$$\|\partial_t u\|_2^2 = \|\Delta u\|_2^2 = t^{-2} \sum_{j=1}^{\infty} (u_j^0)^2 (\lambda_j t)^2 e^{-2\lambda_j t} \leq t^{-2} \sum_{j=1}^{\infty} (u_j^0)^2 = t^{-2} \|u^0\|_2^2,$$

was den Beweis vervollständigt. Q.E.D.

5.4 Hyperbolische Anfangswertaufgaben

In der Wellengleichung

$$\partial_t^2 u(x,t) - \Delta u(x,t) = 0$$

wirkt der Laplace-Operator allein auf die Ortsvariable. Eine Lösung muss daher hinsichtlich ihrer Zeitabhängigkeit durch den Differentialoperator ∂_t^2 reproduziert werden. Diese Eigenschaft haben gerade die trigonometrischen Funktionen $\cos(t)$ und $\sin(t)$. Die Lösungen der Wellengleichung sind also typischerweise zeitliche Schwingungsprozesse.

Die Wellengleichung wird in der Regel wieder auf einem Zylindergebiet $Q_T := \Omega \times I$ mit einem (meist beschränkten) Gebiet $\Omega \subset \mathbb{R}^n$ und einem Intervall $I = (0,T]$ betrachtet. Die Frage nach der Wohlgestelltheit zugehöriger Anfangs-Randwertaufgaben wollen wir nur für den örtlich eindimensionalen Fall diskutieren. Die charakteristischen Steigungen der (örtlich) *eindimensionalen* Wellengleichung

$$\partial_t^2 u - \partial_x^2 u = 0$$

sind gerade gegeben durch $dt/dx = \pm 1$, d. h.: die Charakteristiken sind alle Geraden in der (x,t)-Ebene mit der Steigung ± 1. Die natürliche Anfangskurve $\Gamma := \{(x,t) : x \in \Omega,\ t = 0\}$ ist also keine Charakteristik, so dass gemäß der Theorie die zugehörige Cauchysche Anfangswertaufgabe bei Vorgabe von Werten $u(x,0) = u^0(x)$ und $\partial_t u(x,0) = u^1(x)$ lösbar ist. Diese Lösung lässt sich im Fall einer Raumdimension leicht angeben. Wir betrachten den Sonderfall $\Omega = \mathbb{R}^1$.

Die Koordinatentransformation $\xi = x + t,\ \eta = x - t$ überführt die Wellengleichung in die Form

$$\partial_\xi \partial_\eta u = 0.$$

Diese hat die allgemeine Lösung

$$u(\xi,\eta) = F(\xi) + G(\eta)$$

mit beliebigen, hinreichend glatten Funktionen $F(\cdot)$ und $G(\cdot)$. Die allgemeine Lösung der Wellengleichung lautet demnach

$$u(x,t) = F(x+t) + G(x-t).$$

Zur Erfüllung der Anfangsvorgaben auf Γ muss nun gelten:

$$F(x) + G(x) = u^0(x), \quad F'(x) - G'(x) = u^1(x).$$

Hieraus entnehmen wir, dass

$$F(x+t) + G(x+t) + F(x-t) + G(x-t) = u^0(x+t) + u^0(x-t),$$
$$F(x+t) - G(x+t) - F(x-t) + G(x-t) = \int_{x-t}^{x+t} u^1(s)\,ds,$$

und folglich,

$$u(x,t) = \tfrac{1}{2}\Big\{u^0(x+t) + u^0(x-t) + \int_{x-t}^{x+t} u^1(s)\,ds\Big\}.$$

Dies ist die (eindeutige) klassische Lösung der Wellengleichung zu den vorgegebenen Anfangsdaten $u^0(x)$, $u^1(x)$. Eine analoge Konstruktion ist auch in höheren Raumdimensionen möglich.

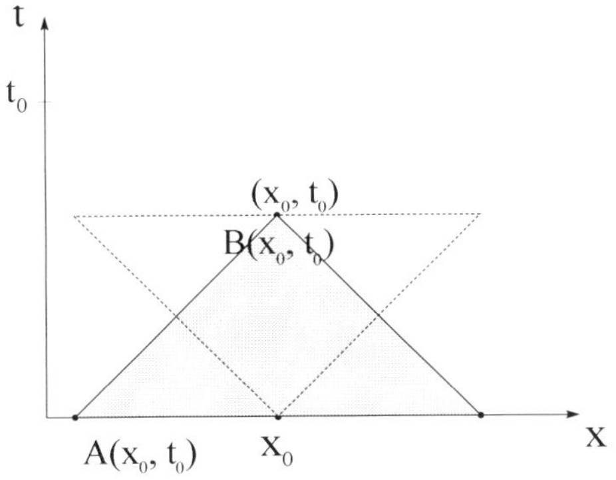

Abbildung 5.5: *Schema zur Informationsausbreitung in der Wellengleichung.*

Die Form der Lösung $u(x,t)$ zeigt, dass bei einem hyperbolischen Problem die Ausbreitungsgeschwindigkeit von Information endlich ist. Lokale Störungen pflanzen sich entlang der Charakteristiken (Geraden mit Steigung ± 1) fort. Insbesondere erzeugen unstetige Anfangsdaten notwendig auch unstetige Lösungen. Dies erfordert im Falle irregulärer Anfangs- oder Randdaten einen neuartigen Lösungsbegriff, der auch Unstetigkeiten zulässt. Für jeden Punkt $(x_0,t_0) \in Q_T$ gibt es demnach einen „Abhängigkeitsbereich“ $A(x_0,t_0)$ sowie einen „Bestimmtheitsbereich“ $B(x_0,t_0)$, innerhalb deren sich das Anfangswertproblem unabhängig vom restlichen Bereich lösen lässt:

$$A(x_0,t_0) := \{x \in \mathbb{R} : |x - x_0| \le t_0\}, \quad B(x_0,t_0) := \{(x,t) \in \mathbb{R} \times \mathbb{R}_+ : |x - x_0| \le t\}.$$

Die Eindeutigkeit von Lösungen der Wellengleichung erschließt man wieder am leichtesten mit Variationsargumenten. Sei $u(x,t)$ eine klassische Lösung der ARWA

$$\partial_t^2 u = \Delta u \quad \text{in } \Omega, \quad u_{|t=0} = u^0, \ \ \partial_t u_{|t=0} = u^1, \ \ u_{|\partial\Omega} = 0, \tag{5.4.20}$$

mit endlicher „Energie“ (kinetische + potentielle Energie)

$$E(t) := \|\partial_t u(t)\|_2^2 + \|\nabla u(t)\|_2^2 < \infty.$$

Multiplikation der Differentialgleichung mit $\partial_t u$, Integration über Ω und anschließende partielle Integartion ergibt

$$0 = (\partial_t^2 u - \Delta u, \partial_t u)_2 = \frac{1}{2}\frac{d}{dt}\big(\|\partial_t u\|_2^2 + \|\nabla u\|_2^2\big).$$

Dies impliziert, dass

$$\|\partial_t u(t)\|_2^2 + \|\nabla u(t)\|_2^2 = \|u^1\|_2^2 + \|\nabla u^0\|_2^2,$$

d. h.: Die Lösung ist eindeutig und hängt bzgl. der natürlichen Energie-Norm stetig von den Anfangsdaten ab. Ferner bleibt die Gesamtenergie $E(t)$ im System in der Zeit erhalten. Dies entspricht der Vorstellung, dass bei einem Schwingungsprozess, etwa der Schwingung eines elastischen Körpers oder einer Schallwelle, bei Vernachlässigung von Dämpfung im Verlaufe der Zeit keine Energie verloren geht. Ein „gutes“ Approximationsverfahren für die Wellengleichung sollte diese kritische Eigenschaft möglichst gut wiedergeben.

5.5 Übungen

Übung 5.1: Im Text wurde die Typeneinteilung von linearen Differentialoperatoren 2. Ordnung mit der Aufgabe motiviert, aus gegebenen Werten $u(x_0, y_0)$ und $\partial_n u(x_0, y_0)$ entlang einer Kurve Γ die Lösung $u(x, y)$ über einen Taylor-Reihenansatz zu bestimmen. Diese Konstruktion wurde allerdings nur bis zu den drei zweiten Ableitungen $\partial_x^2 u(x_0, y_0)$, $\partial_x\partial_y u(x_0, y_0)$ und $\partial_y^2 u(x_0, y_0)$ durchgeführt und hing von der Regularität einer gewissen Matrix A ab.

Man zeige, dass nach Bestimmung der zweiten Ableitungen die Konstruktion der vier dritten Ableitungen $\partial_x^3 u(x_0, y_0)$, $\partial_x^2\partial_y u(x_0.y_0)$, $\partial_x\partial_y^2 u(x_0, y_0)$ und $\partial_y^3 u(x_0, y_0)$ auf dieselbe Matrix A führt. Diese Aussage gilt auch für die weiteren, höheren Ableitungen. Die Vorgenommene Klassifizierung des Differentialoperators als elliptisch, parabolisch oder hyperbolisch basierend auf der Konstruierbarkeit der Lösung aus den Randdaten ist also sinnvoll.

Übung 5.2: Man bestimme den Typ der Differentialgleichungen

$$\begin{aligned} a)&\quad \partial_x\partial_y u - \partial_x u = 0,\\ b)&\quad \partial_x^2 u + \partial_x\partial_y u + y\partial_y^2 u + 4u = 0,\\ c)&\quad 2(\partial_x + \partial_y)^2 u + \partial_y u = 0. \end{aligned}$$

(Hinweis: Das im Text angegebene Kriterium für den Typ einer Gleichung kann auch bei variablen Koeffizienten separat in jedem einzelnen Ortspunkt verwendet werden.)

Übung 5.3: Auf einem beschränkten Gebiet $\Omega \subset \mathbb{R}^n$ mit glattem Rand ∂G werden die folgende a) zweite und b) dritte Randwertaufgabe betrachtet:

$$\begin{aligned} &a) \qquad -\Delta u + au = f \quad \text{in } \Omega, \qquad \partial_n u = g \quad \text{auf } \partial\Omega, \\ &b) \qquad -\Delta u + au = f \quad \text{in } \Omega, \qquad \partial_n u + \alpha u = g \quad \text{auf } \partial\Omega, \end{aligned}$$

mit Konstanten $a > 0$ und $\alpha \geq 0$. Man zeige, dass diese RWAn jeweils höchstens eine „klassische" Lösung $u \in C^2(\Omega) \cap C^1(\overline{\Omega})$ haben können. Welches Problem ergibt sich im Fall $a = 0$, d. h. für den reinen Laplace-Operator?

Übung 5.4: Auf einem beschränkten Gebiet $\Omega \subset \mathbb{R}^2$ mit glattem Rand $\partial\Omega$ sei der lineare Differentialoperator

$$L = -\partial_1(a_{11}\partial_1) - \partial_1(a_{12}\partial_2) - \partial_2(a_{21}\partial_1) - \partial_2(a_{22}\partial_2) + a_{00},$$

gegeben mit möglicherweise variablen Koeffizienten $a_{ij} \in C^1(\overline{\Omega})$. Die Matrix $A(x) = (a_{ij}(x))_{i,j=1}^2$ sei für alle $x \in \Omega$ symmetrisch und positiv definit. Man zeige, dass der Operator L in ganz G elliptisch ist, und dass die zugehörige 1. RWA

$$Lu = 0 \quad \text{in } \Omega, \qquad u = 0 \quad \text{auf } \partial\Omega,$$

im Falle $a_{00}(x) \geq 0$ nur die Nullfunktion als klassische Lösung hat.

Übung 5.5: Im Text wurde die Poincarésche Ungleichung

$$\int_\Omega |u(x)|^2\,dx \leq d_\Omega^2 \int_\Omega \|\nabla u(x)\|^2\,dx, \qquad d_\Omega := \operatorname{diam}(G),$$

nur für Funktionen $u \in V_0(\Omega)$ formuliert, d. h. welche auf dem ganzen Rand $\partial\Omega$ null sind. Der Beweis funktioniert aber auch für Funktionen, die nur entlang eines Teils $\Gamma \subset \partial\Omega$ des Randes mit Länge $|\Gamma| \neq 0$ null sind, d. h. auf dem Raum

$$V_0(\Gamma;\Omega) := \{v \in C^1(\Omega) \cap C(\overline{\Omega}) : \nabla v \in L^2(\Omega)^n,\ v_{|\Gamma} = 0\}.$$

i) Man führe den Beweis dieser Verallgemeinerung der Poicaréschen Ungleichung für das Einheitsquadrat $Q = (0,1)^2 \subset \mathbb{R}^2$ und den Randteil $\Gamma := \{x = (x_1, 0) : 0 \leq x_1 \leq 1\}$.

ii) Kann die Poincaresche Ungleichung gültig bleiben, wenn der Randteil $\Gamma \subset \partial G$ trivial ist, etwa nur aus einem Punkt besteht? Man untersuche diese Frage anhand der in (i) gegebenen Situation mit $\Gamma := \{(0,0)\}$. Welche Konsequenzen hat die Antwort auf diese Frage für die 1. RWA des Laplace-Operators? (Hinweis: Man betrachte die Folge der Funktionen $u_k(r,\theta) = r^{1/k}$.)

Übung 5.6: Der Laplace-Operator $\Delta = \operatorname{div}\operatorname{grad}$ hat für Funktionen $u = u(r,\theta)$ in Polarkoordinaten $(r,\theta) \in [0,\infty) \times [0,2\pi]$ die folgende Form:

$$\Delta u = (\partial_r^2 + r^{-1}\partial_r + r^{-2}\partial_\theta^2)u.$$

i) Für ein $\omega \in (0, 2\pi]$ sei $S_\omega := \{(r,\theta) : r > 0, \theta \in (0,\omega)\}$ der zugehörige Sektor der (x,y)-Ebene. Man zeige, dass die auf dem Gebiet $\Omega := S_\omega \cap K_1(0)$ definierte Funktion

$$s_\omega(r,\theta) := r^{\pi/\omega} \sin(\theta\pi/\omega)$$

harmonisch ist, d. h. $\Delta s_\omega \equiv 0$, und den Randbedingungen $s_\omega(r,0) = s_\omega(r,\omega) = 0$ sowie $s_\omega(1,\theta) = \sin(\theta\pi/\omega)$ genügt.

ii) Man zeige, dass im Fall $\pi < \omega \leq 2\pi$, d. h. im Fall eines *stumpfen* Innenwinkels, die ersten Ableitungen dieser Funktion zwar unbeschränkt aber noch (uneigentlich) quadrat-integrabel sind, dass ihre zweiten Ableitungen aber nicht mehr quadrat-integrabel sind. Wie sieht das bei *spitzen* Innenwinkeln, d. h. $0 < \omega < \pi$, aus?

Dieses Beispiel zeigt, dass klassische Lösungen von elliptischen RWAn auch zu glatten Daten am Gebietsrand nicht regulär zu sein brauchen.

Übung 5.7: Für die klassische Lösung der 1. Randwertaufgabe des Laplace-Operators

$$-\Delta u = 1 \quad \text{in } \Omega, \qquad u = 0 \quad \text{auf } \partial\Omega,$$

auf einem beliebigen glatt berandeten Gebiet $\Omega \subset Q_1 := \{(x,y) \in \mathbb{R}^2 : 0 \leq x, y \leq 1\}$ zeige man die Einschließung

$$0 \leq u(x,y) \leq \tfrac{1}{8}, \quad (x,y) \in \Omega.$$

(Hinweis: Man vergleiche u mit der quadratischen Funktion $v(x,y) = \frac{1}{4}x(1-x) + \frac{1}{4}y(1-y)$ und wende das Maximumprinzip an.)

Übung 5.8: Man verifiziere, dass durch

$$s(x,t) = \frac{1}{\sqrt{4\pi t}} \exp\Big(-\frac{x^2}{4t}\Big), \quad -\infty < x < \infty, \ t > 0,$$

eine spezielle Lösung der Wärmeleitungsgleichung

$$\partial_t u - \partial_x^2 u = 0 \quad \text{in } (-\infty, \infty) \times [0, \infty)$$

gegeben ist. Man verwende dies, um zu zeigen, dass für $u^0 \in C(-\infty, \infty)$ mit der Eigenschaft $u^0(x) = 0$ für $|x| \geq 1$ durch

$$u(x,t) = \int_{-\infty}^{\infty} \frac{1}{\sqrt{4\pi t}} \exp\Big(\frac{-(x-y)^2}{4t}\Big) u^0(y)\, dy$$

eine Lösung der Wärmeleitungsgleichung zu den Anfangswerten $u(x,0) = u^0(x)$ ist. (Hinweis: Es ist $\int_{-\infty}^{\infty} e^{-y^2/a}\, dy = \sqrt{a\pi}$.)

Übung 5.9: Für die klassische Lösung der Wärmeleitungsgleichung

$$\partial_t u - \partial_x^2 u = 0 \quad \text{in } [0,\pi] \times [0,\infty)$$

zu den Anfangs- und Randbedingungen $u(x,0) = u^0$ und $u(0,t) = u(\pi,t) = 0$, zeige man mit Hilfe der Spektraltechnik für $u^0 \in C^1[0,\pi]$ die a priori Abschätzung

$$\|\partial_t u(\cdot,t)\|_2 + \|\partial_x^2 u(\cdot,t)\|_2 \le \frac{c}{\sqrt{t}} \|\partial_x u^0\|_2, \quad t > 0,$$

mit einer von u^0 und t unabhängigen Konstante $c > 0$.

Übung 5.10: Man konstruiere mit Hilfe der Methode der Variablenseparation eine Lösung $u(x,t)$ der 1. ARWA der Wellengleichung

$$\partial_t^2 u - \partial_x^2 u = 0 \quad \text{in } [0,\pi] \times [0,\infty)$$

zu den Anfangs- und Randbedingungen

$$u(x,0) = \sin(x), \quad \partial_t u(x,0) = \sin(2x), \qquad u(0,t) = u(\pi,t) = 0.$$

(Hinweis: Man orientiere sich am entsprechenden Lösungsansatz für die Wärmeleitungsgleichung unter Verwendung des ONS von Eigenfunktionen des Laplace-Operators.)

A Lösungen der Übungsaufgaben

Im Folgenden sind Lösungen für die am Ende der einzelnen Kapitel formulierten Aufgaben zusammengestellt. Es handelt sich dabei nicht um „Musterlösungen“ mit vollständig ausformuliertem Lösungsweg, sondern nur um „Lösungsansätze“ in knapper Form.

A.1 Integralsätze

Lösung A.1.1: Die durch die drei Parametrisierungen des Einheitsbogens gegebenen Längen sind:

$$\begin{aligned}
|\Gamma_\varphi| &= \int_0^{2\pi} \sqrt{(\sin t)^2 + (\cos t)^2 + 1}\, dt = 2\sqrt{2}\pi, \\
|\Gamma_\psi| &= \int_0^{2\pi} \sqrt{(\sin t)^2 + (\cos t)^2 + 1}\, dt = 2\sqrt{2}\pi, \\
|\Gamma_\xi| &= \int_0^{1} \sqrt{(\sin(2\pi t^3)6\pi t^2)^2 + (\cos(2\pi t^3)6\pi t^2)^2 + (6\pi t^2)^2}\, dt \\
&= \int_0^1 \sqrt{2}6\pi t^2\, dt = 2\sqrt{2}\pi.
\end{aligned}$$

Lösung A.1.2: Wir setzen $g(t) := t^a \cos(t^{-b}\pi)$.

i) Fall $a \le b$: Der zur Zerlegung

$$Z_m := \{t_m = 0 < \cdots < t_k = k^{-1/b} < \cdots < t_0 = 1\}$$

gehörende Polygonzug hat die Länge

$$\begin{aligned}
|Z_m| &= \sum_{k=1}^{m} \|\varphi(t_k) - \varphi(t_{k-1})\| \ge \sum_{k=2}^{m-1} |g(t_k) - g(t_{k-1})| \\
&= \sum_{k=2}^{m-1} \big|k^{-a/b}\cos(k\pi) - (k-1)^{-a/b}\cos((k-1)\pi)\big| \ge \sum_{k=2}^{m-1} k^{-a/b}.
\end{aligned}$$

Für $0 < a \le b$ divergiert die Reihe $\sum_{k=1}^{m} k^{-a/b}$, d. h. die Kurve ist nicht rektifizierbar.

ii) Fall $a > b$: Es ist

$$g'(t) = at^{a-1}\cos(\pi t^{-b}) + \pi b t^{a-b-1}\sin(\pi t^{-b}), \quad t > 0.$$

Also ist $|g'(t)| \le ct^{\varepsilon-1}$ mit einer gewissen Konstante $c > 0$. Das Integral

$$L := \int_0^1 \sqrt{1 + |g'(t)|^2}\, dt$$

existiert also für $a > b$; im Fall $b < a < b+1$ als uneigentliches R-Integral. Für eine beliebige Zerlegung $Z \in \mathcal{Z}(a,b)$ gilt für die Länge des zugehörigen Polygonzugs:

$$|p_Z(\Gamma)| \leq \|\varphi(t_1)\| + \int_{t_1}^{1} \sqrt{1+|g'(t)|^2}\, dt \leq 1 + L.$$

Also ist $\sup_{Z\in\mathcal{Z}(a,b)} |p_Z(\Gamma)| < \infty$, d. h.: Γ ist rektifizierbar.

Lösung A.1.3: i) Sei $f : I \to \mathbb{R}$ stetig differenzierbar. Dann ist $|f'|$ R-Integrierbar, und für jede Zerlegung $Z = \{a = t_0 < t_1 < \cdots < t_m = b\} \in \mathcal{Z}(a,b)$ gilt nach dem Mittelwertsatz mit gewissen Zwischenstellen $\tau_k \in [t_{k-1}, t_k]$:

$$V_a^b(f;Z) = \sum_{k=1}^{m} (t_k - t_{k-1}) \Big|\frac{f(t_k) - f(t_{k-1})}{t_k - t_{k-1}}\Big| = \sum_{k=1}^{m} (t_k - t_{k-1}) |f'(\tau_k)|.$$

Übergang zum Supremum bzgl. $Z \in \mathcal{Z}(a,b)$ ergibt $f \in BV(I)$ und

$$V_a^b(f) = \int_a^b |f'(t)|\, dt.$$

ii) Ist f nur stetig und in (a,b) stetig differenzierbar, so gilt nach wie vor mit $h_k := t_k - t_{k-1}$, $h := \max_{k=1,\dots,m} h_k$:

$$\begin{aligned} V_a^b(f;Z) &= \sum_{k=1}^{m} |f(t_k) - f(t_{k-1})| \\ &= |f(t_1) - f(a)| + \sum_{k=2}^{m-1} \Big|\frac{f(t_k) - f(t_{k-1})}{t_k - t_{k-1}}\Big| + |f(b) - f(t_{m-1})| \\ &= |f(t_1) - f(a)| + \sum_{k=2}^{m-1} |f'(\tau_k)|\, dt + |f(b) - f(t_{m-1})|. \end{aligned}$$

Für eine Folge von Zerlegungen $Z = \{a = t_0 < t_1 < t_2 < \cdots < t_{m-1} < t_m = b\}$ mit t_1, t_{m-1} fest und $\max_{k=2,\dots,m-1}(t_k - t_{k-1}) \to 0$ konvergiert

$$\sum_{k=2}^{m-1} |f'(\tau_k)|\, dt \to \int_{t_1}^{t_{m-1}} |f'(t)|\, dt.$$

Da f' über I uneigentlich R-integrierbar sein soll, konvergiert

$$\int_{t_1}^{t_{m-1}} |f'(t)|\, dt \to \int_a^b |f'(t)|\, dt \quad (|Z| \to 0).$$

Wegen der Stetigkeit von f konvergiert

$$|f(t_1) - f(a)| + |f(b) - f(t_{m-1})| \to 0 \quad (|Z| \to 0).$$

Dies zusammen genommen impliziert die Beschränktheit von $V_a^b(f;Z)$, und damit $f \in BV(I)$, sowie

$$V_a^b(f) = \lim_{h\to 0} V_a^b(f;Z) = \int_a^b |f'(t)|\, dt.$$

Lösung A.1.4: a) Vektorraum: Sei $f, g \in BV(I)$ und $\alpha, \beta \in \mathbb{R}$. Dann gilt für jede Zerlegung $Z \in \mathcal{Z}(a, b)$:

$$\begin{aligned} V_a^b(\alpha f + \beta g; Z) &= \sum_{k=1}^{m} |\alpha f(t_k) + \beta g(t_k) - \alpha f(t_{k-1}) - \beta g(t_{k-1})| \\ &\leq \alpha \sum_{k=1}^{m} |f(t_k) - f(t_{k-1})| + \beta \sum_{k=1}^{m} |g(t_k) - g(t_{k-1})| \\ &\leq \alpha V_a^b(f; Z) + \beta V_a^b(g; Z) \leq \alpha V_a^b(f) + \beta V_a^b(g). \end{aligned}$$

Also ist $\alpha f + \beta g \in BV(I)$, d. h.: $BV(I)$ ist ein Vektorraum.

b) Normeigenschaft: Für $f \in BV(I)$ ist offensichtlich $\|f\|_{BV} \geq 0$ sowie

$$\|f\|_{BV} = |f(a)| + V_a^b(f) = 0 \quad \Rightarrow \quad f \equiv konst. = 0.$$

Ferner, für $\alpha \in \mathbb{R}$:

$$\|\alpha f\|_{BV} = |\alpha|\, |f(a)| + |\alpha| V_a^b(f) = |\alpha|\, \|f\|_{BV},$$

und

$$\begin{aligned} \|f + g\|_{BV} &= |(f + g)(a)| + V_a^b(f + g) \\ &\leq |f(a)| + |g(a)| + V_a^b(f) + V_a^b(g) = \|f\|_{BV} + \|g\|_{BV}. \end{aligned}$$

c) Vollständigkeit: Sei $(f_k)_{k\in\mathbb{N}}$ Cauchy-Folge im normierten Raum $BV(I)$. Dann ist $(f_k(a))_{k\in\mathbb{N}}$ Cauchy-Folge in $\mathbb{R}$ mit Limes $f(a) := \lim_{k\to\infty} f_k(a)$. Für jeden Punkt $t \in [a, b]$ gilt:

$$\begin{aligned} |f_k(t) - f_l(t)| &\leq |f_k(t) - f_l(t) - f_k(a) + f_l(a)| + |f_k(a) - f_l(a)| \\ &\leq V_a^b(f_k - f_l) + |f_k(a) - f_l(a)| = \|f_k - f_l\|_{BV}, \end{aligned}$$

d. h.: Auch $(f_k(t))_{k\in\mathbb{N}}$ ist Cauchy-Folge in $\mathbb{R}$ mit Limes $f(t) := \lim_{k\to\infty} f_k(t)$. Für jede Zerlegung $Z \in \mathcal{Z}(a, b)$ gilt weiter

$$\begin{aligned} V_a^b(f; Z) &= \sum_{j=1}^{m} |f(t_j) - f(t_{j-1})| = \sum_{j=1}^{m} \lim_{k\to\infty} |f_k(t_j) - f_k(t_{j-1})| \\ &= \lim_{k\to\infty} \sum_{j=1}^{m} |f_k(t_j) - f_k(t_{j-1})| = \lim_{k\to\infty} V_a^b(f_k; Z) \leq \lim_{k\to\infty} V_a^b(f_k) \leq \lim_{k\to\infty} \|f_k\|_{BV}. \end{aligned}$$

Da die rechte Seite beschränkt ist, folgt bei Supremumsbildung bzgl. Z, dass $f \in BV(I)$

ist. Dann gilt auch

$$\begin{aligned} V_a^b(f_k - f; Z) &= \sum_{j=1}^{m} |f_k(t_j) - f(t_j) - f_k(t_{j-1}) - f(t_{j-1})| \\ &= \sum_{j=1}^{m} \lim_{l\to\infty} |f_k(t_j) - f_l(t_j) - f_k(t_{j-1}) - f_l(t_{j-1})| \\ &= \lim_{l\to\infty} \sum_{j=1}^{m} |f_k(t_j) - f_l(t_j) - f_k(t_{j-1}) - f_l(t_{j-1})| \\ &= \lim_{l\to\infty} V_a^b(f_k - f_l; Z) \le \lim_{l\to\infty} V_a^b(f_k - f_l) \end{aligned}$$

bzw. $V_a^b(f_k - f) \le \lim_{l\to\infty} V_a^b(f_k - f_l)$. Also konvergiert $V_a^b(f_k - f) \to 0$ $(k \to \infty)$. Dies impliziert schließlich

$$\|f_k - f\|_{BV} = |(f_k - f)(a)| + V_a^b(f_k - f) \to 0 \quad (k \to \infty).$$

Lösung A.1.5: i) Wir berechnen zunächst die Bogenlängenfunktion

$$s(t) := \int_0^t \sqrt{1 + 4\tau^2 + 4\tau}\, d\tau = \int_0^t 1 + 2\tau\, d\tau = t + t^2.$$

Diese bildet das Intervall $[0,1]$ bijektiv auf $[0, |\Gamma|] = [0,2]$ ab. Die Umkehrfunktion ist gegeben durch

$$s^{-1}(t) = -\tfrac{1}{2} + \sqrt{t + \tfrac{1}{4}}.$$

Damit ist die Parametrisierung bzgl. der Bogenlänge gegeben durch

$$\psi(t) = \varphi(s^{-1}(t)) = (-\tfrac{1}{2} + \sqrt{t + \tfrac{1}{4}}, t + \tfrac{1}{2} - \sqrt{t + \tfrac{1}{4}}, \tfrac{4}{3}\Big(-\tfrac{1}{2} + \sqrt{t + \tfrac{1}{4}}\Big)^{3/2}). \quad t \in [0,2].$$

ii) Die Krümmung ist dann gegeben als

$$\kappa(t) = \|\psi''(t)\|.$$

Wir bestimmen daher zunächst die Ableitungen

$$\begin{aligned} \psi'(t) &= \Big(\frac{1}{2\sqrt{t + \frac{1}{4}}}, 1 - \frac{1}{2\sqrt{t + \frac{1}{4}}}, \frac{\sqrt{-2 + 2\sqrt{4t+1}}}{\sqrt{4t+1}}\Big) \\ \psi''(t) &= \Big(-\frac{1}{4}(t + \tfrac{1}{4})^{-3/2}, \frac{1}{4}(t + \tfrac{1}{4})^{-3/2}, \frac{-2(\sqrt{4t+1} - 2)}{\sqrt{-2 + 2\sqrt{4t+1}}(4t+1)^{3/2}}\Big) \end{aligned}$$

und es folgt

$$\kappa(t)^2 = \frac{2}{(4t+1)^2(-1 + \sqrt{4t+1})}$$

Lösung A.1.6: Der Ellipsenbogen besitzt die Parametrisierung

$$\varphi(t) = (a\cos t, b\sin t), \quad t \in [0, \tfrac{1}{2}\pi].$$

Damit ist

$$I(a,b) = \int_0^{\pi/2} x(t)y(t)\|\varphi'(t)\|\,dt = \int_0^{\pi/2} ab\sin t\cos t\sqrt{a^2\sin^2 t + b^2\cos^2 t}\,dt,$$

und nach Variablentansformation $u := \sin^2 t$ mit $du = 2\sin t\cos t dt$:

$$I(a,b) = \frac{ab}{2}\int_0^1 \sqrt{a^2 u + b^2(1-u)}\,du = \frac{ab}{3}\frac{a^3 - b^3}{a^2 - b^2} = \frac{ab}{3}\frac{a^2 + ab + b^2}{a+b}.$$

Lösung A.1.7: i) Test der Verträglichkeitsbedingung ergibt für $i,j = 1,2,3$ im Falle $x \in K^\circ$

$$\partial_i F_j = -\frac{4\pi}{3}\gamma\partial_i(\rho_0 x_j) = -\frac{4\pi}{3}\gamma\rho_0\delta_{ij} = -\frac{4\pi}{3}\gamma\partial_j(\rho_0 x_i) = \partial_j F_i\,,$$

sowie im Falle $x \notin K$

$$\partial_i F_j = \partial_j F_i\,.$$

Auf jedem Sterngebiet G das entweder in K oder in K^c enthalten ist besitzt F also ein Potential U mit $F = -\nabla U$. Für dieses erhält man mit etwas Phantasie die Darstellung

$$U(x) = \begin{cases} \frac{2\pi}{3}\gamma\rho_0\|x\|^2 - \frac{6\pi}{3}\gamma\rho_0 R^2, & x \in K \\ -\frac{4\pi}{3}\gamma R^3\rho_0\frac{1}{\|x\|}, & x \notin K. \end{cases}$$

Da U stetig auf $\mathbb{R}^3$ ist, folgt die behauptete Wegunabhängigkeit.

ii) Die Verträglichkeitsbedingung ist eine *lineare* Beziehung für die Ableitungen von F. Es genügt daher, sie für die additiven Bestandteile von F einzeln nachzuprüfen. Für das Newtonsche Gravitationsfeld ist sie bereits im Text bestätigt worden. Analog gilt für $i,j = 1,2,3$ und $x \in \mathbb{R}^3 \setminus \{0\}$:

$$\partial_i\frac{x_j}{\|x\|^2} = \frac{\|x\|^2\delta_{ij} - 2x_j x_i}{\|x\|^4} = \partial_j\frac{x_i}{\|x\|^2}.$$

Auf dem Sterngebiet $\tilde{G} := \mathbb{R}^3 \setminus \{x \in \mathbb{R}^3 : x \le 0, x_2 = x_3 = 0\}$ besitzt F also ein Potential U mit $F = -\nabla U$, für welches man leicht die folgende Form findet:

$$U(x) = -\gamma\mu\left(\frac{1}{\|x\|} - \tilde{\gamma}\log(\|x\|)\right).$$

Dieses Potential kann nun wieder stetig differenzierbar auf die ganze Menge $G = \mathbb{R}^3 \setminus \{0\}$ fortgesetzt werden, d. h.: F ist auf G konservativ.

Lösung A.1.8: Das Kurvenintegral einer Funktion $f : \Gamma \to \mathbb{R}$ ist gegeben durch

$$\int_{\Gamma(a)} f(x)\,ds = \int_{-a}^{a} f(x(t))\|\varphi'(t)\|\,dt = \int_{-a}^{a} f(x(t))\sqrt{1+4t^2}\,dt.$$

Für $f \equiv 1$ ergibt sich wegen der Symmetrie des Integranden bei Substitution $u = 2t$ (Stammfunktion nach Bronstein Band I):

$$\begin{aligned}|\Gamma(a)| &= \int_{-a}^{a} \sqrt{1+4t^2}\,dt = 2\int_{0}^{a} \sqrt{1+4t^2}\,dt = \int_{0}^{2a} \sqrt{1+u^2}\,du \\ &= \frac{1}{2}\Big[u\sqrt{1+u^2} + \log\big(u+\sqrt{1+u^2}\big)\Big]_0^{2a} \\ &= \frac{1}{2}\Big(2a\sqrt{1+4a^2} + \log\big(2a+\sqrt{1+4a^2}\big) - 0\Big).\end{aligned}$$

Insbesondere ist

$$|\Gamma(1)| = \frac{1}{2}(2\sqrt{5} + \log(2+\sqrt{5}))$$

Weiterhin gilt:

$$S(a) = \frac{1}{|\Gamma(a)|}\int_{\Gamma(a)} x\,ds = \frac{1}{|\Gamma(a)|}\int_{\Gamma(a)} x(t)\|\varphi'(t)\|\,ds = \frac{2}{|\Gamma(a)|}\int_{-a}^{a} (t,t^2)\sqrt{1+4t^2}\,dt$$

Wegen der Antisymmetrie des Polynoms $p(t) = t$ ist die x-Koodinate des Schwerpunkts

$$S_x(a) = \frac{1}{|\Gamma(a)|}\int_{-a}^{a} t\sqrt{1+4t^2}\,dt = 0.$$

Für die y-Koordinate gilt wieder wegen der Symmetrie des Integranden bei Substitution $u = 2t$ (Stammfunktion nach Bronstein Band I):

$$\begin{aligned}S_y(a) &= \frac{1}{|\Gamma(a)|}\int_{-a}^{a} t^2\sqrt{1+4t^2}\,dt = \frac{1}{4|\Gamma(a)|}\int_{0}^{2a} u^2\sqrt{1+u^2}\,du \\ &= \frac{1}{4|\Gamma(a)|}\Big[\frac{u}{4}(1+u^2)^{3/2} - \frac{1}{8}\Big(u\sqrt{1+u^2} + \log(u+\sqrt{1+u^2})\Big)\Big]_0^{2a} \\ &= \frac{1}{4|\Gamma(a)|}\Big[\frac{a}{2}(1+4a^2)^{3/2} - \frac{1}{8}\Big(2a\sqrt{1+4a^2} + \log(2a+\sqrt{1+4a^2})\Big) - 0\Big]. \\ &= \frac{\frac{a}{2}(1+4a^2)^{3/2} - \frac{1}{8}\Big(2a\sqrt{1+4a^2} + \log(2a+\sqrt{1+4a^2})\Big)}{2\Big(2a\sqrt{1+4a^2} + \log\big(2a+\sqrt{1+4a^2}\big)\Big)} \\ &= \frac{4a(1+4a^2)^{3/2} - \Big(2a\sqrt{1+4a^2} + \log(2a+\sqrt{1+4a^2})\Big)}{16\Big(2a\sqrt{1+4a^2} + \log\big(2a+\sqrt{1+4a^2}\big)\Big)}.\end{aligned}$$

Insbesondere ist

$$S_y(1) = \frac{4\cdot 5^{3/2} - \Big(2\sqrt{5} + \log(2+\sqrt{5})\Big)}{16(2\sqrt{5} + \log(2+\sqrt{5}))}.$$

Lösung A.1.9: i) Sei M weg-zusammenhängend. Wäre nun $M = U \cup V$ eine nicht-triviale, disjunkte, relativ-offene Zerlegung, so ließen sich je zwei Punkte $x \in U$ und $y \in V$ durch eine Jordan-Kurve $\Gamma \subset M$ verbinden. Für jede Jordan-Parametrisierung $\varphi : [a, b] \to \mathbb{R}^n$ von Γ existiert die Inverse $\varphi^{-1} : \Gamma \to [a, b]$ und ist stetig. Dann wäre also $[a, b] = \varphi^{-1}(\Gamma \cap U) \cup \varphi^{-1}(\Gamma \cap V)$ eine nicht-triviale, disjunkte, relativ-offene Zerlegung von $[a, b]$. Eine solche kann es aber nicht geben, da das Intervall $[a, b]$ zusammenhängend ist.

ii) Sei nun M nur zusammenhängend. Für einen beliebigen Punkt $a \in M$ definieren wir die Menge

$$U := \{x \in M : \text{Es gibt einen Streckenzug in } M \text{ von } a \text{ nach } x.\}.$$

Mit M ist auch die Menge U offen, denn für jeden Punkt $x \in U$ gibt es eine offene Kugelumgebung $K_\varepsilon(x) \subset U$. Alle Punkte $y \in K_\varepsilon(x)$ lassen sich dann durch den Polygonzug $\overline{ax} \cup \overline{xy}$ mit dem Punkt a verbinden, d. h.: Es ist $K_\varepsilon(x) \subset U$. Analog erschließt man, dass auch die Menge $V := M \setminus U$ offen ist. Denn ist $x \in M \setminus U$, d. h. gibt es keinen x mit a verbindenden Polygonzug, so kann es auch für alle Punkte y aus einer Kugelumgebung $K_\varepsilon(x) \subset M$ keine mit a verbindenden Polygonzüge geben. Also ist $M = U \cup V$ eine disjunkte, offene Zerlegung. Da M nach Voraussetzung zusammenhängend ist, können nicht beide Komponenten U, V nicht leer sein. Wegen $a \in U$ ist folglich $V = \emptyset$, d. h.: $U = M$. Also kann jeder Punkt $x \in M$ durch einen Polygonzug mit dem (beliebigen) Punkt a verbunden werden, d. h.: M ist weg-zusammenhängend.

Lösung A.1.10: Mit Hilfe des Determinantenentwicklungssatzes folgt

$$\begin{aligned}
(\mathrm{a} \times \mathrm{b}) \cdot \mathrm{c} &= (a_2b_3 - a_3b_2, a_3b_1 - a_1b_3, a_1b_2 - a_2b_1) \cdot (c_1, c_2, c_3) \\
&= c_1(a_2b_3 - a_3b_2) + c_2(a_3b_1 - a_1b_3) + c_3(a_1b_2 - a_2b_1) \\
&= c_1 \begin{vmatrix} a_2 & b_2 \\ a_3 & b_3 \end{vmatrix} - c_2 \begin{vmatrix} a_3 & b_3 \\ a_1 & b_1 \end{vmatrix} + c_3 \begin{vmatrix} a_1 & b_1 \\ a_2 & b_2 \end{vmatrix} = \begin{vmatrix} a_1 & b_1 & c_1 \\ a_2 & b_2 & c_2 \\ a_3 & b_3 & c_3 \end{vmatrix}.
\end{aligned}$$

Lösung A.1.11: i) Sei $(x, z)\colon I \to \mathbb{R}_+ \times \mathbb{R}$ eine Parametrisierung der Kurve C. Dann ist $\varphi\colon I \times [0, 2\pi) \to \mathbb{R}^3$ mit

$$\varphi(t, \theta) = (\cos(\theta)x(t), \sin(\theta)x(t), z(t))$$

eine Parametrisierung der Rotationsfläche. Es ist

$$\partial_t\varphi = (x' \cos\theta, x' \sin\theta, z'), \; \partial_\theta\varphi = (-x \sin\theta, x \cos\theta, 0)$$

und somit

$$\|\partial_t\varphi\| = \sqrt{x'(t)^2 + z'(t)^2}, \quad \|\partial_\theta\varphi\| = x(t), \quad \partial_t\varphi(t) \cdot \partial_\theta\varphi(t) = 0.$$

Also wird nach den Rechenregeln des Vektorprodukts

$$\|\partial_t\varphi \times \partial_\theta\varphi\|^2 = \|\partial_t\varphi\|^2\|\partial_\theta\varphi\|^2 - (\partial_t\varphi \cdot \partial_\theta\varphi)^2 = x(t)^2(x'(t)^2 + z'(t)^2).$$

Der Inhalt der Rotationsfläche ergibt sich folglich zu

$$\begin{aligned}|F_C| &= \int_M \|\partial_t\varphi \times \partial_\theta\varphi\|\, d(t,\theta) = \int_a^b \int_0^{2\pi} x(t)\sqrt{x'(t)^2 + z'(t)^2}\, d\theta\, dt \\ &= 2\pi \int_a^b x(t)\sqrt{x'(t)^2 + z'(t)^2}\, dt.\end{aligned}$$

Dasselbe Integral tritt auch auf bei der Berechnung des Schwerpunkts der Kurve C bei konstanter Massebelegung $\rho \equiv \rho_0$:

$$r_C = \frac{1}{\mu(C)} \int_a^b \rho x(t)\sqrt{x'(t)^2 + z'(t)^2}\, dt, \qquad \mu(C) = \rho_0|C|.$$

Kombination der letzten beiden Beziehungen ergibt die behauptete Gleichung.

ii) Zur Berechnen des Volumens des Rotationskörpers verfahren wir analog wie bei der Rotationsfläche. Sei F ein quadrierbares Gebiet in der „positiven" (x,z)-Ebene $(x \geq 0)$. Für den zugehörigen Rotationskörper $K_F \subset \mathbb{R}^3$ gilt bei Verwendung von Zylinderkoordinaten nach dem Satz von Fubini

$$|K_F| = \int_{K_F} d\mathrm{x} = \int_{F' \times [0,2\pi)} r\, d(r,z,\theta) = 2\pi \int_{F'} r\, d(r,z),$$

wobei F' die zu F kongruente Fläche in der (r,z)-Ebene ist. Die r-Koordinate des Schwerpunkts von F' ist gegeben durch

$$r_F = |F'|^{-1} \int_F r\, d(r,z).$$

Also folgt $|K_F| = 2\pi r_F |F'|$ und somit wegen $|F'| = |F|$ die 1. Guldinsche Regel.

Lösung A.1.12: a) Wir betrachten die als Graph der Funktion

$$z = \psi(x,y) = \sqrt{1 - x^2 - y^2}, \quad (x,y) \in B_\varepsilon = \{(u,v) \in \mathbb{R}^2 :\ \sqrt{u^2+v^2} \leq 1 - \varepsilon\}, \quad \varepsilon > 0,$$

gegebene offene Fläche Γ_ε. Ihr Inhalt ist nach einem Resultat des Textes (Kor. 1.1)

$$\begin{aligned}|\Gamma_\varepsilon| &= \int_{B_\varepsilon} \sqrt{1 + \partial_x f^2 + \partial_y f^2}\, d(x,y) = \int_{B_\varepsilon} \sqrt{1 + \frac{x^2}{1-x^2-y^2} + \frac{y^2}{1-x^2-y^2}}\, d(x,y) \\ &= \int_{B_\varepsilon} \frac{1}{\sqrt{1-x^2-y^2}}\, d(x,y) = \int_0^{2\pi} \int_0^{1-\varepsilon} \frac{r}{\sqrt{1-r^2}}\, dr\, d0 \\ &= -2\pi\sqrt{1-r^2}\Big|_0^{1-\varepsilon} = -2\pi\big(\sqrt{1-(1-\varepsilon)^2} - 1\big).\end{aligned}$$

Dies konvergiert für $\varepsilon \to 0$ gegen 2π. Der Inhalt der Einheitssphäre ist also 4π.

b) Nach der 2. Guldinschen Regel hat der von der Kurve C mit der Parametrisierung

$$\varphi(\theta) = (x(\theta), z(\theta)) := (\cos\theta, \sin\theta), \quad \theta \in [-\pi/2, \pi/2].$$

bei Rotation um die z-Achse erzeugte Rotationsfläche F_C den Inhalt

$$|F_C| = 2\pi r_C|C|,$$

mit dem Abstand r_C des Schwerpunkts von C von der z-Achse. Letzterer ist

$$|C|r_C = \int_{-\pi/2}^{\pi/2} \cos\theta\,\|\varphi'(\theta)\|\,d\theta = \int_{-\pi/2}^{\pi/2} \cos\theta\sqrt{\sin^2\theta + \cos^2\theta}\,d\theta = \sin\theta\Big|_{-\pi/2}^{\pi/2} = 2.$$

Die Länge der Kurve ist

$$|C| = \int_{-\pi/2}^{\pi/2} \|\varphi'(\theta)\|\,d\theta = \int_{-\pi/2}^{\pi/2} \sqrt{\sin^2\theta + \cos^2\theta}\,d\theta = \int_{-\pi/2}^{\pi/2} d\theta = \pi.$$

Der Inhalt der Einheitssphäre ergibt sich also zu 4π.

Lösung A.1.13: Der Gaußsche Integralsatz in $\mathbb{R}^2$ lautet

$$\int_{F_\Gamma} \nabla\cdot v\,d\mathrm{x} = \int_{\partial F_\Gamma} v\cdot \mathrm{n}\,ds.$$

Anwendung für das Vektorfeld $v = (x, y)$ ergibt

$$2|F_\Gamma| = \int_{\partial F_\Gamma} (x n_x + y n_y)\,ds$$

und mit der Parametrisierung $\varphi(t) = (x(t), y(t))$, $t\in[a,b]$, der Randkurve:

$$2|F_\Gamma| = \int_a^b \big(\varphi_x(t)n_x(t) + \varphi_y(t)n_y(t)\big)\|\varphi'(t)\|\,dt.$$

Ein Normaleneinheitsvektor zu ∂F_Γ ist bzgl. der Parametrisierung mit t gegeben durch

$$\mathrm{n}(t) = \frac{(\varphi_y'(t), -\varphi_x'(t))}{\|\varphi'(t)\|}.$$

Dies ergibt

$$2|F_\Gamma| = \Big|\int_a^b \{\varphi_x(t)\varphi_y'(t) - \varphi_x'(t)\varphi_y(t)\}\,dt\Big|.$$

Lösung A.1.14: Die Divergenz des gegebenen Vektorfelds ist für $x^2+y^2\neq 0$:

$$\nabla\cdot F(x,y) = \nabla\cdot\Big(\frac{x}{x^2+y^2}, \frac{y}{x^2+y^2}\Big) = \frac{(x^2+y^2)-2x^2}{(x^2+y^2)^2} + \frac{(x^2+y^2)-2y^2}{(x^2+y^2)^2} = 0.$$

Also existiert das Gebietsintegral links und hat den Wert

$$\int_M \nabla\cdot F(x,y)\,d(x,y) = 0.$$

Das Randintegral zerfällt in drei Komponenten, den Kreisviertelbogen $\Gamma_\circ$ mit der Parametrisierung $(x(\theta), y(\theta)) := (\cos\theta, \sin\theta)$, $\theta \in [0, \pi/2]$, den x-Achsenabschnitt Γ_x sowie den y-Achsenabschnitt Γ_y. Wir haben

$$\begin{aligned}
\int_{\Gamma_\circ} F(x(s), y(s)) \cdot \mathrm{n}(s)\, ds &= \int_0^{\pi/2} F(x(\theta), y(\theta)) \cdot \mathrm{n}(x(\theta), y(\theta)) \sqrt{x'(\theta)^2 + y'(\theta)^2}\, d\theta \\
&= \int_0^{\pi/2} \Big(\frac{x(\theta)}{x^2(\theta) + y^2(\theta)}, \frac{y(\theta)}{x^2(\theta) + y^2(\theta)} \Big) \cdot (y'(\theta), -x'(\theta))\, d\theta \\
&= \int_0^{\pi/2} \frac{\cos^2\theta + \sin^2\theta}{\cos^2\theta + \sin^2\theta}\, d\theta = \frac{\pi}{2}.
\end{aligned}$$

Auf den anderen beiden Randkomponenten gilt jeweils $F_x n_x = F_y n_y = 0$; sie liefern also keinen Beitrag zu dem Randintegral. Der Gaußsche Integralsatz gilt in diesem Fall also offensichtlich nicht. Dies liegt daran, dass das Vektorfeld F auf dem Bereich M zwar für $x^2 + y^2 \neq 0$ stetig differenzierbar, aber nicht (gleichmäßig) L-stetig ist. Wir sehen, dass man bei der naheliegenden Übertragung des Gaußschen Integralsatzes auf unbeschränkte und nur uneigentlich integrierbare Funktionen vorsichtig sein muss.

Lösung A.1.15: Die Divergenz des Vektorfeldes $v(x, y, z) = (x + y, y + z, z + x)$ ist $\nabla \cdot v \equiv 3$. Z ist ein Kreiszylinder mit Grundkreisradius 3 und Höhe 5. Z ist ein Normalgebiet. Daher ist der Gaußsche Integralsatz anwendbar:

$$\int_Z \nabla \cdot v\, d\mathrm{x} = \int_{\partial Z} v \cdot \mathrm{n}\, do.$$

Es ist

$$\int_Z \nabla \cdot v\, d\mathrm{x} = 3 \int_Z d\mathrm{x} = 3|Z| = 3 \cdot 5 \cdot \pi \cdot 3^2 = 135\pi.$$

Auf der oberen Deckfläche $D_o := \{(x, y, z) \in \mathbb{R}^3 : x^2 + y^2 \leq 9, z = 5\}$ des Zylinders ist $\mathrm{n} = (0, 0, 1)$ und somit (bei Beachtung von Symmetrien)

$$\int_{D_o} v \cdot \mathrm{n}\, do = \int_{x^2+y^2 \leq 9} (5 + x)\, d(x, y) = 5 \int_{x^2+y^2 \leq 9} d(x, y) = 5 \cdot \pi \cdot 3^2 = 45\pi.$$

Auf der unteren Deckfläche $D_u := \{(x, y, z) \in \mathbb{R}^3 : x^2 + y^2 \leq 9, z = 0\}$ des Zylinders ist $\mathrm{n} = (0, 0, -1)$ und somit (bei Beachtung von Symmetrien)

$$\int_{D_u} v \cdot \mathrm{n}\, do = -\int_{x^2+y^2 \leq 9} x\, d(x, y) = 0.$$

Für den Zylindermantel $M := \{(x, y, z) \in \mathbb{R}^3 : x^2 + y^2 = 8, 0 \leq z \leq 5\}$ wählen wir die Parametrisierung $(x, y, z) = \varphi(\theta, z) := (3\cos\theta, 3\sin\theta, z)$, $(\theta, z) \in [0, 2\pi] \times [0, 5]$. Der zugehörige äußere Normalenvektor ist

$$\mathrm{n} = \partial_\theta \varphi \times \partial_z \varphi = (-3\sin\theta, 3\cos\theta, 0) \times (0, 0, 1) = (3\cos\theta, 3\sin\theta, 0).$$

Damit folgt

$$\begin{aligned}\int_M v\cdot \mathrm{n}\,do &= \int_0^5\int_0^{2\pi} v(\varphi(\theta,z))\cdot(\partial_\theta\varphi\times\partial_z\varphi)\,d\theta\,dz\\ &= \int_0^5\int_0^{2\pi}(9+9\cos\theta\sin\theta+3z\sin\theta)\,d\theta\,dz = \int_0^5 18\pi\,dz = 90\pi.\end{aligned}$$

Also ist der Gaußsche Integralsatz für diesen Fall bestätigt.

Lösung A.1.16: i) Linearität: Wegen der Linearität der Differentiation ist

$$L(\alpha u+\beta v) = -\nabla\cdot(\rho\nabla(\alpha u+\beta v)) = -\alpha\nabla\cdot(\rho\nabla u) - \beta\nabla\cdot(\rho\nabla v) = \alpha Lu+\beta Lv$$

für $u,v\in C^2(\overline{G})$ und $\alpha,\beta\in\mathbb{R}$, d.h.: der Operator $L:V\to C(\overline{G})$ ist linear.

ii) Für $u,v\in V$ gilt (in Anlehnung an den Beweis der Greenschen Formeln) durch zweimalige Anwendung des Gaußschen Satzes zunächst mit dem Vektorfeld $\rho\nabla u\,v$ und dann mit dem Vektorfeld $\rho u\nabla v$ und Beachtung von $u_{|\partial G}=v_{|\partial G}=0$:

$$\begin{aligned}(Lu,v)_{L^2} &= -\int_G \nabla\cdot(\rho\nabla u)v\,\mathrm{dx}\\ &= -\int_G\nabla\cdot(\rho\nabla u\,v)\,\mathrm{dx} + \int_G \rho\nabla u\cdot\nabla v\,\mathrm{dx}\\ &= \int_{\partial G}\mathrm{n}\cdot\rho\nabla u\,v\,do + \int_G\rho\nabla u\cdot\nabla v\,\mathrm{dx} = \int_G\rho\nabla u\cdot\nabla v\,\mathrm{dx}\\ &= \int_G\nabla\cdot(u\rho\nabla v)\,\mathrm{dx} - \int_G u\nabla\cdot(\rho\nabla v)\,\mathrm{dx}\\ &= \int_{\partial G}\mathrm{n}\cdot(u\rho\nabla v)\,do - \int_G u\nabla\cdot(\rho\nabla v)\,\mathrm{dx}\\ &= -\int_G u\nabla\cdot(\rho\nabla v)\,\mathrm{dx} = (u,Lv)_{L^2}.\end{aligned}$$

iii) Für $u\in V$ gilt nach Teil (ii):

$$(Lu,u)_{L^2} = \int_G \rho|\nabla u|^2\,\mathrm{dx}\ge 0.$$

Ist nun $(Lu,u)_{L^2}=0$, so folgt wegen der Stetigkeit von $\rho|\nabla u|^2$ und $\rho|\nabla u|^2\ge 0$ notwendig $\rho|\nabla u|^2\equiv 0$. Wegen $\rho>0$ impliziert dies $\nabla u\equiv 0$, d. h.: $u\equiv \mathit{konst}$. Da aber $u_{|\partial G}=0$ ist, muss $u\equiv 0$ sein.

Lösung A.1.17: Wir betrachten $a(u,u)$. Durch Anwendung des Gaußschen Integralsatzes und Verwendung von $u|_{\partial\Omega}=0$ folgt

$$\begin{aligned}
a(u,u) &= \int_\Omega |\nabla u|^2 + \sum_{i=1}^3 \int \beta_i \partial_i u u \, dx \\
&= \int_\Omega |\nabla u|^2 + \frac{1}{2}\sum_{i=1}^3 \int \beta_i \partial_i (u^2) \, dx \\
&= \int_\Omega |\nabla u|^2 - \frac{1}{2}\sum_{i=1}^3 \int \partial_i \beta_i u^2 \, dx \\
&= \int_\Omega |\nabla u|^2 - \frac{1}{2} \int \nabla \cdot \beta u^2 \, dx
\end{aligned}$$

Nach Voraussetzung ist $\nabla \cdot \beta \leq 0$ und somit folgt für beliebiges $u \in V$, dass $a(u,u) \geq 0$. Angenommen es ist $a(u,u) = 0$ für ein $u \in V$. Dann ist wegen $-\nabla \cdot \beta u^2 \geq 0$ auch $|\nabla u| = 0$ und somit (da Ω zusammenhängend) ist u konstant. Wegen $u|_{\partial\Omega}=0$ folgt dann $u \equiv 0$.

Lösung A.1.18: Aus der Darstellung des Laplace-Operators in Polarkoordinaten

$$\Delta = \partial_r^2 + \tfrac{1}{r}\partial_r + \tfrac{1}{r^2}\partial_\theta^2$$

angewendet auf die rotationssymmetrische Funktion $g(r,\theta) = \ln(r)$ folgt

$$\Delta g = -\frac{1}{r^2} + \frac{1}{r}\frac{1}{r} + 0 = 0.$$

Analog zum 3d-Fall betrachten wir die Kreisringe $B_{\epsilon,\rho} := \{x \in \mathbb{R}^2 \,|\, 0 < \epsilon \leq \|x\| \leq \rho\}$. Auf diesen ist g harmonisch, und auf den Zusammenhängs-Komponenten S_ϵ und S_ρ von $\partial B_{\epsilon,\rho}$ sind g und $\partial_n g$ Konstant ($S_\kappa := \{x \in \mathbb{R}^2 \,|\, \|x\| = \kappa\}$). Da f harmonisch ist folgt

$$\int_{\partial B_\kappa} \partial_n f \, do = \int_{B_\kappa} \Delta f \, dx = 0$$

für alle $\kappa > 0$ und die 2. Greensche Formel liefert

$$\begin{aligned}
0 &= \int_{B_{\epsilon,\rho}} \Delta f g - f \Delta g \, dx = \int_{\partial B_{\epsilon,\rho}} \partial_n f g - f \partial_n g \, do = -\int_{\partial B_{\epsilon,\rho}} f \partial_n g \, do \\
&= \int_{S_\epsilon} f \frac{1}{\epsilon} - \int_{S_\rho} f \frac{1}{\rho}.
\end{aligned}$$

Durch den Grenzübergang $\epsilon \to 0$ folgt wegen der gleichmässigen Stetigkeit von f unter Beachtung von $|S_\epsilon| = 2\pi\epsilon$

$$\left| \frac{1}{2\pi\epsilon} \int_{S_\epsilon} f \, do - f(0) \right| = \left| \frac{1}{2\pi\epsilon} \int_{S_\epsilon} f - f(0) \, do \right| \leq \max_{x \in S_\epsilon} |f(x) - f(0)| \to 0.$$

Somit erhalten wir die Mittelwerteigenschaft

$$f(0) = \frac{1}{2\pi\rho} \int_{\partial B_\rho} f(x) \, dx.$$

Lösung A.1.19: Die auf den Körper wirkende Kraft ist (komponentenweise geschrieben)

$$F_{x/y/z} = \int_{\partial M} p(\mathrm{x}) n_{x/y/z} \, do = \int_{\partial M} \rho_0 z n_{x/y/z} \, do.$$

Wir wollen diese Flächenintegrale mit Hilfe des Satzes von Gauß in Volumenintegrale umwandeln. Dazu definieren wir die Vektorfelder $v^x := (\rho_0 z, 0, 0)$, $v^y := (0, \rho_o z, 0)$, $v^z := (0, 0, \rho_o z)$ mit $\nabla \cdot v^x \equiv \nabla \cdot v^y \equiv 0$, $\nabla \cdot v^z \equiv \rho_0$. Mit diesen ergibt sich

$$F_{x/y/z} = \int_{\partial M} \rho_0 z n_{x/y/z} \, do = \int_{\partial M} v^{x/y/z} \cdot \mathrm{n} \, do = \int_M \nabla \cdot v^{x/y/z} \, d\mathrm{x}.$$

Also ist $F = (0, 0, \rho_0 |M|)$, d. h.: Auf K wirkt eine Kraft senkrecht nach oben, deren Betrag gleich dem Gewicht $\rho_0 |M|$ der verdrängten Flüssigkeit ist.

Lösung A.1.20: Der Stokes'sche Integralsatz lautet

$$\int_G (\nabla \times f)(\Phi(u,v)) \cdot (\partial_u \Phi \times \partial_v \Phi)(u,v) \, d(u,v) = \int_0^{|\gamma|} f(\psi(s)) \cdot \psi'(s) \, ds,$$

wobei Φ eine reguläre Parametrisierung der Fläche Γ und ψ die Parametrisierung des „Randes“ γ von Γ mit der Bogenlänge ist. Für das gegebene Vektorfeld $v(x,y,z) = (y,z,x)$ ist

$$\nabla \times v = (\partial_y v_z - \partial_z v_y, \partial_z v_x - \partial_x v_z, \partial_x v_y - \partial_y v_x) = (-1, -1, -1).$$

Die Fläche Γ hat die Parametrisierung $\Phi(x,y) = (x, y, x^2 - y^2)$, $x^2 + y^2 \leq 1$. Der Normalenvektor

$$\partial_x \Phi \times \partial_y \Phi = (1, 0, 2x) \times (0, 1, -2y) = (-2x, 2y, 1).$$

zeigt nach „oben“, d. h. in Richtung wachsender z-Koordinate. Für das Flächenintegral erhalten wir so

$$\begin{aligned}
&\int_{x^2+y^2 \leq 1} (\nabla \times v(x,y,z(x,y))) \cdot (\partial_x \Phi \times \partial_y \Phi)(x,y) \, d(x,y) \\
&\quad = \int_{x^2+y^2 \leq 1} (2x - 2y - 1) \, d(x,y) = -\int_{x^2+y^2 \leq 1} d(x,y) = -\pi.
\end{aligned}$$

Für die Randkurve γ können wir wegen $\cos^2\theta - \sin^2\theta = \cos(2\theta)$ die folgende Parametrisierung verwenden:

$$\varphi(\theta) = (x(\theta), y(\theta), z(\theta)) := (\cos\theta, \sin\theta, \cos(2\theta)), \; \theta \in [0, 2\pi].$$

Damit erhalten wir

$$\begin{aligned}
\int_0^{|\gamma|} v(\psi(s)) \cdot \psi'(s) \, ds &= \int_0^{2\pi} v(\varphi(\theta)) \cdot \varphi'(\theta) \, d\theta \\
&= \int_0^{2\pi} (\sin\theta, \cos(2\theta), \cos\theta) \cdot (-\sin\theta, \cos\theta, -2\sin\theta) \, d\theta \\
&= \int_0^{2\pi} \big(-\sin^2\theta + \cos(2\theta)\cos\theta - 2\cos\theta \sin(2\theta) \big) \, d\theta = -\pi.
\end{aligned}$$

Man beachte, dass die Integrale über $\cos(2\theta)\cos\theta$ und $\cos\theta\sin(2\theta)$ Null sind. Also ist in diesem Fall der Stokes'sche Integralsatz erfüllt.

Lösung A.1.21: a) Die Wahl der euklidischen Norm ist „natürlich", da sie im Gegensatz zu anderen Normen, wie z. B. der Maximumnorm oder der l_p-Normen für $p \neq 2$, invariant gegenüber Verschiebungen, Drehungen und Spiegelungen (d. h. unitären Transformationen) des verwendeten Koordinatensystems ist:

$$Q \in \mathbb{R}^{n\times n}: \quad Q^TQ = I \quad \Rightarrow \quad \|Qx\|_2^2 = (Qx, Qx)_2 = (Q^TQx, x)_2 = \|x\|_2^2, \quad x \in \mathbb{R}^n.$$

Dies ist eine unabdingbare Bedingung an einen sinnvollen „Längenbegriff" für Kurven.

Lösung A.1.22: Ein Vektorfeld $v : D \subset \mathbb{R}^n \to \mathbb{R}^n$ heißt „Gradientenfeld", wenn es Gradient einer skalaren Funktion ist. Das durch

$$v = \Big(\frac{-y}{x^2+y^2}, \frac{x}{x^2+y^2}\Big)$$

definierte Vektorfeld $v : \mathbb{R}^2 \setminus \{0\} \to \mathbb{R}^2$ erfüllt zwar die Verträglichkeitsbedingung

$$\partial_y v_x = \frac{-(x^2+y^2)+2y^2}{(x^2+y^2)^2} = \frac{y^2-x^2}{(x^2+y^2)^2} = \frac{(x^2+y^2)-2x^2}{(x^2+y^2)^2} = \partial_x v_y,$$

ist aber in der gelochten Ebene $D = \mathbb{R}^2 \setminus \{0\}$ kein Gradientenfeld. Das Wegintegral entlang des geschlossenen Einheitskreises Γ mit der Parametrisierung $\varphi(t) = (x(t), y(t)) = (\cos t, \sin t), t \in [0, 2\pi]$, ist nämlich nicht Null sondern

$$\begin{aligned}\int_\Gamma v(x)\cdot \mathrm{ds} &= \int_0^{2\pi} v(\varphi(t))\cdot\varphi'(t)\,dt = \int_0^{2\pi} \Big\{\frac{y(t)\sin t}{x^2(t)+y^2(t)} + \frac{x(t)\cos t}{x^2(t)+y^2(t)}\Big\}\,dt \\ &= \int_0^{2\pi} (\sin^2 t + \cos^2 t)\,dt = 2\pi.\end{aligned}$$

Ist v ein stetig differenzierbares Vektorfeld welches der Verträglichkeitsbedingung $\partial_i v_j = \partial_j v_i,\ i,j = 1,\dots,n$ genügt, ist dann D ein Sterngebiet, so ist v ein Gradientenfeld. Entsprechend ist v z. B. auf der Menge $D = \{(x,y) \in \mathbb{R}^2 | y > 0\}$ ein Gradientenfeld mit Stammfunktion $f := \arctan(y/x)$, denn

$$\nabla f = \Big(\frac{-y/x^2}{1+(y/x)^2}, \frac{1/x}{1+(y/x)^2}\Big) = \Big(\frac{-y}{x^2+y^2}, \frac{x}{x^2+y^2}\Big).$$

Lösung A.1.23: Auf einer kompakten Menge $M \subset \mathbb{R}^2$ mit glattem Rand wird das Vektorfeld $v(\mathrm{x}) = \mathrm{x}$ betrachtet. Für dieses ist $\nabla\cdot v = \partial_x x + \partial_y y \equiv 2$ und somit nach dem Satz von Gauß

$$|M| = \frac{1}{2}\int_M \nabla\cdot v(\mathrm{x})\,d\mathrm{x} = \frac{1}{2}\int_{\partial M} v(\mathrm{x})\cdot \mathrm{n}\,ds.$$

Speziell für den Einheitskreis $\overline{K_1(0)}$ ist $\mathrm{n} = \mathrm{x} = v(\mathrm{x})$ entlang $\partial K_1(0)$ und somit, wie erwartet:

$$|K_1(0)| = \frac{1}{2}\int_{\partial K_1(0)} \mathrm{x}\cdot\mathrm{n}\,ds = \frac{1}{2}\int_{\partial K_1(0)} \|\mathrm{x}\|^2\,ds = \pi.$$

Fall $\mathbb{R}^3$: Ergibt eine analoge Rechnung $|K_1(0)| = \frac{1}{3}|\partial K_1(0)| = 4\pi$.

Lösung A.1.24: In der Parameter-(u,v)-Ebene sei G ein Gebiet, das von einer stückweise glatten geschlossenen Jordan-Kurve $\gamma = \partial G$ berandet wird; G hat also keine Löcher. Weiter sei $\psi(s) = (u(s), v(s))$, $0 \leq s \leq |\gamma|$, eine Parametrisierung von γ mit der Bogenlänge, welche eine positive Orientierung (im Gegenuhrzeigersinn) von γ erzeugt. Auf einer offenen Umgebung U des Abschlusses $\overline{G}$ sei $\Phi = (\Phi_x, \Phi_y, \Phi_z) : U \to \mathbb{R}^3$ eine stetige Abbildung derart, dass $\Phi(U)$ eine offene Fläche in $\mathbb{R}^3$ ist. Wir betrachten die abgeschlossene Fläche $\Gamma = \Phi(\overline{G})$. Der Rand von Γ ist dann eine geschlossene, stückweise glatte Jordan-Kurve $C = \partial\Gamma$ mit der Parametrisierung

$$\mathrm{x} = \Psi(s) := \Phi(\psi(s)), \quad 0 \leq s \leq |\gamma|.$$

Satz von Stokes: Für eine abgeschlossene Fläche $\Gamma \subset \mathbb{R}^3$ mit zweimal stetig differenzierbarer Parametrisierung $\Phi : \overline{G} \to \mathbb{R}^3$ sollen die obigen Voraussetzungen gelten. Für ein auf einer offenen Umgebung V von Γ stetig differenzierbares Vektorfeld $f : V \to \mathbb{R}^3$ gilt dann:

$$\int_\Gamma (\nabla \times f(\mathrm{x})) \cdot \mathrm{n}(\mathrm{x})\, do = \int_{\partial\Gamma} f(\mathrm{x}) \cdot \mathrm{ds},$$

bzw.

$$\int_G (\nabla \times f)(\Phi(u,v)) \cdot (\partial_u \Phi \times \partial_v \Phi)(u,v)\, d(u,v) = \int_0^{|\gamma|} f(\Psi(s)) \cdot \Psi'(s)\, ds.$$

Spezialfall: Im speziellen Fall einer ebenen Fläche in der (x_1, x_2)-Ebene parametrisieren wir die Fläche durch die Abbildung $\Phi(u,v) = (u, v, 0)$. Entsprechend ist $\partial_u \Phi = (1,0,0)$ sowie $\partial_v \Phi = (0,1,0)$ und somit $\partial_u \Phi \times \partial_v \Phi = (0,0,1)$. Entsprechend ist

$$\begin{aligned}\int_G (\nabla \times f)(\Phi(u,v)) \cdot (\partial_u \Phi \times \partial_v \Phi)(u,v)\, d(u,v) &= \int_G \partial_1 f_2(u,v,0) - \partial_2 f_1(u,v,0)\, d(u,v) \\ &= \int_G \nabla \cdot (f_2, -f_1)\, d(u,v).\end{aligned}$$

Eine äusseres Normalenfeld an G ergibt sich durch $n_G = (\partial_2 \psi, -\partial_1 \psi)$. Für das Randintegral ergibt sich folglich

$$\begin{aligned}\int_0^{|\gamma|} f(\Psi(s)) \cdot \Psi'(s)\, ds &= \int_0^{|\gamma|} f(\psi(s), 0) \cdot (D_1 \psi, \partial_2 \psi, 0)\, ds \\ &= \int_0^{|\gamma|} f_1(\psi(s), 0) \partial_1 \psi + f_2(\psi(s), 0) \partial_2 \psi\, ds \\ &= \int_0^{|\gamma|} (f_2, -f_1) \cdot n_G \|\psi'\|\, ds\end{aligned}$$

Wir erhalten also als Spezialfall die Aussage des Satzes von Gauß für das Vektorfeld $(f_2, -f_1)$.

A.2 Variationsaufgaben

Lösung A.2.1: Das Problem liegt darin, dass die Funktion $g(x,y)$ offenbar in $(x,y) = (0,0)$ nicht stetig ist. Für $y \neq 0$ sind aber dennoch die Integrale

$$f(y) = \int_0^1 g(x,y)\,dx = \int_0^1 \frac{xy^3}{(x^2+y^2)^2}\,dx$$

als normale R-Integrale definiert. Für $y = 0$ ist sein Wert trivialerweise $f(0) = 0$. Dasselbe gilt für die Integrale über die Ableitung

$$\partial_y g(x,y) = \frac{3xy^2(x^2+y^2) - 4xy^4}{(x^2+y^2)^3} = \frac{3x^3y^2 - xy^4}{(x^2+y^2)^3}.$$

Also ist

$$f^*(0) = \int_0^1 \partial_y g(x,0)\,dx = 0.$$

Dagegen ergibt sich

$$f(y) = \int_0^1 \frac{xy^3}{(x^2+y^2)^2}\,dx = -\frac{1}{2}\frac{y^3}{x^2+y^2}\Big|_0^1 = \frac{y}{2} - \frac{1}{2}\frac{y^3}{1+y^2}$$

und folglich

$$f'(y) = \frac{1}{2} - \frac{1}{2}\frac{(1+y^2)3y^2 - 2y^4}{(1+y^2)^2} \quad \Rightarrow \quad f'(0) = \frac{1}{2}.$$

Lösung A.2.2: Aus der Differenzierbarkeit folgt

$$\frac{1}{h}\Big[\int_{\psi(y+h)}^{\varphi(y+h)} f(x,y+h)\,dx - \int_{\psi(y)}^{\varphi(y)} f(x,y)\,dx\Big] = \int_{\psi(y)}^{\varphi(y)} \frac{f(x,y+h) - f(x,y)}{h}\,dx$$
$$+ \frac{1}{h}\int_{\varphi(y)}^{\varphi(y+h)} f(x,y+h)\,dx - \frac{1}{h}\int_{\psi(y)}^{\psi(y+h)} f(x,y+h)\,dx.$$

Für $h \to 0$ geht die rechte Seite unter Verwendung des Mittelwertsatzes der Intgeralrechnung in die folgende Form über:

$$\ldots = \int_{\psi(y)}^{\varphi(y)} \partial_y f(x,y)\,dx + \lim_{h\to 0} f(\xi_1, y+h)\,\frac{\varphi(y+h) - \varphi(y)}{h}$$
$$- \lim_{h\to 0} f(\xi_2, y+h)\,\frac{\psi(y+h) - \psi(y)}{h}.$$

Daraus folgt die Behauptung wegen $\lim_{h\to 0}\xi_1 = \varphi(y)$ und $\lim_{h\to 0}\xi_2 = \psi(y)$ und der Differenzierbarkeit von φ und ψ.

Lösung A.2.3: Die Euler-Lagrangesche Differentialgleichung eines Variationsfunktionals mit Funktion $f(t,x,q)$ lautet:

$$\frac{d}{dt}\frac{\partial f}{\partial q}(t,u(t),u'(t)) - \frac{\partial f}{\partial x}(t,u(t),u'(t)) = 0, \quad t \in [a,b].$$

Im vorliegenden Fall ist $f(t,x,q) = \frac{1}{2}\big(p(t)q^2 + r(t)x^2\big) - f(t)x$. Damit ergeben sich die Euler-Lagrangeschen Differentialgleichungen

$$\frac{d}{dt}[p(t)u'(t)] - r(t)u(t) + f(t) = 0,$$

mit den Randbedingung $u(a) = 0,\ u(b) = 0$, bzw. als Sturm-Liouville-Aufgabe:

$$-[pu']'(t) + r(t)u(t) = f(t), \quad t \in [a,b], \quad u(a) = 0,\ u(b) = 0.$$

Wegen $p(t) \geq \rho > 0$ und $r(t) \geq 0$ besitzt diese RWA nach einem Satz des Textes eine eindeutig bestimmte Lösung.

Lösung A.2.4: O.B.d.A. betrachten wir nur den Fall $x_0 = 0$ und $\delta = 1$. In den Gebieten $B := B_1(0)$ sowie $\mathbb{R}^n \backslash \overline{B}$ ist die Funktion $\varphi := \varphi_1$ zum einen als Exponentialfunktion und zum anderen als Nullfunktion offensichtlich beliebig oft (stetig) differenzierbar. Es bleibt, den differenzierbaren Übergang für $\|x\| \to 1$ zu zeigen. Die Ableitungen der Funktion $\varphi(x) = \exp(\|x\|^2/(1-\|x\|^2))$ sind von der Gestalt (Multiindexschreibweise)

$$D^\alpha\varphi(x) = \varphi(x)\frac{p_\alpha(x)}{(1-\|x\|^2)^{2^m}}, \quad |\alpha| = m,$$

mit gewissen Polynomen $p_\alpha(x)$. Für jede rationale Funktion $p(t)$ und Zahl $\gamma > 0$ gilt:

$$p(t)e^{-\gamma t} \to 0 \quad (t \to \infty),$$

was man sich leicht mit Hilfe der l'Hospitalschen Regel klar macht. Mit $t := (1-\|x\|^2)^{-1}$ ergibt dies:

$$D^\alpha\varphi(x) \to 0 \quad (\|x\| \uparrow 1),$$

d. h. die Stetigkeit der Ableitung $D^\alpha\varphi$.

Lösung A.2.5: Für die betrachtete Riemann-integrierbare Funktion $g : [a,b] \to \mathbb{R}$ gelte

$$\int_a^b g(t)\varphi(t)\,dt = 0, \quad \varphi \in C_0^\infty(a,b).$$

Angenommen, es gäbe einen Stetigkeitspunkt $t_0 \in [a,b]$ von g mit $g(t_0) \neq 0$. Wegen der Stetigkeit von g in t_0 gibt es ein $\delta > 0$, so dass

$$|g(t_0) - g(t)| > \tfrac{1}{2}|g(t_0)| \quad \forall t \in I := (t_0 - \delta, t_0 + \delta) \cap [a,b].$$

O.B.d.A. ist also $g(t) > 0$ auf I. Man wähle nun eine Funktion $\varphi \in C_0^\infty(a,b)$ mit Träger in I und $\varphi > 0$ auf I^0 (Zur Existenz von φ siehe eine der früheren Aufgaben). Dann ist

$$\int_a^b g(t)\varphi(t)\,dt = \int_I g(t)\varphi(t)\,dt > 0$$

im Widerspruch zur Annahme.

Lösung A.2.6: Die Euler-Lagrangesche Differentialgleichung eines Variationsfunktionals mit Funktion $f(t,x,q)$ lautet:

$$\frac{d}{dt}\frac{\partial f}{\partial q}(t,u(t),u'(t)) - \frac{\partial f}{\partial x}(t,u(t),u'(t)) = 0, \quad t \in [a,b].$$

Im vorliegenden Fall ist $f(t,x,q) = \big(1+q^2\big)^{p/2}$. Damit ergeben sich die Euler-Lagrangeschen Differentialgleichungen

$$\frac{d}{dt}\Big(\big(1+u'(t)^2\big)^{p/2-1}u'(t)\Big) = 0,$$

mit den Randbedingung $u(a) = \alpha$, $u(b) = \beta$, bzw.

$$\begin{aligned} 0 &= \big(1+u'(t)^2\big)^{p/2-1}u''(t) + (p-2)\big(1+u'(t)^2\big)^{p/2-2}u'(t)^2u''(t) \\ &= \big(1+u'(t)^2\big)^{p/2-2}\big(1+u'(t)^2+(p-2)u'(t)^2\big)u''(t) \\ &= \big(1+u'(t)^2\big)^{p/2-2}\big(1+(p-1)u'(t)^2\big)u''(t). \end{aligned}$$

Wegen $p \geq 1$ erfüllt jede C^2-Lösung dieser Gleichung $u''(t) = 0$ und ist folglich linear. Unter Berücksichtigung der Randbedingungen ergibt sich als (eindeutigen) Lösung $u(t) = \frac{b-t}{b-a}\alpha + \frac{t-a}{b-a}\beta$. Diese Lösung ist erstaunlicherweise unabhängig von p. Im Fall $p = 2$ ergibt sich die lineare Sturm-Liouville-Aufgabe

$$u''(t) = 0, \quad t \in [a,b], \quad u(a) = \alpha,\ u(b) = \beta,$$

und im Fall $p = 1$ die Aufgabe

$$\frac{u''(t)}{\big(1+u'(t)^2\big)^{3/2}} = 0, \quad t \in [a,b], \quad u(a) = \alpha,\ u(b) = \beta.$$

Lösung A.2.7: Das „Dirichletsche Prinzip“ besagt: Sei $G \subset \mathbb{R}^2$ ein stückweise glatt berandetes Gebiet und $g : \partial G \to \mathbb{R}$ irgendeine stetige Randfunktion. Dann gibt es unter den Funktionen der Menge

$$V_g(G) := \big\{\varphi \in C^1(G) \cap C(\overline{G}),\ \nabla u \in L^2(G)^n,\ \varphi_{|\partial G} = g\big\}$$

eine, $u \in V_g(G)$, welche dem Dirichletschen Integral den kleinsten Wert verleiht, d.h.

$$D[u] = \inf\{D[\varphi],\ \varphi \in V_g(G)\},$$

und u ist eine sog. „Potentialfunktion“, d. h. Lösung der Randwertaufgabe

$$\Delta u = 0 \quad \text{in } G, \qquad u = g \quad \text{auf } \partial G.$$

Eine harmonische Funktion $u \in V_g$ (d. h.: $v\Delta u = 0$) die die gegebenen Randwerte erfüllt ist $u(x,y) = xy$. Das diese auch ein Minimierer in V_g ist folgt sofort, denn sei $\tilde{u}$ ein Minimierer in $u + H_0^1(\Omega) \supset V_g$ (die Existenz eines solchen ist klar nach Text), so erfüllen sowohl u wie auch $\tilde{u}$ die Euler-Lagransche Gleichung, d. h. für jedes $\varphi \in H_0^1(\Omega)$ ist

$$\int_\Omega \nabla u \nabla\varphi\, dx = \int_\Omega \nabla\tilde{u}\nabla\varphi\, dx = 0.$$

Da $u - \tilde{u} \in H_0^1(\Omega)$, folgt

$$\|\nabla(u-\tilde{u})\|^2 = \int_\Omega \nabla u\nabla(u-\tilde{u})\, dx - \int_\Omega \nabla\tilde{u}\nabla(u-\tilde{u})\, dx = 0$$

und somit ist $u = \tilde{u}$.

A.3 Das Lebesgue-Integral

Lösung A.3.1: Wegen der Bewegungsinvarianz und Additivität des äußeren L-Maßes genügt es, die Behauptung für die Viertelebene $H = \{x \in \mathbb{R}^n,\ x_1 \ldots, x_{n-1} \geq 0, x_n = 0\}$ zu zeigen. Wir betrachten die abzählbar vielen Intervalle

$$I_{i_1 \ldots i_{n-1}} := [i_1 - 1, i_1] \times \ldots \times [i_{n-1} - 1, i_{n-1}] \times \{0\},\ i_1, \ldots, i_{n-1} \in \mathbb{N},$$

deren Vereinigung H überdeckt. Wegen der σ-Additivität des L-Maßes folgt

$$0 \leq \mu^*(H) \leq \sum_{i_1,\ldots,i_{n-1}=1}^{\infty} \mu(I_{i_1,\ldots,i_{n-1}}) = \sum_{i_1,\ldots,i_{n-1}=1}^{\infty} 0 = 0.$$

Lösung A.3.2: i) Sei $A \in \mathcal{A}$. Dann ist A endlich oder $X \setminus A$ endlich. Also ist $X \setminus A$ endlich oder $X \setminus (X \setminus A) = A$ endlich, d. h.: Es ist auch $X \setminus A \in \mathcal{A}$. Sei weiter $A, B \in \mathcal{A}$. Ist A oder B unendlich, so ist auch $A \cup B$ unendlich und damit $X \setminus (A \cup B) \subset X \setminus A \cap X \setminus B$ endlich, also $A \cup B \in \mathcal{A}$. Sind A und B endlich, so müssen $X \setminus A$ und $X \setminus B$ beide unendlich sein. Dann ist auch $X \setminus (A \cap B) = (X \setminus A) \cup (X \setminus B)$ unendlich, also $A \cup B \in \mathcal{A}$. Nach Lemma 3.3. des Textes ist daher $\mathcal{A}$ eine Algebra.

ii) Wegen der Unendlichkeit von X gibt es eine Folge $(x_k)_{k \in \mathbb{N}}$ von paarweise verschiedenen Elementen in X. Dann ist $A := \{x_{2k},\ k \in \mathbb{N}\}$ unendlich und auch $X \setminus A$ unendlich. Also ist $A \notin \mathcal{A}$. Aber $A = \cup_{k \in \mathbb{N}} \{x_{2k}\}$ ist abzählbare Vereinigung von einelementigen Mengen d.h. von Mengen aus $\mathcal{A}$. Folglich ist $\mathcal{A}$ nicht abgeschlossen gegenüber abzählbare Vereinigung und daher keine σ-Algebra.

Lösung A.3.3: i) Wir weisen die Eigenschaften einer Äquivalenzrelation nach:
- $x \sim x$, da $x - x = 0 \in \mathbb{Q}^n$.
- Aus $x \sim y$ folgt $y - x = -(x - y) \in \mathbb{Q}^n$ und somit $y \sim x$.
- Aus $x \sim y$ und $y \sim z$ folgt $x - z = x - y + y - z \in \mathbb{Q}^n$ und somit $x \sim z$.

ii) Sei $[x] = x + \mathbb{Q}^n$ die Äquivalenzklasse eines beliebigen $x \in \mathbb{R}^n$. Dann enthält

$$[0, 1]^n - x = [-x_1, 1 - x_1] \times \ldots \times [-x_n, 1 - x_n]$$

abzählbar viele Elemente $y_i \in \mathbb{Q}^n$. Für diese gilt $y_i + x \in [0, 1]^n \cap [x]$. Der Einheitswürfel $[0, 1]^n \subset \mathbb{R}^n$ enthält also aus jeder der Äquivalenzklassen von $\sim$ abzählbar unendlich viele Elemente.

iii) Angenommen $x \in (r+A) \cap (s+A)$. Dann gibt es $a, b \in A$ mit $x = r+a$ und $x = s+b$. Dann folgt $a - b = s - r \in \mathbb{Q}^n$, also $a \sim b$. A enthält aus jeder Äquivalenzklasse nur ein Element; also folgt $a = b$ und damit $r = s$.

iv) Sei $x \in [0, 1]^n$ beliebig und $a \in A \cap [x]$. Dann ist $a \sim x$, also $x - a =: r \in \mathbb{Q}^n$. Wegen $x, a \in [0, 1]^n$ folgt für die Koordinaten $-1 \leq r_i = x_i - a_i \leq 1$, also $x = r + a \in S$. Ist nun $x \in S$, d.h. es gibt $a \in A \subset [0, 1]^n$ und $r \in Q^n \cap [-1, 1]^n \subset [-1, 1]^n$ mit $x = a + r$, so ist notwendig $x \in [0, 1]^n + [-1, 1]^n = [-1, 2]^n$.

v) Wäre die Menge A Lebesgue-messbar, hätten wegen der Translationsinvarianz des L-Maßes auch die Mengen $r + A$ das gleiche Maß. Wäre $\mu(A) = 0$, so wäre wegen der σ-Additivität auch $\mu(S) = 0$, im Widerspruch zu $[0,1]^n \subset S$. Wäre $\mu(A) > 0$, so kann wegen der σ-Additivität S kein endliches Maß haben, im Widerspruch zu $S \subset [-1,2]^n$.

Lösung A.3.4: i) Die Menge $A := [0,1]^n \cap \mathbb{Q}^n \subset \mathbb{R}^n$ ist abzählbar und daher nach Lemma 3.2 des Textes L-Nullmenge, d. h. L-messbar. Wäre A J-quadrierbar, so müsste nach Lemma 3.1. des Textes $|A|_i = |A|_a = \mu^*(A) = 0$ sein. Da nun A dicht im Intervall $[0,1]$ liegt, muss jede *endliche* Intervallüberdeckung von A notwendig das ganze Intervall $[0,1]$ überdecken (Man überlege sich hierfür einen Beweis.), was $|A|_a \geq 1$ impliziert. Also kann A nicht J-quadrierbar sein.

ii) Die gegebene Funktion f ist, wie bereits im Band Analysis 1 gezeigt worden war, in allen irrationalen Punkten unstetig. Wäre f R-integrierbar, so müsste die Menge B ihrer Unstetigkeitsstellen L-Nullmenge sein. Wegen $[0,1] = \big([0,1] \cap (\mathbb{R} \setminus \mathbb{Q})\big) \cup \big([0,1] \cap \mathbb{Q}\big)$ und $\mu^*([0,1] \cap \mathbb{Q}) = 0$ kann $[0,1] \cap (\mathbb{R} \setminus \mathbb{Q})$ aber keine Nullmenge sein. Folglich ist f nicht R-integrierbar.

iii) Die Ordinaten Menge M_f der Funktion $f(x) := x^{-1/2}$ ist darstellbar als die abzählbare, disjunkte Vereinigung der beschränkten Mengen

$$A_k := \big\{(x,y) \in \mathbb{R}^2 : x \in (\tfrac{1}{k+1}, \tfrac{1}{k}], 0 \leq y \leq x^{-1/2}\big\}, \quad k \in \mathbb{N}.$$

Die Mengen A_k sind J-quadrierbar und folglich auch L-messbar mit dem J-Inhalt bzw. dem L-Maß

$$\mu(A_k) = |A_k| = \int_{1/(k+1)}^{1/k} \frac{1}{\sqrt{x}}\, dx = 2\sqrt{x}\Big|_{\frac{1}{k+1}}^{\frac{1}{k}} = 2\Big(\frac{1}{\sqrt{k}} - \frac{1}{\sqrt{k+1}}\Big).$$

Da die Menge der L-messbaren Mengen eine σ-Algebra bildet, ist auch die Menge $M_f = \cup_{k=1}^{\infty} A_k$ L-messbar mit dem L-Maß

$$\mu(M_f) = \sum_{k=1}^{\infty} \mu(A_k) = \lim_{m\to\infty} \sum_{k=1}^{m} \mu(A_k) = \lim_{m\to\infty}\Big(2 - \frac{2}{\sqrt{m+1}}\Big) = 2.$$

Lösung A.3.5: i) Es ist $A = \cup_n A_n$ mit den messbaren Mengen $A_n := A \cap [0,n] \times [-1,1]$. Damit ist A messbar, und es ist, da $A_n \subset A_{n+1}$,

$$\mu(A) = \lim_{n\to\infty} \mu(A_n).$$

Die Mengen A_n sind J-quadrierbar, und da e^{-x} auf $[0,n]$ R-Integrierbar sind ist

$$\mu(A_n) = |A_n| = 2\int_0^n e^{-x}\, dx = -2e^{-x}|_0^n = -2e^{-n} + 2 \to 2 \quad (n \to \infty).$$

ii) Die Menge $A = \cup_{q\in\mathbb{Q}}\{q\} \times \mathbb{R}$. Die Hyperebenen $\{q\} \times \mathbb{R}$ sind messbar mit Maß Null. Folglich ist auch A messbar, und wegen der σ-Additivität ist

$$\mu(A) = \sum_{q\in\mathbb{Q}} \mu(\{q\} \times \mathbb{R}) = 0.$$

iii) Die Menge $A = \cup_{n\in\mathbb{N}}[0,1] \times [-n,n]$ ist als Vereinigung von messbaren Mengen messbar, und es ist

$$\mu(A) = \lim_{n\to\infty} 2n = \infty.$$

Lösung A.3.6: a) Da f L-integrierbar ist, sind die Mengen $B_k := \{x \in D : f(x) \geq 1/k\}$ L-messbar. Da f f. ü. in D positiv ist, gibt es eine Nullmenge N mit $D = N \cup (\cup_k B_k)$. Es muss nun ein $k \in \mathbb{N}$ geben mit $\mu(B_k) > 0$, sonst wäre nämlich wegen der σ-Subadditivität des äußeren L-Maßes auch $\mu(D) = 0$. Wegen der Monotonie des L-Integrals folgt mit der charakteristischen Funktion χ_{B_k} von B_k:

$$\int_D f(x)\,dx \geq \frac{1}{k}\int_D \chi_{B_k}\,dx = \frac{1}{k}\mu(B_k) > 0.$$

b) Nach (a) muss im Fall $\int_D |f(x)|\,dx = 0$ notwendig $f(x) = 0$ f. ü. in D sein. Umgekehrt folgt aus $f(x) = 0$ f. ü. in D trivialerweise $\int_D |f(x)|\,dx = 0$, denn die Integrale zweier Funktionen (hier f und die Nullfunktion), welche sich nur in einer Nullmenge unterscheiden, stimmen überein.

Lösung A.3.7: Die Aussage ist falsch, denn es gibt dichte Teilmengen des $\mathbb{R}^n$ mit L-Maß Null. Z. B. stimmt die charakteristische Funktion $\chi_{\mathbb{Q}\cap D}$ auf der dichten Teilmenge $\mathbb{Q}\cap D$ von D mit der Funktion $f \equiv 1$ überein. Es ist aber

$$\int_D \chi_{\mathbb{Q}\cap D}(x)\,dx = 0 \neq \mu(D) = \int_D f(x)\,dx.$$

Lösung A.3.8: $D = \mathbb{R}$ ist L-messbar und $D = [0,1]$ ist L-messbar und J-quadrierbar. In allen drei Beispielen haben die Funktionen f_k nur endlich viele Unstetigkeitsstellen. Sie sind also zumindest auf dem kompakten Intervall $[0,1]$ L- und R-integrierbar. Die Funktionen in (ii) sind auf $\mathbb{R}$ L-integrierbar und uneigentlich R-integrierbar.

i) Die Funktionenfolge erfüllt sämtliche Voraussetzungen aller drei Sätze. Sie konvergiert monoton, und die Integralfolge ist beschränkt:

$$\int_D f_k(x)\,dx = 0, \quad k \in \mathbb{N}.$$

Die Funktion $g \equiv 1$ ist eine auf $[0,1]$ integrierbare Majorante. Die Folge der f_k konvergiert überall gegen die charakteristische Funktion $\chi_{[0,1]\cap\mathbb{Q}}$ und daher f. ü. gegen die Nullfunktion. Damit ist das L-Integral über den Limes gleich dem Limes der Integrale:

$$\int_D f(x)\,dx = 0 = \lim_{k\to\infty}\int_D f_k(x)\,dx.$$

ii) Die Funktionenfolge erfüllt alle Voraussetzungen des Satzes von Beppo Levi, außer der monotonen Konvergenz. Die Folge der Integrale ist konstant

$$\int_D f_k(x)\,dx = 2, \quad k \in \mathbb{N}.$$

Die Funktionenfolge konvergiert überall in D gegen die Nullfunktion (sogar gleichmäßig). Das Integral über den Limes ist also nicht gleich dem Limes der Integrale. Natürlich kann die Folge der f_k dann auch keine integrierbare Majorante besitzen, denn alle anderen Voraussetzungen des Satzes von Lebesge sind erfüllt. Beim Lemma von Fatou sind alle Voraussetzungen erfüllt. In diesem Beispiel gilt das echte "<"-Zeichen:

$$\int_D \liminf_{k\to\infty} f_k(x)\,dx = 0 < 2 = \liminf_{k\to\infty} \int_D f_k(x)\,dx.$$

iii) Für Beispiel (iii) gilt dasselbe wie für Beispiel (ii), außer dass die Konvergenz gegen Null hier nur noch f. ü., nämlich bis auf $\xi = 0$, und auch nicht gleichmäßig erfolgt.

Aus (i) ersehen wir, da $f(x) = \lim_k f_k(x) = \liminf_k f_k(x)$ weder R-integrierbar, noch uneigentlich R-Integrierbar ist, dass die drei Sätze in dieser Form nicht für das R-Integral gelten können. Sie bleiben jedoch richtig, wenn die Existenz eines geeigneten Grenzwertes als Voraussetzung gefordert wird (vgl. Band Analysis 1, Satz 6.19 und 6.20).

Lösung A.3.9: Die Funktion f hat nach der Regel von L'Hospital in $x = 0$ den Limes $\lim_{x\downarrow 0} f(x) = 1$, ist also beschränkt.

i) Wenn f L-integrierbare wäre, müsste auch $|f|$ L-integrierbar sein. Dies ist aber nicht der Fall, denn zu jeder Zerlegung $Z^* = \{B_i^*\} \in \mathcal{Z}(D)$ gibt es eine Verfeinerung $Z = \{B_j\}$, so dass auf gewissen der B_j gilt $\sup_{x\in B_j} |f(x)| = 1/j$. Für die zugehörigen Obersummen gilt also:

$$\overline{S}_{Z^*}(|f|) \ge \overline{S}_Z(|f|) \ge \sum_{j=1}^{\infty} \frac{1}{j} = \infty.$$

Die Funktion f erfüll also nicht die Bedingung (Z).

ii) Die Funktion f ist auf D *uneigentlich* R-integrierbar. Um dies zu sehen, berechnen wir mit partieller Integration für $k \ge 1$:

$$\int_0^k \frac{\sin(x)}{x}\,dx = \int_0^1 \frac{\sin(x)}{x}\,dx + \int_1^k \frac{\sin(x)}{x}\,dx$$
$$= \int_0^1 \frac{\sin(x)}{x}\,dx - \frac{\cos(x)}{x}\Big|_1^k + \int_1^k \frac{\cos(x)}{x^2}\,dx.$$

Da die Funktion $g(x) = \cos(x)/x^2$ über $[1,\infty)$ uneigentlich R-integrierbar ist, folgt die Konvergenz

$$\int_0^k \frac{\sin(x)}{x}\,dx \to I = \int_0^\infty \frac{\sin(x)}{x}\,dx \quad (k \to \infty).$$

iii) In mehr als einer Dimension wird zur Sicherung der Eindeutigkeit des *uneigentlichen* R-Integrals, d. h. seiner Unabhängigkeit von der Wahl der ausschöpfenden Folge, noch die Zusatzbedingung

$$\sup_{M\subset Q_f} \int_M |f(x)|dx < \infty, \qquad Q_f := \{M \subset D:\ M \text{ quadrierbar und } f \text{ R-integrierbar}\}$$

gestellt. Diese Bedingung ist aber im vorliegenden Fall nicht erfüllt, d. h.: Das zu untersuchende Integral ist in diesem engeren Sinne *nicht* uneigentlich R-integrierbar.

Lösung A.3.10: Die Funktionen $|f|, \sin(f)$ sind L-integrierbar (Lemma des Textes), die Funktionen f^2, fg aber i. Allg. nicht. Gegenbeispiele sind

$$\Omega = (0,1), \; f = x^{-1/2}$$

sowie

$$\Omega = (1,\infty), \; f = x^{-2}, g = x^2$$

Lösung A.3.11: Es ist $\int_{\mathbb{R}} \delta_k = 1$. Ferner ist $0 \le \delta_k \le Ck$ und $\delta_k(x) = 0$ falls $|x| > 1/k$. Somit folgt

$$(f, \delta_k)_2 = \int_{\mathbb{R}} f(x)\delta_k(x)\,dx = \int_{-1/k}^{k} f(x)\delta_k(x)\,dx$$

Sei nun $\epsilon > 0$ beliebig gewählt. Wegen der Stetigkeit von f in Null gibt es ein $k_\epsilon \in \mathbb{N}$, so dass:

$$f(0) - \epsilon \le f(x) \le f(0) + \epsilon, \quad \forall\, |x| < 1/k_\epsilon.$$

Somit folgt für $k \ge k_\epsilon$

$$f(0) - \epsilon \le (f, \delta_k) \le f(0) + \epsilon$$

und somit die Behauptung.

A.4 Anwendungen des Lebesgue-Integrals

Lösung A.4.1: Die Stetigkeit von f ist klar, da f Komposition stetiger Funktionen ist. Wegen $h(\mathbb{R}) \subset [0,1]$ ist auch $0 \le f \le 1$ klar. Sei nun $x \in K^c_{2\delta/3}$, bzw. $d(x) = \operatorname{dist}(x, K) \ge 2\delta/3$, dann ist nach Definition $f(x) = h(d(x)) = 0$. Für $x \in K_{\delta/3}$, bzw. $d(x) < \delta/3$, folgt $f(x) = h(d(x)) = 1$.

b) Da ψ einen kompakten Träger besitzt, ist

$$\int_{\mathbb{R}^n} f(y)\psi\Big(\frac{x-y}{\delta/6}\Big)\,dy = \int_{\{(x-y)\in 6/\delta\,\mathrm{supp}(\psi)\}} f(y)\psi\Big(\frac{x-y}{\delta/6}\Big)\,dy.$$

Insbesondere ist das Integral ein R-Integral, und nach dem Satz über die Differentiation von parameterabhängigen Integralen ist $\varphi_\delta \in C^\infty(\Omega)$ (Dies sollte bei Bedarf ausgeführt werden, da das Integrationsgebiet noch von x abhängt!).

Durch Substitution $y \mapsto x - \delta/6y$ erhalten wir

$$\varphi_\delta(x) = \int_{\mathbb{R}^n} f(x - \tfrac{\delta}{6}y)\psi(y)\,dy.$$

Somit folgt, da $f, \psi \ge 0$:

$$0 \le \varphi_\delta(x) \le \|f\|_\infty \int_{\mathbb{R}^n} \psi(y)\,dy = 1.$$

Sei nun $x \in K^c_{5/6\delta}$ dann ist für $y \in K_1(0)$ notwendig $x - \delta/6y \in K^c_{2/3\delta}$ und somit ist $f(x - \delta/6y) = 0$. Es folgt

$$\varphi_\delta(x) = \int_{K_1(0)} f(x - \tfrac{\delta}{6}y)\psi(y)\,dy + \int_{K_1(0)^c} f(x - \tfrac{\delta}{6}y)\psi(y)\,dy = 0 + 0$$

und somit $\varphi_\delta \in C_0^\infty(\Omega)$ da $\overline{K_{5/6\delta}} \subset \Omega$.

Sei nun $x \in K$. Dann ist für $y \in K_1(0)$ notwendig $x - \delta/6y \in K_{1/3\delta}$ und somit ist $f(x - \delta/6y) = 1$. Es folgt

$$\varphi(x) = \int_{K_1(0)} f(x - \tfrac{\delta}{6}y)\psi(y)\,dy = 1.$$

Lösung A.4.2: i) Zunächst sei $O \subset \Omega$ eine beliebige beschränkte, offene Menge. Nach der vorherigen Aufgabe gibt es dann zu jedem $\epsilon > 0$ eine Funktion $\varphi_\epsilon \in C_0^\infty(O) \subset C_0^\infty(\Omega)$ mit $\varphi_\epsilon(x) = 1$ falls $x \in A_\epsilon := \{x \in O |\, \mathrm{dist}(x, \partial O) \geq \epsilon\}$ und $0 \leq \varphi_\epsilon \leq 1$ auf Ω. Da $|\varphi_\epsilon g| \leq \chi_O |g|$ und $\varphi_\epsilon g \to \chi_O g$ punktweise f. ü., gilt nach dem Satz von Lebesgue zur majorisierten Konvergenz und Voraussetzung an g:

$$0 = \lim_{\epsilon \to 0} \int_\Omega g(x)\varphi_\epsilon(x)\,dx = \int_\Omega g(x)\chi_O(x)\,dx = \int_O g(x)\,dx\,.$$

ii) Sei nun im Widerspruch zur Behauptung $g \neq 0$ auf einer Teilmenge $A \subset \Omega$ mit $\mu^*(A) > 0$; o.B.d.A. sei $g > 0$ auf A und A beschränkt angenommen. Da $g \in L^1(\Omega)$ und somit messbar ist, ist o.B.d.A. auch A messbar. Es gilt dann mit einer Konstante $\gamma > 0$:

$$\int_A g(x)\,dx \geq \gamma > 0$$

Für beliebige $\varepsilon > 0$ seien $O_\varepsilon \subset \Omega$ offene Teilmengen mit $\mu(O_\varepsilon \setminus A) < \varepsilon$. Nach dem in (i) Gezeigten gilt dann

$$0 = \int_{O_\varepsilon} g(x)\,dx = \int_A g(x)\,dx + \int_{O_\varepsilon \setminus A} g(x)\,dx \geq \gamma + \int_{O_\varepsilon \setminus A} g(x)\,dx.$$

Wegen

$$\int_{O_\varepsilon \setminus A} g(x)\,dx \to 0 \quad (\varepsilon \to 0)$$

ergibt sich ein Widerspruch.

Lösung A.4.3: a) Die Vektorraumeigenschaft ist klar, da endliche Vereinigungen von Nullmengen wieder Nullmengen sind. Ebenso klar sind Homogenität, positive Semi-Definitheit die Dreiecksungleichung für $\|\cdot\|_\infty$. Ferner ist nach Definition $\|f\|_\infty = 0$ genau dann, wenn $f(x) = 0$ f. ü. in Ω.

Wir haben also nur noch die Vollständigkeit des Quotientenraumes $L^\infty(\Omega)$ zu zeigen. Sei also f_k eine Cauchy-Folge in $L^\infty(\Omega)$ (Wir verwenden der Einfachheithalber die selbe

Bezeichnung für die Äquivalenzklasse wie für den gewählten Representanten). Es gibt, da abzählbare Vereinigungen von Nullmengen wieder Nullmengen sind, eine Nullmenge N und eine Konstante C, so dass für $x \in \Omega \setminus N$ gilt:

$$|f_k(x) - f_l(x)| \leq \|f_k - f_l\|_\infty \to 0 \quad (k, l \to \infty)$$
$$|f_k(x)| \leq \|f\|_\infty \leq C < \infty \quad \forall k$$

Wir definieren also

$$f(x) := \begin{cases} \lim_{k\to\infty} f_k(x) & x \in \Omega \setminus N, \\ 0 & \text{sonst} \end{cases}$$

Diese ist messbar, wesentlich beschränkt und nach Definition ist $\|f_k - f\|_\infty \to 0$.

b) Der Raum $C_0^\infty(\Omega)$ liegt nicht dicht in $L^\infty(\Omega)$, da die Konvergenz bezüglich $\|\cdot\|_{L^\infty}$ dieselbe wie die bzgl. $\|\cdot\|_{C^0}$ ist (daher auch dasselbe Symbol). Es ist aber $C_0^\infty(\Omega) \subset C^0(\overline{\Omega})$ und somit $\overline{C_0^\infty(\Omega)} \subset \overline{C^0(\overline{\Omega})} = C^0(\overline{\Omega})$ da $C^0(\overline{\Omega})$ vollständig bzgl. $\|\cdot\|_\infty$ ist. Es gibt jedoch unstetige Funktionen in $L^\infty(\Omega)$. Sei z. B. $\Omega = (-1, 1)$ so ist $f(x) = \text{sign}(x) \in L^\infty(\Omega) \setminus C^0(\overline{\Omega})$.

Lösung A.4.4: a) Aufgrund des Satzes von Fischer-Riesz (Parsevallsche Identität) ist für $f \in L^2(0, 2\pi)$ die Folge der Fourier-Koeffizienten quadratisch summierbar. Es bleibt also nur noch die Umkehrung zu zeigen. Seien also die Fourier-Koeffizienten $c_k = (f, e_k)$ quadratisch summierbar. Dann definiert

$$g := \sum_{k=-\infty}^{\infty} c_k e_k$$

ein Element in $L^2(0, 2\pi)$, denn

$$\Big\| \sum_{|k|\geq N}^{M} c_k e_k \Big\|^2 = \sum_{|k|\geq N}^{M} |c_k|^2 \to 0 \quad (N, M \to \infty)$$

und somit konvergiert $\sum_{k=-\infty}^{\infty} c_k e_k$ normal in L^2. Es ist dann $(g - f, e_k) = 0$ für alle k und somit, da $\text{span}(e_k)$ dicht in L^2 auch $g - f = 0$ f.ü. was zu zeigen war.

b) Da für beliebige beschränkte Gebiete Ω gilt, dass $C_0^\infty(\Omega) \subset C^0(\overline{\Omega}) \subset L^2(\Omega)$ folgt $\overline{C^0(0, 2\pi)}^{\|\cdot\|_2} = L^2(0, 2\pi)$. Die Funktionen e^{ikx} lassen sich auf $(0, 2\pi)$ gleichmässig durch Polynome approximieren (Taylor-Reihe), d.h.

$$\text{span}\{e^{ikx} | k \in \mathbb{Z}\} \subset \overline{\text{span}\{1, x, x^2, \ldots\}}^{\|\cdot\|_\infty}.$$

Da die Norm $\|\cdot\|_\infty$ stärker als die Norm $\|\cdot\|_2$ ist (d. h.: Für $f \in L^\infty(0, 2\pi)$ ist $\|f\|_2 \leq 2\pi\|f\|_\infty$), folgt

$$L^2(0, 2\pi) = \overline{\text{span}\{e^{ikx} | k \in \mathbb{Z}\}}^{\|\cdot\|_2} \subset \overline{\text{span}\{1, x, x^2, \ldots\}}^{\|\cdot\|_2} \subset \overline{C^0(0, 2\pi)}^{\|\cdot\|_2} = L^2(0, 2\pi).$$

Durch Transformation folgt

$$\overline{\text{span}\{1, x, x^2, \ldots\}}^{\|\cdot\|_2} = L^2(-1, 1)$$

da diese Eigenschaft unter Basiswechseln invariant ist folgt dass die orthonomalisierten Polynome ein vollständiges Orthonormalsystem des $L^2(-1,1)$ bilden.

Die Aussage von Teil a) bleibt auch für dieses Orthonormalsystem richtig.

Bemerkung: Dass $\overline{\operatorname{span}\{1,x,x^2,\ldots\}}^{\|\cdot\|_2} = L^2(-1,1)$ folgt sofort, ohne den Umweg über die Taylor-Reihe von e^{ikx}, aus dem „Approximationssatz von Weierstrass", da

$$\operatorname{span}\{1,x,x^2,\ldots\} \subset C^0([-1,1])$$

bezüglich der Norm $\|\cdot\|_\infty$ dicht liegt.

Lösung A.4.5: a) Die Aussage ist falsch; siehe Gegenbeispiel in einer Bemerkung des Textes.

b) Die Aussage ist falsch. Als Gegenbeispiel betrachte man die Folge $f_k(x) = \frac{\chi_{[-k,k]}}{\sqrt{k}}$.

c & d) Die Aussagen sind richtig, denn sei $f \in L^p(\Omega)$. Dann gilt f. ü.

$$|f(x)|^{p'} \le |f(x)|^p + 1$$

Da die rechte Seite in $L^1(\Omega)$ liegt, ist dann $|f(x)|^{p'} \in L^1(\Omega)$ und somit $f \in L^{p'}(\Omega)$.

e) Die Aussage ist falsch, da z. B. $\min(1, 1/|x|) \in L^2(\mathbb{R})$ aber $\min(1, 1/|x|) \notin L^1(\Omega)$.

Lösung A.4.6: a) Da $|f(x)|^p \le \|f\|_\infty^p$ f. ü., folgt $L^\infty(\Omega) \subset L^p(\Omega)$. Ferner gilt:

$$\int_\Omega |f|^p\,dx \le \mu(\Omega)\|f\|_\infty^p.$$

Umgekehrt ist für $\kappa > 0$

$$\int_\Omega |f|^p\,dx \ge \mu(\{|f| \ge \kappa\})\kappa^p.$$

Somit folgt

$$\mu(\{|f| \ge \kappa\})^{\frac{1}{p}}\kappa \le \|f\|_p \le \mu(\Omega)^{\frac{1}{p}}\|f\|_\infty.$$

Ist nun $\kappa < \|f\|_\infty$, so ist $\mu(\{|f| \ge \kappa\}) > 0$ und es folgt durch Grenzübergang $p \to \infty$

$$\kappa \le \liminf_{p\to\infty} \|f\|_p \le \limsup_{p\to\infty} \|f\|_p \le \|f\|_\infty$$

und damit durch $\kappa \to \|f\|_\infty$ die Behauptung.

b) Nach Teil (a) wissen wir $\cap_{p\in[1,\infty)} L^p(\Omega) \supset L^\infty(\Omega)$. Um also Ungleichheit zu zeigen. suchen wir eine Funktion f, die in jedem $L^p(\Omega)$ mit $p < \infty$ liegt, die aber nicht beschränkt ist. Hierzu betrachten wir $\Omega = (-1,1)$ und $f(x) = \ln(|x|)$. Zunächst ist klar, dass $f \notin L^\infty(\Omega)$. Da gilt $|\ln(|x|)||x|^{\frac{1}{2p}} \to 0$ für $x \to 0$ (Regel von L'Hospital), ist somit $|\ln(|x|)|^p \le \frac{c}{\sqrt{|x|}} \in L^1(\Omega)$. Damit haben wir gezeigt, dass $f \in L^p(\Omega)$ für alle $p < \infty$.

Die Aussage von a) kann auf unbeschränkten Gebieten i. Allg. nicht gelten, da in diesem Fall $L^\infty(\Omega) \not\subset L^p(\Omega)$ (sofern $\mu(\Omega) = \infty$). Um dies einzusehen, betrachte man auf einem Gebiet Ω mit $\mu(\Omega) = \infty$ die Funktion $1 \in L^\infty(\Omega)$. Es ist aber $1 \notin L^p(\Omega)$ für $p < \infty$.

Lösung A.4.7: Sei $f \in L^2(\mathbb{R})$ gegeben. Da $C_0^\infty(\mathbb{R})$ dicht in $L^2(\mathbb{R})$ liegt, gibt es eine Folge $f_k \in C_0^\infty(\mathbb{R}) \subset \mathcal{S}(\mathbb{R})$ mit $\|f - f_k\|_2 \leq 1/k$. Damit gilt dann für die Fourier-Transformierten $\hat{f}_k \in L^2(\mathbb{R})$, dass für $k < l$ gilt:

$$\|\hat{f}_k - \hat{f}_l\|_2 = \|f_k - f_l\|_2 \leq \|f_k - f\|_2 + \|f_l - f\|_2 \leq 2/k.$$

Die Folge $\hat{f}_k$ hat also einen Limes $\hat{f}$ in $L^2(\mathbb{R})$ mit $\|\hat{f}\|_2 = \|f\|_2$. Die Fourier-Transformation ist also als lineare Abbildung von $L^2(\mathbb{R})$ nach $L^2(\mathbb{R})$ wohldefiniert mit Norm eins. Die Injektivität der Abbildung ist klar. Durch Wiederhohlung der obigen Argumentation auf die Inverse-Abbildung folgt die Surjektivität.

Lösung A.4.8: a) Dies ist wegen $\sum_{k=1}^n |a_k|^2 \leq \sum_{k=1}^n k|a_k|^2$ nach dem Majorantenkriterium klar.

b) Sei also a^i eine beschränkte Folge in $l^{1/2,2}(\mathbb{N})$. Es gibt also ein $C > 0$, so dass für jedes $i \in \mathbb{N}$ gilt $\sum_{k=1}^n k|a_k^i|^2 \leq C$. Damit ist dann für jedes $i, m \in \mathbb{N}$ notwendig

$$\sum_{k=m}^\infty |a_k^i|^2 \leq \sum_{k=m}^\infty \frac{k}{m}|a_k^i|^2 \leq \frac{C}{m}.$$

Um nun eine konvergente Teilfolge in l^2 zu konstruieren, zeigen wir, dass es zu jeder unendlichen Indexmenge $I \subset \mathbb{N}$ und zu jedem $\epsilon > 0$ eine unendliche Teilmenge $I_\epsilon \subset I$ gibt, so dass $\|a^i - a^j\|_2^2 < \epsilon$ für jedes $i, j \in I$. Dafür wählen wir m derartig, dass

$$\sum_{k=m}^\infty |a_k^i|^2 \leq \epsilon/4 \quad \forall i \in \mathbb{N}.$$

Damit genügt es nun zu zeigen, dass es eine unendliche Indexmenge I gibt, derartig, dass für alle $i, j \in I$ gilt

$$\sum_{k=1}^{m-1} |a_k^i - a_k^j|^2 \leq \epsilon/2.$$

Dies ist klar, da alle Koeffizienten $a_k^i \in [-C, C]$ und $[-C, C]^{m-1}$ kompakt ist. Durch Wahl der Folge $\epsilon_n = 1/n$ und zugehöriger Indexmengen $I_{1/(n+1)} \subset I_{1/n}$ erhalten wir durch Wahl von $i_n \in I_{1/n}$ eine Cauchy-Teilfolge in l^2.

Lösung A.4.9: a) Sei zunächst $u \in H_0^1(0, 2\pi)$. Wegen $\|u\|_{1,2}^2 = \|u\|_2^2 + \|u'\|_2^2$ genügt es, die Fourier-Koeffizienten c_k' von $u' \in L^2(0, 2\pi)$ zu bestimmen. Die Fourier-Koeffizienten von u' sind gegeben durch $c_k' = (u', e_k)$. Durch partielle Integration unter Beachtung der Randwerte von u folgt $c_k' = -(u, e_k') = (u, ike_k) = -ikc_k$. Entsprechend ist

$$\|u'\|_2^2 = \sum_{k\in\mathbb{Z}} \{|c_k|^2 + |c_k'|^2\} = \sum_{k\in\mathbb{Z}} \{|c_k|^2 + k^2|c_k|^2\}.$$

Umgekehrt (vgl. frühere Aufgabe) definiert jede Folge c_k mit $\sum_{k\in\mathbb{Z}}\{|c_k|^2 + k^2|c_k|^2\} < \infty$ eine Funktion in $u \in H_0^1(0, 2\pi)$ mit $\|u\|_{1,2}^2 = \sum_{k\in\mathbb{Z}}\{|c_k|^2 + k^2|c_k|^2\}$.

b) Sei nun u^n eine in H_0^1 beschränkte Folge. Wegen der isometrischen Einbettung sind dann die Fourier-Koeffizienten c_k^n eine in $l^{1,2}(\mathbb{Z})$ beschränkte Folge. Wegen der kompakten Einbettung $l^{1,2}(\mathbb{Z})$ nach $l^2(\mathbb{Z})$ gibt es eine in $l^2(\mathbb{Z})$ konvergente Teilfolge $c_k^{n_l}$ diese korrespondiert zu einer Teilfolge $u^{n_l} \in L^2(0, 2\pi)$. Wegen der Isometrie der Einbettung von $l^2(\mathbb{Z})$ nach $L^2(0, 2\pi)$ ist diese ebenfalls konvergent.

A.5 Partielle Differentialgleichungen

Lösung A.5.1: Wir setzen $p := \partial_x u$, $q := \partial_y u$, $r := \partial_x^2 u$, $s := \partial_x \partial_y u$, $t := \partial_y^2 u$ und

$$\alpha := \partial_x^3 u, \ \beta := \partial_x^2 \partial_y u, \ \gamma = \partial_x \partial_y^2 u, \ \delta = \partial_y^3 u.$$

Differenzieren der Differentialgleichung ergibt

$$\begin{aligned}
a_{11}\partial_x^3 u + 2a_{12}\partial_x^2\partial_y u + a_{22}\partial_x\partial_y^2 u &= \partial_x f - a_{01}\partial_x^2 u - a_{02}\partial_x\partial_y u - a_{00}\partial_x u \\
a_{11}\partial_x^2\partial_y u + 2a_{12}\partial_x\partial_y^2 u + a_{22}\partial_y^3 u &= \partial_y f - a_{01}\partial_x\partial_y u - a_{02}\partial_y^2 u - a_{00}\partial_y u
\end{aligned}$$

Differenzieren von r, s, t entlang Γ ergibt

$$\begin{aligned}
\partial_\tau r &= \partial_x r \partial_\tau x + \partial_y r \partial_\tau y = \alpha \partial_\tau x + \beta \partial_\tau y \\
\partial_\tau s &= \partial_x s \partial_\tau x + \partial_y s \partial_\tau y = \beta \partial_\tau x + \gamma \partial_\tau y \\
\partial_\tau t &= \partial_x t \partial_\tau x + \partial_y t \partial_\tau y = \gamma \partial_\tau x + \delta \partial_\tau y
\end{aligned}$$

Zusammengenommen ergeben sich zwei 3×3-Gleichungssysteme für die gesuchten Ableitungen α, β, γ, δ:

$$\begin{aligned}
a_{11}\alpha + 2a_{12}\beta + a_{22}\gamma &= \partial_x f - a_{01} r - a_{02} s - a_{00} p \\
\partial_\tau x \alpha + \partial_\tau y \beta \qquad &= \partial_\tau r \\
\partial_\tau x \beta + \partial_\tau y \gamma &= \partial_\tau s
\end{aligned}$$

$$\begin{aligned}
a_{11}\beta + 2a_{12}\gamma + a_{22}\delta &= \partial_y f - a_{01} s - a_{02} t - a_{00} q \\
\partial_\tau x \beta + \partial_\tau y \gamma \qquad &= \partial_\tau s \\
\partial_\tau x \gamma + \partial_\tau y \delta &= \partial_\tau t
\end{aligned}$$

Beide haben dieselbe Koeffizientenmatrix B wie das entsprechende System zur Bestimmung der zweiten Ableitungen:

$$\begin{aligned}
a_{11} r + 2a_{12} s + a_{22} t &= f - a_{01} p - a_{02} q - a_{00} u \\
\partial_\tau x r + \partial_\tau y s \qquad &= \partial_\tau p \\
\partial_\tau x s + \partial_\tau y t &= \partial_\tau q.
\end{aligned}$$

Man überliegt sich leicht, dass im Falle $\det B \neq 0$ die durch die beiden Gleichunsgsysteme bestimmten vier dritten Ableitungen eindeutig (und widerspruchsfrei) bestimmt sind.

Lösung A.5.2: Der Differentialoperator $L = a_{11}\partial_x + 2a_{12}\partial_x\partial_y + a_{22}\partial_y^2 + \dots$ ist „elliptisch" für $a_{12}^2 - a_{11}a_{22} < 0$, „parabolisch" für $a_{12}^2 - a_{11}a_{22} = 0$ und „hyperbolisch" für $a_{12}^2 - a_{11}a_{22} > 0$.

a) Der Operator $L = \partial_x\partial_y - \partial_x$ ist wegen $a_{12}^2 - a_{11}a_{22} = \frac{1}{4} > 0$ hyperbolisch.

b) Der Operator $L = \partial_x^2 + \partial_x\partial_y + y\partial_y^2 + 4$ ist wegen $a_{12}^2 - a_{11}a_{22} = \frac{1}{4} - y$ hyperbolisch für $y < \frac{1}{4}$, parabolisch für $y = \frac{1}{4}$ und elliptisch für $y > \frac{1}{4}$.

c) Der Operator $L = 2(\partial_x + \partial_y)^2 + \partial_y = 2\partial_x^2 + 4\partial_x\partial_y + 2\partial_y^2 + \partial_y$ ist wegen $a_{12}^2 - a_{11}a_{22} = 4 - 4 = 0$ parabolisch.

Lösung A.5.3: a) Seien $u, v \in C^2(G) \cap C^1(\overline{G})$ Lösungen derselben 2. RWA. Dann erfüllt $w := u - v$ die Gleichungen $-\Delta w + aw = 0$ in G und $\partial_n w_{|\partial G} = 0$. Mit Hilfe partieller Inegration folgt unter Aussnutzung der Randbedingung $\partial_n w_{|\partial G} = 0$:

$$\int_G \{\|\nabla w\|^2 + a|w|^2\}\, dx = \int_G (-\Delta w + aw)w\, dx + \int_{\partial G} \partial_n ww\, do = 0.$$

Dies impliziert $w \equiv 0$.

b) Mit denselben Bezeichnungen wie in (a) gilt nun $(\partial_n w + \alpha w)_{|\partial G} = 0$. Damit ergibt sich dann wegen $\alpha \ge 0$:

$$\int_G \{\|\nabla w\|^2 + a|w|^2\}\, dx = \int_G (-\Delta w + aw)w\, dx + \int_{\partial G} \partial_n ww\, do = -\int_{\partial G} \alpha w^2\, do \le 0.$$

Dies impliziert wieder $w \equiv 0$.

Für $a = 0$ kann in beiden Fällen nur auf $\nabla w \equiv 0$ bzw. $w \equiv \mathit{konst}$ geschlossen werden. Es fehlt aber eine zusätzliche Bedingung, um hieraus $w \equiv 0$ folgern zu können. Eine solche Zusatzbedingung könnte z. B. die Forderung sein, dass nach Lösungen der RWAn mit verschwindendem Mittelwert gefragt ist: $\int_D u\, dx = 0$.

Lösung A.5.4: i) Durch Ausdifferenzieren erhalten wir für den Operator L die Darstellung

$$\begin{aligned} Lu = &-(a_{11}\partial_1^2 + a_{12}\partial_1\partial_2 + a_{21}\partial_2\partial_1 + a_{22}\partial_2^2)u \\ &-(\partial_1 a_{11}\partial_1 + \partial_1 a_{12}\partial_2 + \partial_2 a_{21}\partial_1 + \partial_2 a_{22}\partial_2)u. + a_{00}u \end{aligned}$$

Der Typ eines Differentialoperators ist durch seinen Hauptteil bestimmt. Die positive Definitheit der Koeffizientenmatrix $(a_{ij}(x))_{i,j=1}^n$ impliziert, dass in jedem Punkt $x \in G$ ihre beiden Eigenwerte $\lambda_{1,2}$ positiv sind. Wegen

$$a_{11}a_{22} - a_{12}^2 = \det A = \lambda_1\lambda_2 > 0$$

ist der Operator L nach unserer Definition elliptisch.

ii) Sei $u \in C^2(G) \cap V_0(G)$ eine Lösung der homogenen 1. RWA. Dann folgt mit Hilfe von partieller Integration (Satz von Gauß) unter Ausnutzung der Randbedingung $u_{|\partial G} = 0$:

$$\begin{aligned}\int_G Luu\,dx &= -\int_G \big\{\partial_1(a_{11}\partial_1 u)u + \partial_1(a_{12}\partial_2 u)u + \partial_2(a_{21}\partial_1 u)u + \partial_2(a_{22}\partial_2 u)u + a_{00}u^2\big\}\,dx \\ &= \int_G \big\{a_{11}\partial_1 u\partial_1 u + a_{12}\partial_2 u\partial_1 u + a_{21}\partial_1 u\partial_2 u + a_{22}\partial_2 u\partial_2 u + a_{00}u^2\big\}\,dx \\ &\geq \int_G \lambda_{\min}(A)\|\nabla u\|^2\,dx.\end{aligned}$$

Dies bedeutet, dass $\nabla u \equiv 0$ und somit $u \equiv \text{konst}$. Wegen $u_{|\partial G} = 0$ ist also $u \equiv 0$.

Lösung A.5.5: i) Wir verwenden den Beweisgang aus dem Text in leicht modifizierter Form. Für einen beliebigen Punkt $x = (x_1, x_2) \in Q$ ist

$$v(x) = v(x_1, x_2) - v(x_1, 0) = \int_0^{x_2} \partial_2 v(x_1, \xi)\,d\xi.$$

Mit Hilfe der Hölderschen Ungleichung folgt

$$|v(x)|^2 \leq \Big(\int_0^{x_2} \partial_2 v(x_1, \xi)\,d\xi\Big)^2 \leq \int_0^1 |\partial_2 v(x_1, \xi)|^2\,d\xi.$$

Wir integrieren diese Ungleichung unter Verwendung des Satzes von Fubini nacheinander bzgl. der Variablen x_1, x_2:

$$\begin{aligned}\int_Q |v(x)|^2\,dx &\leq \int_0^1\int_0^1 \Big(\int_0^1 |\partial_2 v(x_1, \xi)|^2\,d\xi\Big)\,dx_1 dx_2 \\ &= \int_0^1 \Big(\int_0^1\int_0^1 |\partial_2 v(x_1, \xi)|^2\,dx_1\,d\xi\Big)\,dx_2 = \int_Q |\partial_2 v(x)|^2\,dx\end{aligned}$$

ii) Für $\Gamma := \{(0, 0)\}$ kann die Poincarésche Ungleichung *nicht* gelten. Zum Beweis konstruieren wir eine Folge von Funktionen $u_k \in V_0(\Gamma; Q)$ mit den Eigenschaften

$$\liminf_{k\to\infty} \int_Q |u_k|^2\,dx > 0, \qquad \int_Q \|\nabla u_k\|^2\,dx \to 0 \quad (k \to \infty).$$

Dazu setzen wir unter Verwendung von Polarkoordinaten (r, θ):

$$u_k(r, \theta) := r^{1/k}.$$

Für diese Funktionen ist $\|\nabla u_k\| = |\partial_r u_k| = k^{-1} r^{-1+1/k}$ und folglich:

$$\begin{aligned}\int_Q |u_k|^2\,dx &\geq \int_0^{\pi/2}\int_0^1 r^{2/k}\,r\,dr d\omega = \frac{\pi}{2}\int_0^1 r^{1+2/k}\,dr \\ &= \frac{\pi}{2}\frac{1}{2/k + 2} r^{2+2/k}\Big|_0^1 = \frac{\pi}{2}\frac{1}{2 + 2/k} \to \frac{\pi}{4} \quad (k \to \infty),\end{aligned}$$

sowie analog

$$\begin{aligned}\int_Q \|\nabla u_k\|^2\,dx &= \frac{1}{k^2}\int_Q r^{-2+2/k}\,dx \le \frac{\pi}{2k^2}\int_0^2 r^{-1+2/k}\,dr\\ &= \frac{\pi}{2k^2}\frac{k}{2}r^{2/k}\Big|_0^2 = \frac{\pi}{4}\frac{2^{2/k}}{k} \to 0 \quad (k\to\infty).\end{aligned}$$

Als Konsequenz dieses Resultats ist in diesem Fall die im Text verwendte „direkte Methode der Variationsrechnung" (d. h. das „Minimalfolgenargument") zum Nachweis der Existenz „schwacher" Lösungen der zugehötigen 1. RWA des Laplace-Operators nicht anwendbar, da das Energiefunktional $J(u)$ auf $V_0(\Gamma;Q)$ nicht nach unten beschränkt ist. Tatsächlich bedeutet dies, dass in zwei (und höheren) Dimensionen die 1. RWA mit solchen einpunktigen Dirichlet-Randbedingungen *nicht* „wohl gestellt" ist.

Lösung A.5.6: Zur Wiederholung: Wir setzen $x_1 = r\cos\theta$, $x_2 = r\sin\theta$ und $u(x) = u(x_1,x_2) = u(r\cos\theta, r\sin\theta)$. Mit Hilfe der Kettenregel gilt dann:

$$\begin{aligned}\partial_r^2 u(r,\theta) &= \partial_1^2 u(x)\cos^2\theta + \partial_2\partial_1 u(x)\sin\theta\cos\theta + \partial_1\partial_2 u(x)\cos\theta\sin\theta + \partial_2^2 u(x)\sin^2\theta,\\ \partial_\theta^2 u(r,\theta) &= \partial_1^2 u(x) r^2\cos^2\theta - \partial_2\partial_1 u(x) r^2\sin\theta\cos\theta - \partial_1\partial_2 u(x) r^2\cos\theta\sin\theta\\ &\quad - \partial_1 u(x) r\cos\theta - \partial_2 u(x) r\sin\theta + \partial_2^2 u(x) r^2\cos^2\theta.\end{aligned}$$

Also ist $(\partial_r^2 + r^{-1}\partial_r + r^{-2}\partial_\theta^2)u(r,\theta) = (\partial_1^2+\partial_2^2)u(x) = \Delta u(x)$.

i) Die Randbedingungen ließt man direkt ab. Wir setzen $\alpha := \pi/\omega$ und finden

$$\begin{aligned}\Delta s_\omega(r,\theta) &= (\partial_r^2 + r^{-1}\partial_r + r^{-2}\partial_\theta^2)(r^\alpha \sin\theta\alpha)\\ &= (\alpha-1)\alpha r^{\alpha-2}\sin\theta\alpha + \alpha r^{\alpha-2}\sin\theta\alpha - r^{\alpha-2}\alpha^2\sin\theta\alpha = 0.\end{aligned}$$

ii) Die Funktion s_ω ist im Innern des Sektorabschnitts G beliebig oft differenzierbar. Ihre ersten und zweiten Ableitungen verhalten sich dort wie

$$|\partial_i s_\omega(r,\theta)| \le c\, r^{\pi/\omega-1}, \qquad |\partial_i\partial_j s_\omega(r,\theta)| \le c\, r^{\pi/\omega-2}.$$

Zu überprüfen ist also die Existenz der (uneigentlichen) Riemann-Integrale

$$\begin{aligned}J_1(\omega) &:= \int_G r^{2\pi/\omega-2}\,dx = \int_0^\omega\int_0^1 r^{2\pi/\omega-1}\,dr\,d\theta = \omega\int_0^1 r^{2\pi/\omega-1}\,dr,\\ J_2(\omega) &:= \int_G r^{2\pi/\omega-4}\,dx = \int_0^\omega\int_0^1 r^{2\pi/\omega-3}\,dr\,d\theta = \omega\int_0^1 r^{2\pi/\omega-3}\,dr.\end{aligned}$$

Für $\pi < \omega \le 2\pi$ sind $2\pi/\omega - 1 \ge 0$ und folglich $J_1(\omega)$ existent, aber $2\pi/\omega - 3 < -1$ und folglich $J_2(\omega)$ *nicht* existent. Im Fall $\omega < \pi$ ist ∇s_ω beschränkt und somit (eigentlich) quadrat-integrierbar. Ferner ist $2\pi/\omega - 3 > -1$ und somit auch $\nabla^2 s_\omega$ wenigstens (uneigentlich) quadrat-integrierbar.

Lösung A.5.7: Wir betrachten die Funktion $w(x,y) := u(x,y) - v(x,y)$ mit $v(x,y) := \frac{1}{4}x(1-x) + \frac{1}{4}y(1-y)$. Dabei deken wir uns u durch Null auf ganz Q_1 fortgestzt. Dafür gilt:

$$-\Delta w(x,y) = -\Delta u(x,y) - \Delta v(x,y) = 1 - \tfrac{1}{2} - \tfrac{1}{2} = 0$$

und $\max_{\partial\Omega} |w| \le \max_{Q_1} |w| = \frac{1}{8}$. Nach dem Maximumprinzip für den Laplace-Operator, angewendet für w und $-w$, folgt

$$a)\;\; w \le 0 \quad \text{oder} \quad \max_{\Omega} w \le \max_{\partial\Omega} w, \qquad b)\;\; -w \le 0 \quad \text{oder} \quad \max_{\Omega} -w \le \max_{\partial\Omega} -w.$$

Also ist entweder $w = 0$ oder $\max_{\overline{\Omega}} |w| \le \max_{\partial\Omega} |w| \le \frac{1}{8}$.

Lösung A.5.8: i) Wir berechnen die Ableitungen von

$$s(x,t) = \frac{1}{\sqrt{4\pi t}} \exp\Big(-\frac{x^2}{4t}\Big)$$

zu

$$\begin{aligned}
\partial_t s(x,t) &= -\frac{1}{2t} s(x,t) + s(x,t)\frac{x^2}{4t^2},\\
\partial_x^2 s(x,t) &= \partial_x\Big(s(x,t)\frac{-x}{2t}\Big) = s(x,t)\frac{x^2}{4t^2} - s(x,t)\frac{1}{2t}.
\end{aligned}$$

Dies zeigt, dass die Funktion s Lösung der Wärmeleitungsgleichung ist:

$$\partial_t u - \partial_x^2 u = 0 \quad \text{in } (-\infty,\infty) \times [0,\infty)$$

ii) Für $t > 0$ und $-\infty < x < \infty$ ist der Integrand in

$$u(x,t) = \int_{-\infty}^{\infty} \frac{1}{\sqrt{4\pi t}} \exp\Big(\frac{-(x-y)^2}{4t}\Big) u^0(y)\, dy$$

beliebig oft differenzierbar mit Riemann-integrierbaren Ableitungen (wegen der Annahme an u^0). Folglich darf bei Anwendung des Wärmeleitungsoperators unter dem Intergal differenziert werden, und wir finden, dass u Lösung der Wärmeleitungsgleichung ist.

iii) Zum Nachweis, dass u für $t \to 0$ auch die Anfangswerte annimmt schreiben wir das Integral wie folgt:

$$\begin{aligned}
\int_{-\infty}^{\infty} \dots\, dy &= \frac{1}{\sqrt{4\pi t}} \int_{-\infty}^{\infty} \exp\Big(\frac{-(x-y)^2}{4t}\Big)(u^0(y) - u^0(x))\, dy\\
&\quad + \frac{1}{\sqrt{4\pi t}} \int_{-\infty}^{\infty} \exp\Big(\frac{-(x-y)^2}{4t}\Big)\, dy\, u^0(x).
\end{aligned}$$

Bei Beachtung von

$$\int_{-\infty}^{\infty} \exp\Big(\frac{-(x-y)^2}{4t}\Big)\, dy = \sqrt{4\pi t}$$

ergibt sich

$$u(x,t) = u^0(x) + \frac{1}{\sqrt{4\pi t}} \int_{-\infty}^{\infty} \exp\Big(\frac{-(x-y)^2}{4t}\Big)(u^0(y) - u^0(x))\,dy.$$

Es bleibt zu zeigen, dass das rechte Integral $I(x,t)$ für $t \to 0$ gegen null geht. Die Variablensubstitution

$$z := \frac{y-x}{\sqrt{4t}}, \qquad y = x + \sqrt{4t}z, \quad \frac{dy}{dz} = \sqrt{4t},$$

ergibt:

$$I(x,t) := \frac{1}{\sqrt{\pi}} \int_{-\infty}^{\infty} e^{-z^2}(u^0(x+\sqrt{4t}z) - u^0(x))\,dz \;\to\; 0 \quad (t \to 0).$$

Lösung A.5.9: Wir bedienen uns wieder der „Spektral-Technik“. Aus der Darstellung der Lösung der Wärmeleitungsgleichung mit dem ONS von Eigenfunktionen $\{w_j\}_{j\in\mathbb{N}}$ des eindimensionalen Laplace-Operators und den Fourier-Koeffizienten u_j^0 der Anfangsdaten

$$u(x,t) := \sum_{j=1}^{\infty} u_j^0 w_j(x) e^{-\lambda_j t},$$

folgt

$$\partial_t u(x,t) = \Delta u(x,t) = -\sum_{j=1}^{\infty} u_j^0 \lambda_j w_j(x) e^{-\lambda_j t}.$$

Aufgrund der Parsevalschen Identität gilt demnach

$$\|\partial_t u\|_2^2 = \|\Delta u\|_2^2 = \sum_{j=1}^{\infty} (u_j^0)^2 \lambda_j^2 e^{-2\lambda_j t}.$$

Hieraus folgt wegen $xe^{-x} \le 1,\ x \ge 0$:

$$\|\partial_t u\|_2^2 = \|\Delta u\|_2^2 = \frac{1}{t}\sum_{j=1}^{\infty} \lambda_j (u_j^0)^2 \lambda_j t e^{-2\lambda_j t} \le \frac{1}{t}\sum_{j=1}^{\infty} \lambda_j (u_j^0)^2 = \frac{1}{t}\|\nabla u^0\|_2^2,$$

was den Beweis vervollständigt.

Lösung A.5.10: Wir machen den Lösungsansatz $u(x,t) = w(x)\psi(t)$ und erhalten hierfür durch Einsetzen in die Wellengleichung

$$\partial_t^2 u - \partial_x^2 u = 0 \quad \text{in } [0,\pi] \times [0,\infty)$$

die Beziehungen

$$\frac{\psi''(t)}{\psi(t)} = \frac{\partial_x^2 w(x)}{w(x)} =: -\lambda.$$

Die Funktionen $w(x)$ und $\psi(t)$ sind also durch die folgenden Eigenwertaufgaben bestimmt:

$$\begin{aligned} -\partial_x^2 w(x) &= \lambda w(x) \ \ x \in (0,\pi), \quad w(0) = w(\pi) = 0, \\ -\psi''(t) &= \lambda\psi(t), \ \ t > 0, \quad \psi(0) = \psi^0, \ \psi'(0) = \psi^1. \end{aligned}$$

Die Eigenwertaufgabe für $w(x)$ besitzt zu den Eigenwerten $\lambda_k = k^2$ eine Folge von Lösungen $w_k(x) = \sin(kx)$. Die zugehörigen Lösungen für $\psi(t)$ sind

$$\psi_k(t) = \psi_k^0 \cos(kt) + \frac{1}{k}\psi_k^1 \sin(kt).$$

Durch Superposition dieser Lösungen für Anfangswerte ψ_k^0, ψ_k^1 erhalten wir für die Lösung den formalen Reihenansatz

$$u(x,t) := \sum_{k=1}^{\infty} w_k(x)\psi_k(t) = \sum_{k=1}^{\infty} \sin(kx)\Big(\psi_k^0 \cos(kt) + \frac{1}{k}\psi_k^1 \sin(kt)\Big)$$

mit den Fourierkoeffizienten der Anfangsdaten $u^0 = u(\cdot,0)$ und $u^1 = \partial_t u(\cdot,0)$:

$$\psi_k^0 = \frac{2}{\pi}\int_0^\pi u^0(x)\sin(kx)\,dx, \qquad \psi_k^1 = \frac{2}{\pi}\int_0^\pi u^1(x)\sin(kx)\,dx.$$

Wegen der speziellen Form der Anfangswerte ist (δ_{kl} Kronecker-Symbol)

$$\psi_k^0 = \delta_{k1}, \quad \psi_k^1 = \delta_{k2}.$$

Damit lässt sich die Reihe auf zwei Terme reduzieren (und damit die sonst notwendige Konvergenzbetrachtung vermeiden):

$$u(x,t) = \sin(x)\cos(t) + \sin(2x)\sin(t).$$

Die Funktion u erfüllt konstruktionsgemäß für $(x,t) \in (0,\pi) \times (0,\infty)$ die Wellengleichung. Für $t \to 0$ konvergiert gleichmäßig

$$u(x,t) \to \sin(x) = u^0(x), \qquad \partial_t u(x,t) \to \sin(2x) = u^1(x),$$

d. h.: Die vorgegebenen Anfangswerte werde von u angenommen.

Index